Ellos Están Aquí

Evidencia concluyente sobre la presencia
de Naves Extraterrestres en la Tierra

Ellos Están Aquí

Evidencia concluyente sobre la presencia de Naves Extraterrestres en la Tierra

por

Francisco Villate y Christopher Lock HonFSAI

Publicada por los autores
2020

Primera impresión: 2020

Cubierta: OVNI de Hasenbol UFO Foto #164, Billy Meier, Marzo 1976.

ISBN-13: 978-1-7771550-1-8

Distribuido por KDP Amazon.

Basado en investigaciones previas de los mismos autores, expandidas y complementadas con nueva evidencia.

Zahi, Rhal. *Analysis of the Wedding Cake UFO.* US Library of Congress Copyright © TXu 1-875-255

Zahi, Rhal. *An Investigation into the Pendulum UFO.* US Library of Congress Copyright © TXu 1-911-482

Zahi, Rhal and Chris Lock. *An Investigative Analysis of Billy Meier's Energy Ship UFO photos.* US Library of Congress Copyright © TX 7-956-476

Zahi, Rhal and Christopher Lock. *Researching a Real UFO: A Practical Guide to WCUFO Experimentation for Young Scientists.* US Library of Congress Copyright © TXu 2-037-764

Información sobre los editores en: www.rhalzahi.com

"No todo es lo que parece ser;
la primera impresión engaña a muchos;
la inteligencia de algunos les permite percibir
lo que cuidadosamente ha sido ocultado."

— Phaedrus

En memoria de los pioneros en la investigación del caso de Billy Meier,

Lt. Col. Wendelle Stevens y Dr. James Deardorff.

Tabla de Contenido

Lista de Figuras y Tablas

Figuras:

Tablas

Agradecimientos

Queremos dar las gracias a Billy Meier por permitirnos hacer una investigación independiente de sus fotos y videos; al Profesor James Deardorff (q. e. d. p.) por sus valiosos comentarios y cuestionamientos para mejorar estas investigaciones. A Christian Frehner por su continuo soporte y ayuda, y a Dyson Devine y Michael Horn por su contribución y soporte.

También queremos agradecer a los múltiples escépticos y detractores que nos han inspirados a revisar nuestros primeros hallazgos, cuyos cuestionamientos y críticas nos han motivado a mejorar estas investigaciones.

Prefacio

Estos son los comentarios del Profesor Deardorff (q. e. p. d.), sobre la primera versión de la investigación del WCUFO publicada en el primer trimestre del año 2013.

Comentarios de James Deardorff

En el análisis de la foto #800 es importante saber a qué distancia de la pared de la Cochera se encontraba el WCUFO a partir del tamaño de la imagen reflejada en relación al diámetro de las esferas. Para esto, Zahi requirió de un mapa preciso con la localización de la Cochera en relación a la casa principal, que es la que aparece al fondo en las fotos #800 y #799, las cuales él analizó. (Y que él obtuvo de Google Earth, el cual aún no mostraba una vista adecuada de esta propiedad al momento en que yo hice mi análisis hace 10 años). Él usó un programa de computador (llamado Blender), el cual de manera precisa recrea los reflejos de los alrededores en cualquier espejo que se defina, aún espejos curvos y esféricos. Entonces, teniendo el esquema de la propiedad de Meier, y un buen modelo del WCUFO con sus esferas reflectantes en la posición correcta, él pudo examinar el ancho de la imagen reflejada de la Cochera, en las esferas en relación a su diámetro. Sólo cuando el modelo del WCUFO estuvo a la distancia correcta, pudo reflejar el mismo ancho que se ve en la foto #800. Esta distancia fue de unos 20 pies.

Pero él también comparó esto con el reflejo en una pequeña esfera brillante (que él llamó canica), dentro de un modelo físico a escala de la propiedad de Billy, y tomó fotos de la canica a varias distancias de un modelo en cartón de la Cochera. Solo cuando la canica estuvo a la distancia adecuada, ella reflejó la imagen de la Cochera con el mismo ancho relativo en la canica brillante. Al convertir esta distancia usando el modelo a la escala real de *Google Earth* de la propiedad de Billy, encontró que el WCUFO estuvo localizado a unos 23 pies de distancia. Cada valor de estos tiene un error de una magnitud que está de acuerdo con una variación de la distancia entre 20 a 23 pies de la Cochera; unos 6 a 7 metros.

Zahi también encontró que Meier con su cámara estuvo situado muy cerca de la Cochera, no a unos 20 pies de ella y hacia su residencia, usando un modelo. El demostró esto de cuatro maneras diferentes. Una forma fue la de mostrar que si Meier y el modelo a escala hubieran estado en algún lugar en el centro del estacionamiento (en su patio delantero), entonces la residencia principal en el fondo se vería en la foto demasiado grande (demasiado cerca). Otra forma fue la de mostrar que si Meier hubiera estado ubicado con un modelo a escala del WCUFO mucho más cerca de la residencia principal, él mismo habría aparecido en la foto porque su modelo solo habría estado a 3 pies de distancia de la cámara. (Lo demostró mostrando una foto del reflejo de alguien cercano a una esfera y también en el modelo de computadora). Una tercera forma fue la de mostrar que en los reflejos de la Cochera [en las esferas], la ubicación de ella dentro de cada esfera del modelo habría cambiado un poco debido a la distancia apreciable entre la cámara y la Cochera (un efecto de paralaje). Esto no sucede dentro de las esferas adyacentes del WCUFO de #800 o #799, ya que la cámara de Meier estaba cerca de la pared de la Cochera. La cuarta forma fue calculando qué tan lejos debía estar la cámara de la residencia principal, conociendo ciertas dimensiones de la residencia principal y el ancho que ocupa en la foto (así como sabiendo la distancia focal de la cámara y el tamaño de la película). Las cuatro formas coinciden: Meier estuvo de espaldas a la pared de la Cochera cuando tomó esas fotos.

Pero, Zahi también tenía que saber dónde estuvo parado Meier en relación con la pared de la Cochera: ¿estuvo cerca de una esquina u otra, o en el medio? Eso fue obvio para él, a primera vista, al observar cualquiera de los reflejos de las esferas en #800 o #799. La ubicación de la cámara dentro de la imagen reflejada de cada esfera está en el centro exacto de la esfera. (No me había dado cuenta de este hecho fundamental y obvio). Entonces, Meier había estado parado al lado del centro de la pared de la Cochera.

También, para obtener las dimensiones correctas de la Cochera, y el hecho de que sus aleros se muestran bastante prominentes en los reflejos, y el hecho de que la Cochera sufrió algunas modificaciones poco antes de 1980, tuvo que consultar con Christian, y utilizar un fotograma de la película "*Contact*" tomada hacia 1980.

Entonces, deducir el diámetro exterior del WCUFO a partir de la distancia desde la esfera del WCUFO hasta la Cochera, implicó un poco de aritmética. Obtuvo entre 3.0 y 3.6 metros de diámetro (Meier y Christian dijeron que era la nave de 3.5m). Creo que la figura C6 muestra mejor el resultado de Zahi.

Me impactó particularmente su análisis de las fotos del WCUFO sobre las copas de los árboles. Al examinar detenidamente el reflejo de las esferas, en las fotos #834 y #838, Zahi notó que el contorno de las pequeñas copas de los árboles del bosque era evidente. Esto significaba que el mismo Meier estaba en la copa de un árbol tomando las fotos (desde la nave de Quetzal). Demostró que si el WCUFO hubiera sido un modelo a escala suspendido de alguna manera detrás de las ramas más altas del árbol cercano y frente al árbol más distante, dicho modelo habría tenido que estar muy cerca de la copa de un árbol cercano, en cuyo caso este último debería verse bastante grande en los reflejos en las esferas, lo cual no es así. También significaba que el mismo Meier (o supuestamente un cómplice con dos brazos se habría subido al nivel de la copa de un árbol) habrían aparecido en la imagen de la esfera, lo que por supuesto no es así. Como el WCUFO no fue un modelo, entonces estaba más lejos de lo que hubiera estado cualquier pequeño modelo, cerca del árbol y detrás de él; la nave de Quetzal en sí no aparece en los reflejos de las esferas en el #834 o #838 u otros de esta serie [de fotos]; las copas de los árboles del bosque detrás de la nave de Quetzal no le permitieron destacarse contra un fondo claro, por lo que ella no aparece frente al fondo de la copa del árbol del bosque en los reflejos de las esferas en #834 o #838.

Y además, en su publicación de 74 páginas, RZ [Rhal Zahi] incluyó la evidencia de que una de las tomas nocturnas del WCUFO muestra la nave con su parte superior extendida hacia arriba en una cantidad significativa. Esto le requirió de hacer uso de geometría para demostrarlo.

Prof. James Deardorff

Abril 2013

Dyson Devine, es testigo del *Proyecto de Divulgación [Disclosure Project] (Anexo B)*, con Vivienne Legg, mediante un testimonio que ha sido traducido al Inglés en numerosas publicaciones de FIGU, notas de contacto en el sitio futureofmankind.co.uk, o fragmentos en theyflyblog.com, y en los libros de "Billy" Eduard Albert Meier: *Might of the Thoughts* y *The Way to Live.*

Comentario de Dyson Devine

En este este libro, *Ellos Están Aquí* ("ellos" se refiere a los pilotos de las naves espaciales de la Federación Pleyaren), nos permite llegar a la conclusión personal de que no están aterrizando en la ONU o en la Casa Blanca porque son genios muy inteligentes, a diferencia de la mayoría en la Tierra, pero afortunadamente no de todos nosotros aquí. Su metodología exótica de contacto ET filtra con amor a aquellos de nosotros que estaríamos devastados por la verdad auténtica, y al mismo tiempo atrae poderosamente a aquellos de nosotros que ya estamos preparados. Como informa la enseñanza espiritual, "La verdad es impotente contra una conciencia débil". Busca tu propia verdad.

Agradezco a los autores por el privilegio de contribuir a su prólogo y por el placer de ofrecer nuestra colaboración. *Ellos Están Aquí* representa, entre otras cosas maravillosas, una acumulación microscópicamente detallada de hechos físicos sólidos e indiscutibles, que permite a cualquier persona con una educación e inteligencia promedio, y solo un poco de sentido común, poner fin al debate sin sentido.

Naturalmente, su libro plantea inevitablemente más preguntas, y algunas de las respuestas son tan obvias como desagradables. Es la naturaleza humana enterrar profundamente verdades desagradables, y también es la naturaleza de la verdad que nunca hay suficientes palas para mantenerla enterrada, y al intentarlo, tan solo hacen su propia tumba como lo revelan los tiempos venideros. Pero, ¿por qué en la Tierra toma tanto tiempo para que los individuos sean sanos y razonables, y acepten lo que cada vez es más obvio? Lo que podría responder a esta pregunta y que no se discute en este libro es el extracto del contacto 304 de junio de 2001, que menciona la tecnología secreta, armada, portátil y generadora de locura manejada por los agentes secretos del grupo del crimen organizado que Billy llama la *Orden de Os-*

curidad. Otra posible respuesta podría ser que según Ptaah, *El humano de la Tierra no quiere saber la verdad.*

Los eones de autocensura, sin embargo, acaban de ser comprendidos silenciosamente con este libro históricamente penetrante, que, junto con varios análisis científicos, también recoge varios extractos ampliamente dispersos, de las miles de páginas de material traducido, en una imagen innegable, que una vez visto, no puede ser invisible.

En mi opinión, este libro es una explicación de la metodología exótica, tanto psicológica como tecnológica, utilizada por estos extraterrestres benevolentes, que es un mensaje, que creo que la Pleyaren Floreña estaría de acuerdo en que es muy importante difundir. En 2010, instruyó a Billy Meier, a los miembros del Grupo Central y a otras personas a que ya no participaran en debates para tratar de convencer a los escépticos y a los detractores del caso. Están totalmente prohibidos los pensamientos negativos de venganza. Toda la información ahora está disponible para que todos puedan acceder libremente, y los contradictores son demasiado débiles y obsesivos en su mente, en su pensamiento, para reconocer la verdad. El siguiente consejo de Floreña del Informe de contacto 2010 486 V 6, 12 ~ 15 y 17, también puede servir a todos aquellos que deseen obtener información, conocimiento y comprensión de este libro:

6. Desde el comienzo de la existencia de nuestros contactos y el lanzamiento de la evidencia probatoria, a partir del año 1975, a este respecto, una y otra vez, la controversia ha sido provocada por personas maliciosas, sabelotodos, críticos y calumniadores.

...

6. Seit dem Bestehen unserer Kontakte und der Veröffentlichung deiner Beweismaterialien ab dem Jahr 1975 wurden in dieser Beziehung durch Böswillige, durch Besserwisser, Kritiker und Verleumder immer wieder Kontroversen ausgelöst.

...

12. Por lo tanto, de acuerdo con Ptaah y Quetzal y de todos nosotros los que trabajamos juntos con ellos, y discutimos todas las cosas necesarias con ellos, ahora debo aconsejarle a usted y a los miembros del Grupo Central y miembros pasivos, así como a Michael Horn y otros, que en ningún momento deben involucrarse en cualquier forma de controversia.

12. Dazu soll ich dir nun gemäss Ptaah und Quetzal und von uns allen, die wir mit ihnen zusammenarbeiten und zusammen auch alle notwendigen Dinge beraten, nahelegen, dass du und die Kerngruppemitglieder sowie die Passivmitglieder, wie aber auch Michael Horn und andere Personen, euch in keiner Weise mehr auf irgendwelche Kontroversen in genannter Form einlassen sollt.

13. Además, en la correspondencia, así como en los foros de FIGU y con periodistas y visitantes, y así sucesivamente, no se debe abordar todo el asunto y, por lo tanto, no hay preguntas relevantes para crear controversia, u otras preguntas que están dirigidas a llamar la atención sobre la verdad, y estas no deben ser respondidas nunca más.

13. Auch in der Korrespondenz sowie in den FIGU-Foren und bei Journalisten und Besuchern usw. soll auf das Ganze nicht mehr eingegangen und folglich auch keine kontroversebetreffende oder sonstige Fragen mehr beantwortet werden, die darauf ausgerichtet sind, die Wahrheit in Frage zu stellen.

14. Durante mucho tiempo, muchos testigos ya han proporcionado evidencia de la verdad de nuestros contactos colectivos, al igual que la autenticidad de sus fotos hechas de nuestras naves y varios materiales, que fueron dados a Génesis III en los EE. UU., a reconocidos expertos e instituciones científicas para la investigación y el análisis científico, y que demostraron que todo el material es auténtico y que no se pre-

14. Die Wahrheit unserer gemeinsamen Kontakte wurde ebenso durch viele Zeugen schon längstens bewiesen, wie auch die Echtheit deiner von unseren Strahlschiffen gemachten Photos und diversen Materialien, die durch die Genesis III in den USA für wissenschaftliche Untersuchungen und Analysen an namhafte wissenschaftliche Fachkräfte und Institute gegeben wurden und die bewiesen, dass alles Material der

sentan falsificaciones de ningún tipo.

Echtheit entspricht und dass keinerlei Fälschungen vorliegen.

15. Además, en las investigaciones en los sitios y ubicaciones donde se realizaron las fotos, etc., se demostró que todos sus datos corresponden a la verdad y que no hay engaño alguno.

15. Auch die Abklärungen an Ort und Stelle der Aufnahmen der Photos usw. ergaben, dass alle deine Angaben der Wahrheit entsprechen und dass keinerlei Betrug vorliegt.

...

...

17. Por lo tanto, ni usted, ni otros miembros o amigos y conocidos, deberían reaccionar a maquinaciones y preguntas discriminatorias, sino declarar que la evidencia de la autenticidad y la verdad con respecto a los contactos y fotos, así como otros materiales, se proporciona abundantemente; en consecuencia, no tiene sentido seguir hablando de ello.

17. Also sollen weder du noch andere Mitglieder oder Freunde und Bekannte auf weitere diskriminierende Machenschaften und Fragen reagieren, sondern erklären, dass der Beweise der Echtheit und Wahrheit in bezug auf die Kontakte und Photos sowie sonstige Materialien genug gegeben sind, folglich es unsinnig ist, noch weiter darüber zu reden.

Los saboteadores y los sabelotodos abordarán ansiosamente el barco de la verdad, solo una vez que los pasajeros comiencen visiblemente a llenarla, y el miedo a quedarse solos se apodere de ellos. Los primeros en abandonar el barco de mentiras que se hunde serán las ratas, cuya presencia perniciosa también explica, en parte, el largo tiempo que nos ha llevado la iluminación colectiva.

En este momento, cualquier persona que realmente desee saber que los contactos de Billy Meier son legítimos, debería saberlo, y otras personas que duermen se colocan voluntariamente en una categoría donde eventualmente deberán tropezar con la verdad por sí mismos. Así que no use como un arma este libro.

También es importante recordar que las dudas persistentes son veneno para el progreso evolutivo espiritual y deben erradicarse con el estudio lógico de libros, como este, tan pronto como sea posible.

Finalmente, como complemento a las palabras de Floreña, Billy enfatiza la necesidad ineludible de una disputa interpersonal amigable, y cómo esto funciona para avanzar en nuestra evolución colectiva relacionada con la conciencia, que es nuestra razón de ser.

Acepte la verdad que encuentre con su comprensión y compártala con justicia y amor.

Gracias y *salome*.

Dyson Devine
Enero 2020

Prólogo

La evidencia del caso Billy Meier comenzó a acumularse en gran cantidad en los años 70 y 80, cuando Photoshop, la tecnología CGI y las computadoras personales no estaban disponibles para falsificar evidencia de OVNIS. Cualquier falsificación creada en ese momento tenía que usar pequeños modelos a escala, exposiciones múltiples, o retocar negativos o manipular fotos impresas. La evidencia en forma de fotografías tomadas por Meier, algunas de las cuales investigamos en este libro, ha estimulado la participación de entusiastas de los OVNIS, investigadores, escépticos y aspirantes a desacreditar el caso.

Los investigadores serios de OVNIS son de dos tipos: los expertos de los años 70 y 80 que usaron laboratorios sofisticados para probar la evidencia de Meier; y los investigadores actuales, que realizamos pruebas que cualquiera puede replicar para encontrar la verdad por sí mismo. La tecnología informática disponible para todos hoy en día proporciona un medio excelente para que cualquiera pueda realizar análisis en su computadora personal, que se comparan con los análisis de computadora de expertos realizados en los laboratorios especializados de los años ochenta.

Esas investigaciones anteriores de los años setenta y ochenta sobre la evidencia del caso Meier, tal como se presentan en la película *Contact* (Stevens, 1978), fueron realizadas por Wendelle Stevens, Lee Elders, Britt Elders, Tom Welch, Jim Dilettoso y Marcel Vogel, entre otros.

Recientemente, investigadores como James Deardorff, realizaron análisis sobre el OVNI Tipo Péndulo y los OVNIS tipo Wedding-Cake, también conocido como WCUFO (Deardorff, 2006). Christian Frehner, siguiendo las recomendaciones de Deardorff, realizó algunas pruebas en la propiedad de Billy Meier utilizando una esfera reflectante para comparar sus reflejos con los de las esferas de este tipo de OVNI presentadas en las fotos del WCUFO.

En el 2009, Christopher Lock, coautor de este libro, realizó análisis iniciales sobre la fotografía del WCUFO flotando sobre un remolque verde. Este libro incluye los resultados de Deardorff y los resultados actualizados de Lock que van considerablemente más allá de los detalles del WCUFO del tráiler previamente publicado en el libro *Análisis de un OVNI Real* (Zahi and Lock página 7). Otros investigadores interesados, también han descubierto que una simple función de Photoshop revela que el WCUFO está detrás de las hojas del árbol en esta foto, mostrando que la nave es un objeto distante, no un pequeño modelo cercano utilizando un truco de falsa perspectiva.

A finales de 2012, Rhal Zahi (Francisco Villate), coautor de este libro, quedó intrigado de manera independiente por una foto particular del WCUFO (#800). Al igual que Deardorff y Frehner antes que él, notó algunos reflejos oscuros en sus esferas. Luego pensó en verificar lo que había en las instalaciones para obtener detalles que pudieran dar una estimación muy razonable de qué tan lejos de la cámara estaba este WCUFO y, posteriormente, su tamaño. Inspirado por los hallazgos e investigaciones del profesor James Deardorff, lo contactó y decidió hacer un análisis más detallado que se convirtió en su informe de 74 páginas: *Análisis del OVNI de las Esferas Metálicas* (Zahi 2013). En este informe, todos los protocolos y cálculos se describieron en detalle para que cualquier persona con un conocimiento básico de matemáticas de secundaria pueda replicarlos.

Zahi realizó más investigaciones en el 2014, ahora sobre el OVNI Tipo Péndulo, y demostró que este OVNI era un gran objeto que danzaba alrededor de un árbol, imitando el movimiento de un objeto colgado de una cuerda (movimientos de péndulo). Chris Lock y Dyson Devine lo ayudaron a refinar sus hallazgos. Luego, en 2015, UFO Digest publicó un comentario interesante sobre la investigación de Zahi sobre El OVNI Danzante (video de YouTube):

> Luego de ver "El OVNI Danzante" ("The Dancing UFO"), nos gustaría felicitar a Rhal Zahi y su equipo por el análisis más detallado y científico del "OVNI *Beamship*" de Billy Meier que hemos visto [sic] en UFO Digest. De este modo, coincidimos con los hallazgos de Rhal Zahi de que el movimiento del "OVNI *Beamship*" de Meier, como se ve en la película de Meier, NO es un pequeño modelo suspendido en un péndulo, que orbita un pequeño árbol falso (por las muchas razones [sic] citadas en su película por Rhal Zahi y su equipo).
>
> Estas demostraciones gráficas y en video por computadora de Zahi & compañía, de varios esquemas diseñados para manipular un "modelo de OVNI propulsado por un péndulo" en la película de Billy Meier son insostenibles y no prácticos, si no imposibles para un equipo de 3 personas, y mucho menos para un fotógrafo manco.
>
> Robert Morningstar
> Editor - UFO Digest (ufodigest.com)

También en 2014, nosotros (Zahi y Lock) comenzamos nuestras investigaciones sobre las Naves de Luz, que se dice que son OVNIS hechos de energía que se presentan de varias formas. Meier y los Pleyaren dicen que estas extrañas naves traen a la Tierra pequeños seres avanzados de la galaxia de Andrómeda. Si son reales, estos visitantes, quizás como nosotros recientemente, usan la luz como un dispositivo de grabación de datos altamente eficiente (Xiongbin). Fue evidente durante nuestra investigación que estas naves interactuaron con el entorno circundante, lo que indica que no son trucos fotográficos de doble exposición como habían afirmado los escépticos. Sin embargo, al menos una foto es una exposición triple. Nuestras investigaciones sobre estas fotos muestran detalles peculiares, aunque ellas carezcan de estructuras físicas. Estamos agradecidos con los escépticos por señalar algunos errores cometidos en un documento anterior que publicamos sobre estas naves, y esperamos abordar todos sus puntos a su debido tiempo.

Con más y más evidencia analizada a lo largo de los años y pistas ocultas adicionales ahora reveladas, la evidencia del caso Meier es convincentemente real.

Un ejemplo clásico es la famosa foto de WCUFO en la noche, que durante aproximadamente tres décadas estuvo ocultando detalles dentro de su fondo negro, que con un incremento en su brillo, revela que este WCUFO flotaba sobre un terreno con un sendero y un poste visible. Este no evidencia pistas que sugieran un pequeño modelo y muestra un misterioso halo rosado a su alrededor que, según algunos investigadores, es una columna de plasma. Las estimaciones realizadas a partir de detalles revelados en esta imagen nocturna indican que este WCUFO tiene aproximadamente siete metros de diámetro.

Nuestro libro más reciente, *Análisis de un OVNI Real: Una Guía Práctica de Experimentación del WCUFO para Jóvenes Científicos.* (2017) está dirigido a estudiantes para realizar 11 experimentos sobre la evidencia del WCUFO para calcular qué tan grande eran estos objetos, y descubrir detalles fascinantes sobre ellos. Ese libro muestra pruebas simples y fáciles de realizar, y presenta tres reglas útiles sobre los reflejos en esferas, que ayudan a los lectores a comprender de manera práctica cómo funcionan espejos esféricos, y la información que proporcionan sobre este tipo de nave.

Entonces, ¿por qué estamos publicando este libro y para qué público? Este libro es una compilación práctica de tres tipos de evidencia del caso de Meier: El OVNI de las Esferas (WCUFO), El OVNI Tipo Péndulo y un nuevo análisis de las fotografías del OVNI de Hasenbol. Abundantemente ilustrado con nueve tablas y más de 150 figuras a todo color, este libro ofrece al lector una experiencia visualmente enriquecida. Esperamos que sea un texto fácil de seguir y revelador para cualquier investigador, entusiasta de los OVNIS, cualquier persona interesada en el caso de Meier, interesada en los OVNIS y la posibilidad de formas de vida extraterrestres y su potencial visita a la Tierra. También presenta un resumen de descubrimientos y abundantes referencias que indican más detalles en la investigación sobre estos OVNIS y del caso de Meier.

Con el reciente y rápido progreso de desarrollo en la tecnología digital e informática, los investigadores del caso Meier han cambiado a lo largo de los años. Como se mencionó, ahora cualquiera puede realizar investigaciones con herramientas informáticas fácilmente disponibles sin la necesidad de creer en expertos. Usted, el lector, ahora puede documentar los hallazgos, indicar cómo obtenerlos y hacer que sus conclusiones sean corroboradas por cualquier persona con un conocimiento básico de las matemáticas de la escuela secundaria. Las computadoras de hoy brindan una capacidad amplia e incluso impresionante a cualquiera que esté interesado en encontrar la verdad por sí mismo.

¿Es la evidencia de Billy Meier, como la discutida en este libro, la parte más importante en este caso? Sorprendentemente creemos que no. En este libro, presentamos pruebas que muestran que los OVNIS son reales y que Están Aquí. Este conocimiento es una puerta de entrada para acceder al verdadero tesoro dentro de este caso, un tesoro mucho más crítico para la humanidad en este momento de agitación y transición social, ambiental y global: una nueva filosofía de vida, no religiosa y sin creencias, que Meier llama las Enseñanzas Espirituales.

Las Enseñanzas Espirituales consisten en los libros y publicaciones de Billy Meier, como *The Goblet of the Truth*, *Arahat Athersata*, *The Way to Live*, *The Psyche*, *OM* y más de 700 informes de contacto detallados individualmente que cubren cada tema imaginable en discusiones cara a cara entre Meier y los Pleyaren. Actualmente, estos trabajos están disponibles, principalmente en inglés, en los sitios de Internet de FIGU o en:

http://theyfly.com/ (página de Michael Horn) y
http://www.futureofmankind.co.uk/Billy_Meier/Contact_Reports.

En este momento crucial y precario en la historia de nuestro mundo, las Enseñanza Espirituales contienen recomendaciones de Meier y sus amigos ETs, los Pleyaren, que pueden ayudarnos a hacer de la Tierra un lugar mucho mejor, y a mejorarnos a nosotros mismos, tanto individual como colectivamente. ¿Los OVNIS analizados y discutidos en este libro pertenecen a los Pleyaren? No demostramos que así sea, pero sabiendo que ellos Están Aquí, ¿qué opciones existen para las identidades de los pilotos que demuestran sus capacidades exclusivamente a Meier y a unos pocos testigos? No existe una explicación racional, como la de que esto es el resultado de algún programa gubernamental, militar secreto o científico de Suiza.

Sabiendo que, como lo muestra este libro, la evidencia OVNI de Meier es real, la humanidad puede ahora considerar seriamente si ha estado durante varias décadas en contacto con seres avanzados del espacio, procedentes desde un lugar en otra configuración de espacio-tiempo, más allá del cúmulo estelar de las Pléyades. Estas reflexiones e investigaciones nos invitan a considerar cómo estos extraterrestres nos ven a nosotros en la Tierra, y cuáles son sus recomendaciones para estos momentos de nuestra historia.

Meier dice que los Pleyaren han vivido en paz durante más de 50,000 años y han desarrollado una tecnología incomprensiblemente avanzada de viajes en el espacio-tiempo. Tal vez deberían considerarse las palabras, mensajes y consejos que ellos y Meier nos traen. Incluso, si no se puede aceptar su existencia, al menos sus recomendaciones pueden leerse objetivamente para ver qué asistencia o respuestas ofrecen a algunos de los interrogantes que la mayoría de nosotros buscamos resolver para mejorar nuestro mundo. Quizás la principal de esas preguntas es: ¿Cómo podemos sobrevivir y evolucionar individual y colectivamente, para ser habitantes cósmicos responsables y asegurar nuestro destino exitoso como guardianes de este delicado, pequeño y pálido planeta azul que llamamos nuestra Tierra?

Sin embargo, no necesitamos esforzarnos durante varios siglos para tratar de visitar a los Pleyaren, suponiendo que pudiéramos. Nuestra reunión probablemente resultaría en choques culturales, psicológicos y espirituales tanto para ellos como para nosotros, debido a nuestros muchos rasgos primitivos pandémicos que vienen de decenas de miles de años atrás. Estos rasgos arcaicos ya no se pueden mantener ni soportar en las comunicaciones y relaciones interpersonales.

Meier dice que los Pleyaren han venido aquí para dar información que nos puede ayudar. Y para visitarlo, como a un amigo con quien solo se sienten capaces de comunicarse. Desde la infancia, Meier ha estado escribiendo para ayudar a todos los seres humanos de muchos lugares ¿Quién no querría escuchar los consejos de personas 50,000 años más avanzadas que nosotros?

Las Enseñanzas Espirituales, o los Pleyaren mismos, sin embargo, no se discuten en este libro. Esos temas son para que usted, como lector, avance si este libro resuena con usted, y si usted está de acuerdo con las evaluaciones y hallazgos científicos elementales mostrados aquí. Dos excelentes lugares para comenzar a investigar la enseñanza espiritual y los Pleyaren son los enlaces resaltados de la página anterior.

Los Pleyaren nos han mostrado sus naves, o naves-luz como las llaman. Este libro proporciona pruebas de que estos OVNIS están aquí, por lo que sus pilotos también deben estar dentro de ellos, o controlándolos de forma remota. ¿Quiénes son esos pilotos si no los Pleyaren que en las últimas décadas nos han dado sus sabias palabras de sabiduría, inteligencia, conocimiento, amor y consejos para ser usados ahora y en el futuro?

Finalmente, según Meier, cuando muera, las visitas de los Pleyaren a la Tierra cesarán. Meier tiene ahora 83 años, por lo que puede que no estén aquí por muchos más años; pero en este momento, por un poco más de tiempo, ellos y sus OVNIS: Están Aquí.

Francisco Villate (Rhal Zahi) y Christopher Lock

Febrero 2020

Introducción: Controversia Mundial del Fenómeno OVNI

El caso de Billy Meier presenta un volumen extraordinario de evidencia clara y convincente. A pesar de esta abundancia de evidencia, algunos dicen, a primera vista, que el caso es demasiado bueno para ser verdad. Para ellos, por alguna razón, se crea una duda inicial, a pesar de la abrumadora cantidad de pruebas de la más alta calidad de este caso. Quizás, tal duda es, sin embargo, entendible.

Miles de páginas escritas de información única aún esperan ser conocidas y ser traducidas a varios idiomas y, junto con los relatos de Meier viajando a otras galaxias, e incluso al pasado y al futuro, suman suficientes detalles extraordinarios para infundir un aire de escepticismo inicial sobre él. Además, no hay un terreno más grande de investigación de OVNIS por recorrer, ni un desafío más grande por enfrentar como el de este caso, que hace que muchas personas se expresen inmediatamente negativas sobre la viabilidad del mismo. Pocos dan la bienvenida a una investigación que les tomaría mucho tiempo, analizando miles de páginas de investigación, sacándolos de su zona de confort habitual.

Figura 1 - OVNI frente a un abeto Noruego. Foto #66, 9 de Julio de 1975.

Mucha gente piensa que los extraterrestres contactaron a Billy Meier y realizaron sus demostraciones para convencernos de su existencia. Hemos encontrado que esto no es así. ¿Por qué, entonces, mostrarse de la manera que lo hicieron? Estos extraterrestres, o Pleyaren como se nombran a sí mismos, dicen que hicieron sus demostraciones para crear una *Controversia Mundial del Fenómeno OVNI.* Una controversia que impulsaría a la humanidad a considerar o negar su posible o probable existencia, a comprobarlo, en lugar de creerlo enfáticamente. Según Meier, un comandante de Pleyaren llamado Ptaah explicó en el Informe de contacto #251 (Meier), que no intentaron presentar evidencia irrefutable de su presencia aquí en la Tierra, lo que, por supuesto, podrían haber hecho fácilmente. La explicación exacta de Ptaah sigue momentáneamente, cuando él habla brevemente de la demostración del OVNI Tipo Péndulo.

Los investigadores del caso Meier pronto se enfrentan al desafío conocido como la Barrera de los Escépticos. Esta barrera constituye a partir de la evidencia que se plantea en contra el caso de Meier, que incluye varias demostraciones simples y una investigación muy endeble sobre cómo Meier supuestamente falsificó sus fotos y videos, y afirmaciones sin fundamento, como la de hacer modelos que los escépticos presentan como prueba. Esta barrera se refuerza aún más por el hecho de que algunas fotos de Meier, que eran fotos genuinas, fueron robadas, y posteriormente falsificadas y reemplazadas por personas con el propósito de ponerlo en duda. Otros escépticos luchan contra la evidencia porque va en contra de su creencia subyacente de que Meier es un fraude o algo peor. También muestran invariablemente la falta de tenacidad investigativa necesaria para profundizar en todas las posibilidades y, a menudo, se sienten cómodos para sacar conclusiones rápidas y simplistas. Estas creencias y perspectivas han dado lugar a copiosos comentarios difamatorios, calumniosos y señalamientos en contra del personaje de Meier, que lo acusan de fraude, sin presentar evidencia alguna que pudiera sostenerse ante un tribunal de justicia.

Es muy fácil quedar bloqueado o atrapado en esta barrera de ruido escéptico, y no sentir la necesidad o el deseo de continuar para descubrir si el caso es real o no. Por lo tanto, es fácil ser absorbido por la ruidosa muralla escéptica del sabelotodo, al observar la evidencia de Meier por primera vez, y esto es suficiente para que muchos la descarten, o descarten todo el caso. Y es bastante evidente que los escépticos siguen reforzando su barrera. Sin embargo, lo que mucha gente desconoce, es que los mismos extraterrestres contribuyeron a propósito en la creación de la Barrera de los Escépticos, teniendo una muy buena razón para hacerlo.

En las investigaciones de los años setenta y ochenta, Wendelle Stevens y otros investigadores realizaron varias pruebas utilizando modelos a escala de OVNIS de alrededor de 50 cm de diámetro, tal como se presenta en la película *Contact* (Stevens y Elders 1982). Las imágenes resultantes eran muy similares a las fotos de Meier, lo que llevó a los escépticos a afirmar que Meier también usaba pequeños modelos. Tal "prueba" es un ejemplo de un juicio de primera impresión, basado en suposiciones iniciales para apoyar una meta esperada en lugar de una investigación adecuada, objetiva, detallada y rigurosa, en busca de la verdad. Christian Frehner nos informó recientemente por correo electrónico (2020) que Billy Meier dice que nunca ha hecho un modelo de una nave. Los escépticos no tienen más que suposiciones, afirmaciones o historias inventadas, basadas en la hipótesis de que si alguien ha hecho un modelo, eso significa que Meier hizo lo mismo.

Con respecto a las fotos, por ejemplo, Jim Dilettoso encontró una característica inusual en ellas, que da una idea de la distancia desde la cámara hasta el objeto fotografiado. En las películas de emulsión, un objeto fotografiado contra un fondo sin obstrucciones produce un borde o línea delgada en los bordes de la imagen; cuanto más lejos esté el objeto, más ancho es el borde. De esta manera, pudo determinar distancias aproximadas a los OVNIS y diferenciar un modelo de ovni de un gran objeto volador. Como se indica en *UFO Contact from the Pleiades – A preliminary investigation report* (Stevens, Anexo IV, página 380) Dilettoso no encontró evidencia de falsificación en las fotos de Meier al analizar los negativos con equipos y procedimientos sofisticados. En muchas ocasiones, Dilettoso ha defendido el caso de Meier como real, por lo que indica que las fotografías muestran grandes objetos voladores, reales, de alrededor de siete metros de diámetro. Lo hizo en la 23ª Convención Nacional Anual de OVNI, Phoenix, Arizona, el 16 de mayo de 1986 (Stevens, *UFO Contact from the Pleiades – A supplementary investigation report.* - Anexo IV - página 546).

Dejando a un lado a Dilettoso, el OVNI de las Esferas - WCUFO (Figura 2), en una percepción inicial de él, puede sugerir fácilmente que el caso Meier es irreal o falso. A primera vista, este OVNI puede parecer un pequeño modelo hecho con demasiadas piezas decorativas y complicadas. De ninguna manera, se parece al OVNI aerodinámico estándar, en forma de disco volador como el de la nave en la Figura 1.

Usando bolas de árboles navideños, una tapa de contenedor de alimentos y otros artículos para el hogar, los escépticos han hecho modelos similares a este OVNI, que a primera vista podría sugerir que Meier habría hecho lo mismo. Si se trata de una máquina voladora, un OVNI real hecho por extraterrestres, ¿por qué es tan complicado y no aerodinámico? Los 11 experimentos del libro *Análisis de un OVNI Real: Una Guía Práctica de Experimentación del WCUFO para Jóvenes Científicos.* (Zahi y Lock) demuestran que, independientemente de su extraña forma, el WCUFO es un objeto grande, del tamaño de un automóvil compacto, y que aunque parezca un pequeño juguete, no lo es. Otras fotos, discutidas en detalle en la Parte I de este libro, demuestran que otros WCUFOs tienen el doble de tamaño del que se muestra en la Figura 2.

Figura 2 - OVNI de las Esferas – WCUFO, volando sobre el parqueadero de la residencia de Meier. Foto #808 del album de Meier.

En una tarde fría, nublada y con nieve suave, el 18 de Marzo de 1975, los Pleyaren realizaron, frente a Meier, lo que ahora se llama la demostración del OVNI Tipo Péndulo. Meier montó su cámara de película de 8 mm en su trípode y durante unos minutos grabó un OVNI, o "nave espacial" mientras los Pleyaren la hacían girar alrededor de un árbol cerca de una casa, a unos 380 metros de la cámara (ver Figura 3).

Al ver esta película por primera vez, da la impresión de que se trata de un juguete que cuelga de una cuerda delgada unida a una caña de pescar, que Meier podría estar sosteniendo, y que se mueve hacia adelante y hacia atrás, y en círculos. Sin embargo, el árbol parece real y se ve muy cerca de la casa. Pero nuestra naturaleza escéptica natural nos cuestiona si Meier ha utilizado el truco de falsa perspectiva. Quizás usó un pequeño modelo de un OVNI suspendido cerca de la cámara, creando la ilusión de aparecer cerca de la casa distante. Y usó un pequeño árbol o bonsái (sugerido por aquellos que no saben nada de bonsáis) junto con su juguete colgado de un cordón delgado muy cerca de la cámara con la casa lejos.

Figura 3 - OVNI Tipo Péndulo girando alrededor de un árbol.

De hecho, es una película muy curiosa. Observando el OVNI, este parece moverse como si estuviera colgando de una cuerda. Sin embargo, el árbol parece enorme, cerca de la casa, y no se parece en nada a un bonsái. Además, al menos en algún momento, el OVNI va delante y detrás del árbol, lo que indica que el objeto volador y árbol están muy cerca uno del otro. Ningún escéptico o investigador ha duplicado con precisión los movimientos de esta nave. Un pequeño modelo de OVNI no puede hacer que la copa de un pequeño árbol se mueva sin tocarlo, como se aprecia en la película. El árbol en la película de Meier se mueve como resultado de un giro hacia la derecha que realiza la nave, que hace que su copa se mueva sin haberlo tocado. Vibra como si la nave hubiera causado una turbulencia, o ella, a través de un misterioso campo de fuerza, hizo que el árbol se moviera. Este efecto específico no se puede reproducir con un modelo y árbol pequeño.

La Figura 3 fue tomada de *Beamship FULL Billy Meier-1985 - The Movie Footage* de Junichi Yaoi (1985). Yaoi se convirtió en una leyenda en Japón, produciendo una serie muy popular de programas especiales de televisión de OVNIS, de una hora de duración, emitidos en todo el país durante las décadas de 1980 y 1990. La entrevista realizada a Meier de Nippon Televisión de los años 70 en japonés con subtítulos en japonés realizada por el joven Junichi Yaoi (ahora retirado) cubrió los mejores análisis fotográficos científicos profesionales realizados en ese momento. Él prueba que Meier no usó exposiciones dobles, y que la nave de 7 metros refleja el paisaje distante debajo de ella. Revela además la naturaleza inexplicable de las muestras de metal recibidas y analizadas, y mucho más. Aquí está el enlace a este extraordinario programa de televisión japonés:

https://www.youtube.com/watch?v=xvbtGJKljQg.

En la Parte II de este libro, se discute y se analiza en gran detalle la demostración del OVNI Tipo Péndulo.

Un evento extraordinario le sucedió a Wendelle Stevens con una copia de la película del OVNI Tipo Péndulo que obtuvo en una de sus visitas a Suiza. Stevens cubre el incidente en su libro (*UFO Contact from the Pleiades – A supplementary investigation report,* página 536). En su casa en Tucson, Arizona, en Estados Unidos, en el otoño de 1981, Stevens estuvo mostrando la película a periodistas de Denver. No tenía la autorización para dar copias de esta película a nadie, pero pensó que permitir que los reporteros filmaran unos segundos no presentaría un problema. Proyectó la película en una pared, mostrando el OVNI moviendo la copa del árbol mientras los reporteros intentaron grabar la imagen de la proyección. Inexplicablemente, después de varios intentos, las cámaras y los sistemas de grabación de los periodistas no funcionaron. Su equipo comenzó a comportarse de manera extraña. No pudieron grabar la película sin importar cuántas veces lo intentaron. En el mismo momento de la presentación, Stevens recibió una llamada de alguien diciéndole que un OVNI, o una luz en el cielo, estaba volando sobre Tucson. ¿Fue solo una coincidencia o alguien en el cielo sobre Tucson interfirió con el equipo de los periodistas? Si es así, tal vez concluimos que muchas personas no estaban listas en ese momento para ver esta evidencia, mientras que ahora la humanidad si lo está.

Tal vez los Pleyaren estaban contribuyendo a crear más sucesos inexplicables en la Controversia Mundial del Fenómeno OVNI: creando más preguntas en lugar de proporcionar respuestas; preguntas que parecen ser la preferencia de los Pleyaren. Cuestionamientos en forma de "¿qué está pasando?" y que nos desafían a encontrar la respuesta.

Los Pleyaren le explicaron a Billy Meier que a propósito movieron esta nave en la película imitando un péndulo, a fin de no conmocionar la psique de muchas personas que aún permanecen rígidas en sus sistemas de creencias actuales, algunas de ellas con profundas creencias religiosas. Quizás la humanidad no estaba lista entonces, hace casi 45 años, para aceptar la prueba de una nave real desde el espacio exterior. Ptaah, el cual Meier dice que es un comandante extraterrestre del grupo Pleyaren (un ser humano extraterrestre), con quien mantiene intercambios amistosos e informativos cara a cara, lo explica en el Informe de contacto 251:

> Por esta razón, realizamos maniobras con nuestros objetos voladores existentes, por ejemplo, movimientos bruscos de un péndulo y ciertos movimientos de salto y flotación, que normalmente no forman parte de los movimientos normales y de las técnicas de vuelo de nuestros objetos voladores. En cambio, estos se parecían a péndulos ridículos con movimientos extraños y oscilantes comunes en las películas y fotos manipuladas por los estafadores, mentirosos y charlatanes en relación a los OVNIs. El hecho de que elegimos ejecutar estos tipos de movimientos se basa en el razonamiento de que, en particular, darían lugar a una feroz controversia sobre OVNIS en

todo el mundo, que llevó a que usted tuviera muchas dificultades, por supuesto (Meier).

Se requirió de la Controversia Mundial del Fenómeno OVNI, pero le causó muchos problemas a Billy Meier, y afectó negativamente su reputación. Entonces, ¿por qué lo hicieron los Pleyaren? ¿La humanidad no está preparada para el contacto abierto?

Es nuestra opinión pensamos que estos extraterrestres saben que el colectivo de la humanidad en la Tierra no está preparado para aceptar el hecho de que no estamos solos en el universo ni que los extraterrestres existen, y que han estado aquí por mucho tiempo. Estamos de acuerdo con la probable visión de los Pleyaren de que la humanidad en general no está lista para la interacción extraterrestre.

El Instituto Brookings, junto con la NASA, es probable que estén reteniendo alguna información que evidencia la existencia de inteligencias extraterrestres, mientras continúan evaluando el probable impacto de tal revelación. Brookings recomendó en 1960, y posiblemente aún le recomienda a la NASA:

> ... estudios continuos [son requeridos] "para determinar el grado de comprensión y las actitudes emocionales e intelectuales" [sic] sobre la posibilidad de vida extraterrestre inteligente, y estudios para comprender "el comportamiento de las personas y sus líderes cuando se enfrentan a eventos dramáticos y desconocidos, o presiones sociales". Este último tenía como objetivo determinar cómo dicha información podría compartirse u ocultarse al público (Brookings Institute 2019).

Los comentarios de *Brookings* recomiendan la retención de información, hasta que se crea que es seguro difundirla. Sus "Estudios propuestos sobre las implicaciones de las actividades espaciales pacíficas para los asuntos humanos" se conocen comúnmente como "El Informe Brookings". La penúltima sección del informe habla de "las implicaciones de un descubrimiento de vida extraterrestre", y menciona cómo tal revelación podría afectar negativamente a las personas, a las religiones, a las naciones y a los estados, y puede representar amenazas a los roles de los líderes y los grupos de liderazgo (¿del mismo *Brookings*?):

> Los archivos antropológicos contienen muchos ejemplos de sociedades, seguras de su lugar en el universo, que se han desintegrado cuando han tenido que asociarse con sociedades previamente desconocidas que propugnan ideas diferentes, y formas diferentes de vida; otros que sobrevivieron a tal experiencia generalmente lo hicieron pagando el precio de los cambios en los valores, las actitudes y el comportamiento. (Michael, página 183).

Además, nuestros líderes obviamente no disfrutarían la idea de relegarse al segundo lugar en la escala de inteligencia y liderazgo, ante la presencia de una inteligencia extraterrestre superior. Sin embargo, sus razones para esta prohibición, por ejemplo sobre los Pleyaren, son, o fueron, lo suficientemente reales. A saber, la disolución de la cultura menor a medida que la cultura superior absorbe y gobierna sobre ella; y desequilibrio psicológico de las psiques individuales y colectivas. Notablemente, sin embargo, los líderes de la cultura menor son los que más pierden. La población gana conocimiento y beneficios mientras que los líderes pierden muchos aspectos de su estatus venerado.

En nuestras investigaciones nosotros también nos hemos encontrado con personas que han sido severamente afectadas por tener que enfrentar una experiencia real con OVNIS. Los ETs Pleyaren saben que una experiencia como esta puede afectar negativamente a muchas personas, pues no pueden hacer frente a la realidad. Mientras que los Pleyaren dicen que no quieren causar disturbios en la psique de muchas personas en la Tierra, al mismo tiempo saben que algún día deberíamos tener contacto (y lo haremos). Nosotros, los habitantes de la Tierra, estamos en un lento proceso de cambio y aceptación, y tener una Controversia Mundial del Fenómeno OVNI es parte de este proceso. Esta les permite a las personas que aún no están listas para aceptar la realidad de la existencia de seres extraterrestres, el tener una salida fácil, al enredarse en la barrera de los escépticos, la cual les proporciona una puerta de escape. Sin embargo, otros, que están dispuestos y listos para investigar la evidencia en detalle, pueden encontrar que estos OVNIS son reales, y reconocen que *Ellos Están Aquí.*

Otro ejemplo de evidencia que a primera vista parece un engaño, pero que después de una investigación detallada que concluimos que era real, es la de las Naves de Energía. Planeamos examinar y publicar esta evidencia en una publicación futura. Las Naves de Energía son artefactos voladores inter-espaciales, hechos de energía, no de material metálico o físico. Los Pleyaren explicaron a Meier que los materiales de construcción de las naves espaciales de diferentes culturas son en general de tres tipos: los metálicos; los biológicos y los de energía. Los Pleyaren usan naves hechas de metal, que pueden moverse a otras dimensiones y viajar a través del tiempo. En 1979 Meier recibió la visita y la manifestación de Naves de Energía, una forma no estándar de OVNI.

Figura 4 - Foto #728 de la colección de Meier. Una Nave de Energía vuela sobre el parqueadero de su propiedad.

Los escépticos han afirmado que estas fotos se realizaron con el truco fotográfico de doble exposición, en la que se toma una foto nocturna del estacionamiento, y otra, en el mismo negativo, de un objeto brillante como una lámpara; al superponer las dos imágenes se crea el efecto deseado. También descubrieron que los bordes de estas naves muy parecidos a las lámparas de los postes de iluminación nocturna en la propiedad de Meier, por lo que los escépticos sugieren, lo que no nos sorprende, que Meier los usó para crear el truco.[1]

Descubrimos que estas naves proyectan haces de luz que interactúan con el entorno circundante, iluminando cables debajo de ellas. Debido a que estos "objetos" interactúan con el medio ambiente, llegamos a la conclusión de que son artefactos voladores misteriosos, no el resultado de un truco de doble exposición.

Otra "evidencia" proporcionada por los escépticos como "prueba" de que el caso de Meier no es real, son algunas fotos falsas del viaje de Meier conocido como su *Gran Viaje*. Meier dice que hizo un recorrido extraordinario a través del universo con los Pleyaren en el que tomó varias fotos de objetos en el universo, más allá de nuestro sistema solar, incluso en otras galaxias. Desafortunadamente, las falsificaciones reemplazaron estas imágenes originales, por lo que Meier recibió los rollos desarrollados con copias falsas disfrazadas de imágenes manipuladas que se veían muy similares a las increíbles fotos que había tomado. Alguien, posiblemente el "Señor *Schmid*", entre otros, que ayudaban a enviar los rollos de película de Meier a un laboratorio, por diversas razones, incluidas las presuntas amenazas a su sustento o vida, permitió la manipulación de las fotos por personas interesadas en dañar la reputación de Meier. Meier dice que no recibió las fotografías originales de su viaje en estos rollos de película.

Inicialmente, ni Meier ni los Pleyaren notaron los sutiles cambios en las imágenes. Sin embargo, después de su detección, los Pleyaren destruyeron la mayoría de las fotos diciendo que solo le traerían más problemas a él. Meier mantuvo algunas de estas imágenes, pero no está claro qué nivel de manipulación se realizó en ellas. Es común, por lo tanto, encontrar estas fotos falsificadas por personas desconocidas en libros y películas. Hay alrededor de 40 de esas fotos de las 1.378 que Meier tiene, o tuvo, en su colección. Ejemplos de las fotos falsas que él sabe que no son originales, son las imágenes de "Asket y Nera", las fotos de dinosaurios, las fotos de Apolo-Soyuz, las imágenes de la barrera del universo o la puerta de entrada a un universo vecino, algunas fotografías del espacio profundo y más.

De una forma u otra, la evidencia presentada da lugar a dudas, y ciertamente ofrece un inmenso tesoro de material que consume mucho tiempo para investigar para aquellos nuevos investigadores de este caso. Entonces, podría parecer falso basado en la percepción inicial o superficial, en lugar de una investigación racional y exhaustiva. Además, los propios Pleyaren contribuyeron activamente a esta situación. El documento esclarecedor de Deardorff "*Plausible Deniability*" discute varias hipótesis lógicas que cubren posibles razones y causas de este fenómeno generalizado de nunca tener evidencia concluyente para los casos sobre OVNIS (2013).

Cada día se estudia más la evidencia del caso de Billy Meier, y se encuentran más pistas ocultas dentro de ella. A través de su abundante información y evidencia extraordinaria, de profundidad enciclopédica, la humanidad finalmente podrá darse cuenta, con suerte, si no es demasiado tarde, y antes de que los Pleyaren se marchen por varios centenares de años, que no estamos solos, y que somos completamente responsables de nuestro destino. Necesitamos evolucionar nuestra conciencia a un nivel que permita el contacto cara a cara con culturas avanzadas que viajan por el espacio, sin que nos sintamos amenazados por ellas, ni siendo una amenaza para ellas. Esta transición probablemente ha sucedido en otros planetas similares a la Tierra, y con su amplio espectro de experiencias e interacciones planetarias a lo largo de muchos milenios, los Pleyaren, sin duda, saben bien cómo hacer tal cambio y proceso.

Como un pequeño paso en este proceso de cambio y aceptación, este libro presenta una invitación a verificar algunas de las pruebas convincentes de este caso extraordinario, y decidir por notros mismos si es real o no. Es hora de enfrentar este tema y determinar si es o no parte de nuestra realidad. Los autores de este libro han decidido que sí. La participación sobre este tema, en relación a la Controversia Mundial del Fenómeno OVNI depende de usted. Cualquiera que sea su conclusión, esperamos que disfrute su lectura.

Parte I

El OVNI de las Esferas - WCUFO

Introducción al WCUFO

Billy Meier, un ciudadano suizo, afirma que ha estado en contacto con seres extraterrestres llamados los Pleyaren, que vienen de un lugar localizado en una configuración de espacio-tiempo diferente a la nuestra, a unos 80 años luz más allá del cúmulo estelar abierto de las Pléyades, ubicado en la constelación de Toro (en total, a 520 años luz de distancia de nosotros). Meier dice que son seres humanos como nosotros, pero con un mayor nivel de evolución tecnológica y espiritual. Él afirma que ha tomado más de mil fotos de sus naves y de algunos lugares que presenció en sus viajes con ellos; cientos de imágenes aún existen. Algunas de las fotos de las naves muestran un extraño OVNI con tres o cuatro docenas de esferas reflectantes y varias partes pequeñas, como lentes y cristales de colores. Meier tomó algunas docenas de fotos de este OVNI muy particular, el cual, debido a su forma particular, lo ha llamado el "OVNI tipo torta de boda", o WCUFO por sus siglas en Inglés (Wedding Cake UFO).

¿Por qué este WCUFO es tan complicado y por qué no tiene la forma aerodinámica de un platillo volador típico? Una pista para responder esta pregunta radica en una de las fotos de Meier, de otro OVNI, llamado "Explorador Pleyaren" (Figura 5, OVNI inferior), que muestra tres esferas en su parte inferior.

Figura 5 - Foto de Billy Meier que muestra dos OVNIS. El de abajo es el OVNI Explorador, con tres esferas en su parte inferior.

¿Tienen las otras naves Pleyaren estas esferas? El OVNI Explorador muestra tres de ellas visibles en su parte inferior, pero el WCUFO muestra alrededor de 43. En otras naves, como la que se encuentra volando sobre el OVNI Explorador en la Figura 5, estas esferas no son evidentes, tal vez porque están dentro de la nave.

Debido a que el WCUFO fue hecho por los ETs como un prototipo para una demostración, y solo para uso en la atmósfera de la Tierra, ¿podríamos suponer que cada una de sus esferas es un pequeño motor sofisticado, con un mecanismo interno que produce un campo magnético (o gravitacional) que interactúa con el campo de la Tierra? Si es así, nos parece que al tener unas docenas de esferas, el campo magnético que produce puede darle estabilidad en nuestro entorno. Una diferencia notable entre el WCUFO y otras naves que Meier grabó en un video es la estabilidad de esta nave en la atmósfera de la Tierra. Este se mantiene completamente estacionario, mientras que las otras naves presentan un movimiento oscilante, como si estuvieran flotando en el campo magnético de la Tierra. De cualquier manera, los creadores del WCUFO podrían estar mostrándonos el funcionamiento interno de una de sus naves. Si es así, este WCUFO es un OVNI al igual que las otras naves, pero sin su cubierta exterior.

Imaginémonos que somos viajeros llegando a un planeta habitado, en un futuro lejano. Y deseamos estimular entre sus habitantes ideas que puedan ayudarlos a progresar y construir un automóvil, uno capaz de funcionar bien en su entorno. Entonces, para mostrárselo en detalle, eliminamos la cubierta del vehículo creado por nosotros, y así exponer el motor central y las partes mecánicas a sus científicos. Quizás, de manera similar, los creadores del WCUFO quisieron que aprendiéramos a través de estimular nuestra curiosidad, para descubrir las funciones de las diversas partes del WCUFO y así encontrar la forma de construir una nave similar.

El WCUFO puede proporcionar un eslabón perdido tecnológico entre nuestros vehículos actuales y los OVNIS que viajan por el espacio: un paso técnico necesario entre nuestros vehículos terrestres y los vehículos que atraviesan el universo.

Los diseños iniciales de este WCUFO supuestamente provienen de la década de 1920, y sugiere esta posibilidad. El Informe de contacto #254, que Meier dice que transcribió de sus conversaciones con los extraterrestres, habla sobre esto. Ptaah explicó el origen de los diseños iniciales del WCUFO a Meier en este extracto del Informe de contacto que incluye el texto original en alemán (28 de Noviembre de 1995; FoM 2015):

Ptaah:

4. Ya trabajamos con esos dispositivos voladores, que usted llama la torta de bodas, en los años veinte, pero de hecho fue solo a fines de los setenta que fueron llevados al estado requerido para su uso en la Tierra.

5. La forma de estos dispositivos voladores fue especialmente planeada para la Tierra, por lo que hicimos el esfuerzo de transmitir todas las especificaciones necesarias para el diseño a los científicos terrestres a través de la telepatía, mediante impulsos, para que los discos voladores pudieran ser desarrollados.

6. Esta información, mediante impulsos telepáticos, se dirigió principalmente a técnicos aeroespaciales, como me referiré a ellos, por lo que para esto se incluyeron especialmente ingenieros alemanes, a quienes transmitimos planes exactos sobre la forma externa, así como ciertos detalles técnicos que era seguro transmitir.

7. De este modo, los científicos alemanes hicieron experimentos, por lo que pudieron construir discos voladores medianamente funcionales, que según nuestro pensamiento en esos momentos, deberían haberse utilizado para constituir un poder aéreo a través del cual se debería haber logrado tempranamente una paz mundial.

8. Sin embargo, las maquinaciones políticas cambiaron muy rápidamente en una dirección belicosa, por lo que pusimos fin a la información enviada en forma de impulsos telepáticos a los científicos alemanes, y cancelamos

Ptaah:

4. Bereits in den zwanziger Jahren arbeiteten wir mit jenen Fluggeräten, die du als Tortenschiff bezeichnest, doch für den Einsatz auf der Erde wurden sie erst Ende der siebziger Jahre auf den erforderlichen Stand gebracht.

5. Die Form dieser Fluggeräte war speziell für die Erde gedacht, weshalb wir uns auch bemühten, impuls-telepathisch die gesamten notwendigen Angaben für die Form an irdische Wissenschaftler zu übermitteln, damit daraus Flugscheiben entwickelt werden konnten.

6. Diese impulstelepathischen Informationen gingen vorwiegend an Weltraumfahrttechniker, wie ich diese Personen bezeichnen will, wobei besonders deutsche Ingenieure dafür einbezogen wurden, denen wir genaue Aussenformpläne sowie gewisse technische Einzelheiten, die verantwortbar waren, übermittelten.

7. Damit experimentierten dann die deutschen Wissenschaftler auch tatsächlich, wodurch sie halbwegs taugliche Flugscheiben konstruieren konnten, die unserem Sinn gemäss damals dazu benutzt werden sollten, eine Luftkraft zu bilden, durch die ein frühzeitig herbeigeführter Weltfrieden erlangt werden sollte.

8. Die politischen Machenschaften jedoch veränderten sich sehr schnell in kriegerische Richtung, weshalb wir von weiteren impulstelepathischen Informationen an die deutschen Wissenschaftler absahen und das Projekt fallenliessen, este proyecto, por lo que luego transmitimos información falsa para que no se pudieron crear discos específicamente para fines bélicos.

wobei wir jedoch erstlich noch Falschinformationen übermittelten, damit die Flugscheiben nicht zweckgerichtet für kriegerische Zwecke erschaffen werden konnten.

Según este informe, los diseños originales de estas máquinas voladoras eran para naves destinadas a operar en la Tierra. Desafortunadamente, debido al pensamiento agresivo de científicos y políticos, la Tierra perdió la oportunidad de desarrollar discos voladores como estos. Hasta la fecha, nuestros científicos no han podido construirlos, por lo que sabemos, pero a pesar de este revés, existen fotografías notables de ellos.

Figura 6 - Foto #808 que muestra un WCUFO de 3.5 metros de diámetro con cristales, lentes, piezas doradas y varias partes pequeñas. La casa de Meier está detrás.

El 22 de Octubre de 1980, Meier vio y fotografió un WCUFO flotando sobre su patio. Anteriormente había estado tomando fotos y videos de varias naves voladoras tipo disco volador. Ahora, por primera vez, los Pleyaren lo visitaron con un WCUFO: una nave de 3.5 metros de diámetro. En la Figura 6 se muestra una foto fantástica de este WCUFO, con numerosos cristales de colores y lentes pequeños. Vemos un lente azul tapando una de las esferas.

La casa en el fondo, en la Figura 6 y a la derecha en la Figura 7, es el hogar de Meier. En los reflejos de la esfera, se ve un edificio detrás de Meier cuando tomó esta foto. Este edificio es la Cochera que encierra el estacionamiento o patio frente a la casa de Meier. Mostraremos que Meier estuvo muy cerca de la pared de la Cochera mientras este pequeño WCUFO de 3.5 metros de diámetro volaba bastante cerca y al frente de él, y a un poco menos de seis metros de su cámara.

La figura 7 es una vista de gran angular de la propiedad principal de Meier que muestra su casa a la derecha y la Cochera a la izquierda. El WCUFO voló cerca de donde está el auto naranja en el medio del estacionamiento en la Figura 7. Sin embargo, no había automóviles en el estacionamiento el día en que Meier tomó sus fotos del WCUFO.

Figura 7 - Vista gran-angular de la propiedad de Meier tomada en 1981.

La Figura 8 muestra las once fotos que Meier tomó este día. Los números en ellas los asignó él a sus fotos. En la Parte I de este libro presentamos un resumen de los estudios realizados en algunas de ellas.

Más tarde, en numerosas ocasiones a lo largo de casi un año, otros WCUFOs visitaron a Meier y él pudo tomar fotos adicionales y un video de uno de ellos.

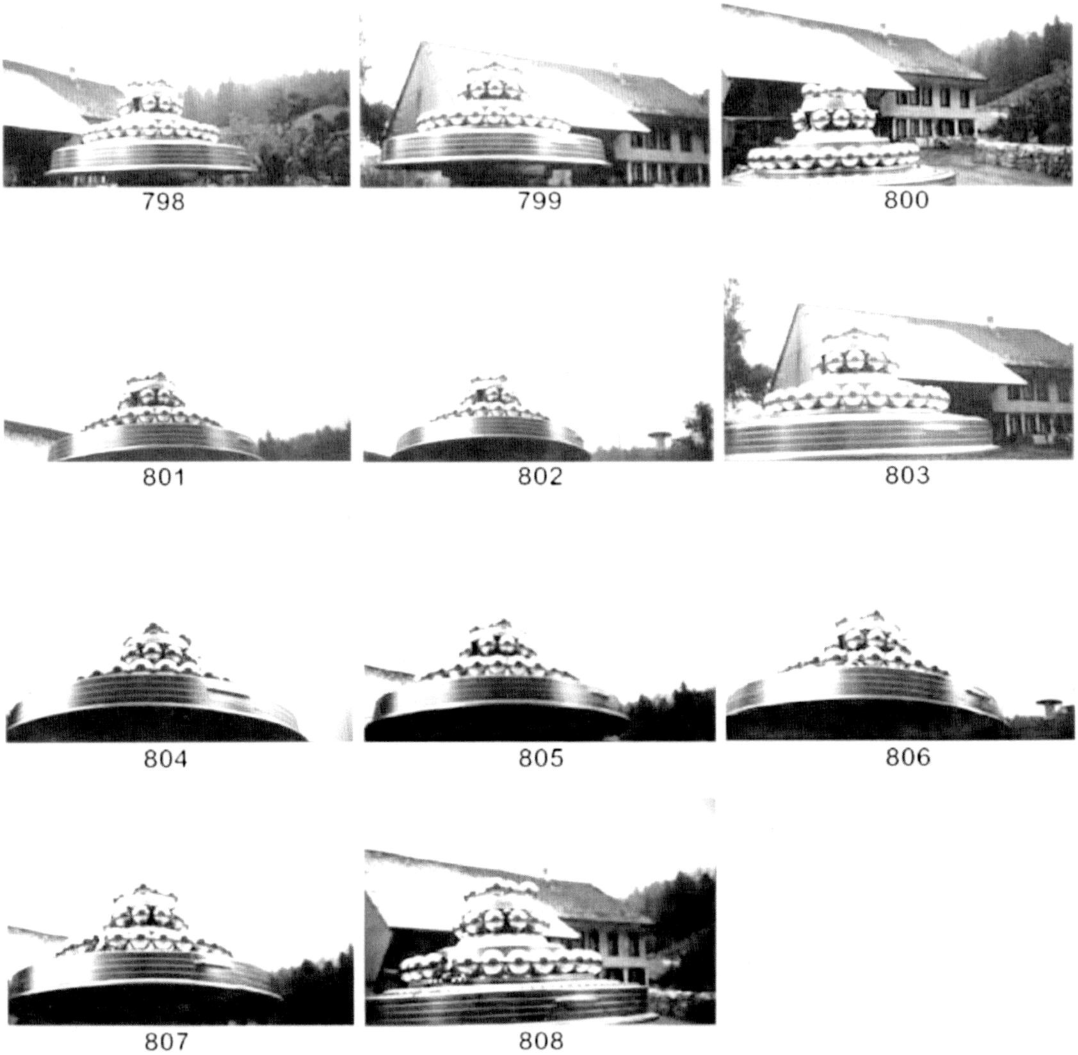

Figura 8 - Once fotografias del WCUFO tomadas por Billy Meier en el parqueadero frente a su casa el 22 de Octubre de 1980, a las 11:23 am.

Figura 9 - Foto #829, tomada el 26 de Marzo de 1981, a las 6:19 am. Muestra un WCUFO de 3.5 o 7 metros de diametero.

Figura 10 - Foto #834, del 3 de Abril de 1981, a la 1:10 pm.

El 26 de marzo de 1981, Meier tomó varias fotos de un WCUFO de 3.5 metros localizado entre él y su remolque verde. Solo dos fotos fueron exitosas (Figura 9). La parte frontal del WCUFO está fuera de foco, y su centro, el remolque y el horizonte están enfocados claramente. Este libro presenta un análisis detallado y actualizado de esta foto, ampliando significativamente el informe indicado el libro *Análisis de un OVNI Real* (Zahi y Lock, página 7).

Figura 11 - Varias fotos del WCUFO sobre los árboles.

Una semana después, el 3 de Abril de 1981, Meier estuvo volando entre las copas de los árboles alrededor de la 1:10 pm en una nave de 7 metros tomando fotos de un WCUFO de 3.5 metros. Tomó varias fotos de este WCUFO detrás de las ramas de los árboles, Figuras 10 y 11.

Meier dice que Quetzal, otro Pleyaren al mando de estas naves, rompió accidentalmente la parte superior de un árbol, la cual podemos ver en una foto existente. (Ver Figura 53).

Los análisis de los reflejos en las esferas de este WCUFO demuestran que es un objeto grande, no un modelo a pequeña escala. Un modelo a escala tendría que estar próximo al árbol cercano de la izquierda, y el reflejo del árbol en las esferas cubriría un área grande en ellas, pero esto no es así.

Unos minutos más tarde, el WCUFO de 3.5 metros permaneció inmóvil frente a un abeto noruego de 6 a 8 metros de altura. Meier tomó una serie de fotos mientras caminaba acercándose hacia él. La Figura 12 muestra una de las fotos de la serie. Al realzar el brillo en esta foto, se revela una sombra que la nave proyecta sobre las ramas del árbol. Se observan también las púas de las hojas del abeto, y el reflejo oscuro en la parte inferior del WCUFO al lado izquierdo, lo cual confirma su proximidad al imponente árbol. Los cálculos que mostraremos más adelante, basados en la cámara que usó Meier, lo ubican a unos 16 metros de la nave.

Figura 12 - Foto #844, del 3 de Abril de 1981, a la 1:35 pm. El WCUFO proyecta una sobra sobre el abeto noruego cerca de él.

Una hora después, a las 2:33 pm del mismo día, Meier tomó otra serie de fotos y un video de este WCUFO cerca de otro árbol. La Figura 13 (arriba) muestra una foto de la serie. El procesamiento de ésta imagen de la Figura 13 (abajo) revela la estructura de las ramas y las hojas del árbol frente al WCUFO.

En la noche del 2 de Agosto de 1981, Meier dice que el WCUFO regresó. El color plateado característico ahora se ve dorado por la noche. En este libro mostraremos un análisis de los "reflejos" en las esferas del WCUFO, que sugiere que en lugar de reflejar las luces de la calle, emite luz. La Figura 14 muestra este WCUFO de 7 metros detrás de un vehículo Mercedes-Benz, y un pequeño árbol más cerca de la cámara. El árbol está totalmente desenfocado y el automóvil está un poco borroso debido a la poca profundidad de campo de la cámara en esta foto nocturna. Meier tomó varias fotografías de este WCUFO en este sitio muy cerca del automóvil Mercedes-Benz estacionado.

Figura 13 - Arriba: Foto #850, del 3 de Abril de 1981, a las 2:33 pm. Abajo: la misma foto, pero al hacer un procesamiento de esta imagen, realzando detalles, se ve cláramente un abeto noruego frente al WCUFO y se aprecian los cristales rojos en el borde de la nave.

Meier dice que el trazo de luz en la parte superior izquierda (Figura 14), fue causado por un pequeño disco telemétrico que se movió durante la exposición fotográfica. Los discos telemétricos, según Meier, son pequeños dispositivos voladores de monitoreo que utilizan los Pleyaren.

Figura 14 - Foto #999, del 2 de Agosto de 1981, a las 2:18 am.

Unos días más tarde, el 5 de agosto, nuevamente por la noche, Meier tomó lo que muchos ahora creen que es la más notable de todas las imágenes del WCUFO. Es la Foto #873 (Figura 15) que muestra un WCUFO con su núcleo central extendido hacia arriba unos 13 centímetros. Hace unos años, pensamos que tomó esta foto mientras volaba en otro WCUFO en una zona central del campo suizo. Christian Frehner, sin embargo, nos informó por correo electrónico (en Marzo del 2020) que Meier tomó esta foto en el SSSC detrás de su casa. Al mejorar el brillo de la imagen, se hace visible un terreno oculto y un poste de una cerca debajo del WCUFO.

Realzando aún más el brillo de esta imagen, se revela un extraño halo de color violeta alrededor del WCUFO, el cual, los hallazgos de un ex-científico de la NASA sobre otros OVNIS, nos habla de una envoltura clásica de plasma. Sorprendentemente estos detalles habían permanecido sin descubrirse durante más de 30 años. Un análisis más detallado de la imagen sugiere que este WCUFO puede ocultar la luz que emite al emplear un campo de invisibilidad a su alrededor. Más fotografías de WCUFO están disponibles en el libro *Photo-Inventarium* (Meier).

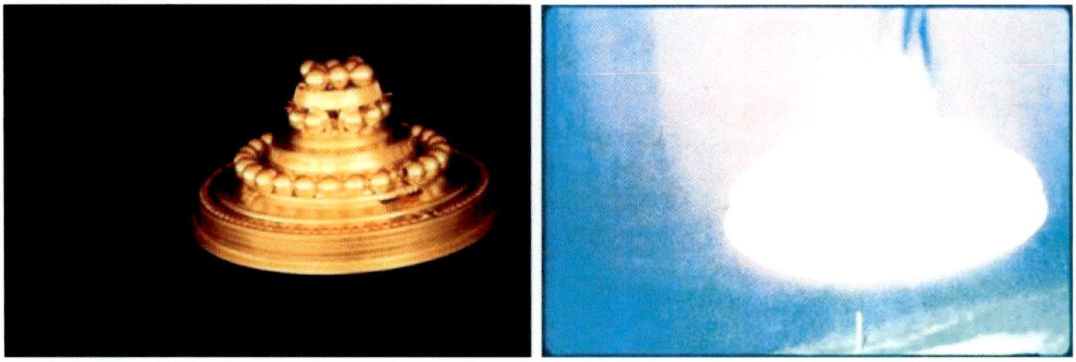

Figura 15 - Foto #873, del 5 de Agosto de 1981, a las 2:48 am. Muestra una envoltura clásica de plasma alrededor del WCUFO.

Podemos encontrar similitudes entre las diferentes piezas del WCUFO y algunos artículos domésticos de uso común. Su base se parece mucho a una tapa de plástico de unos contenedores de comida, y otros componentes adicionales son similares a otros artículos domésticos. Parece que después de que Meier fotografió este WCUFO, por razones poco claras, algunos fabricantes hicieron diferentes artículos casi idénticos a muchos componentes de esta nave en una escala acorde con un modelo de 55 centímetros de diámetro. No es sorprendente, por lo tanto, que los posibles desacreditadores respalden la afirmación no probada de que el WCUFO es un modelo pequeño, y que el caso de Meier es un engaño. Por lo tanto, el WCUFO ha ayudado con éxito a fortalecer la Controversia Mundial del Fenómeno OVNI explicada en la Introducción de este libro. Sin embargo, nuestras investigaciones y las pruebas mostradas en este libro, y en otro libro ya publicado, *Análisis de un OVNI Real,* demuestran que este y otros WCUFOs son de hecho objetos grandes, de al menos dos tamaños, de aproximadamente 3.5 y de 7 metros de diámetro.

Análisis detallado del WCUFO en el parqueadero

Introducción y hallazgos principales

El 22 de Octubre de 1980, Billy Meier comenzó a tomar las primeras fotografías del WCUFO con una cámara Ricoh Singlex TLS, que trae un lente con una distancia focal de 55 mm. Tanto Christian Frehner como Billy Meier dijeron en Febrero del 2020 que creen que podría haber usado la cámara Olympus para estas fotos. Aun así, demostramos por qué debe haber usado la cámara Ricoh, solo para probarla en estas primeras fotos del WCUFO, y luego presumiblemente la dejó de lado, debido a la dificultad para manejarla con una sola mano, especialmente en el campo montañoso circundante.

Este OVNI no era como los otros que vio y fotografió antes. El nuevo OVNI tenía un aspecto diferente, con muchos detalles peculiares, incluidas muchas esferas que lo rodean. Debido a su apariencia, se denominó "OVNI tipo pastel de bodas " (*Wedding Cake UFO* - WCUFO). Meier generalmente se refiere a él como el *Cake UFO*.

Aquí, se analizan algunas fotos WCUFO tomadas por Meier en su estacionamiento. Más adelante, en este libro, se analizan otros WCUFOs que vuelan sobre las copas de los árboles y algunas fotos nocturnas de él.

Para tomar las fotos en su parqueadero, Meier usó un vidrio grande y grueso, que puso frente a su cámara, apoyado en el suelo y en la pared de la Cochera, para evitar que su cámara se viera afectada por la proximidad a este OVNI. Este vidrio pudo haber causado que las imágenes reflejadas en las esferas del WCUFO se vieran un poco borrosas; sin embargo, nuestra investigación encuentra que a pesar de cualquier efecto del vidrio, el análisis de sus reflejos permite obtener una estimación muy razonable del tamaño del WCUFO.

Realizamos varios análisis utilizando dos métodos: esferas reflectantes de acero en un modelo a escala de la propiedad de Meier; y un análisis por computadora utilizando la herramienta de animación y modelaje en 3D llamada Blender, ampliamente utilizada. En este libro no profundizamos en detalles de geometría y matemáticas para que sea fácil de seguir[2]. Recientemente, otros investigadores, como Steve (Lane) y "Taro" (Istok), han encontrado resultados similares de modelos por computador del WCUFO y de la propiedad de Meier.

Para comprender mejor la ubicación, el tamaño y el entorno en el que estuvo el WCUFO, el cual observamos en las fotos, se procesaron las imágenes reflejadas en sus esferas. En nuestro libro *Análisis de un OVNI Real: Una Guía Práctica de Experimentación del WCUFO para Jóvenes Científicos*, se presentaron 11 experimentos que cualquiera puede realizar como parte de un proyecto práctico y científico para encontrar muchos detalles del WCUFO. Estos son los 11 experimentos:

1. Entendiendo los reflejos en las esferas.
2. Haciendo un mapa de la propiedad de Billy Meier.
3. Encontrando la localización de Billy Meier.
4. Usando un modelo a escala de la propiedad de Meier.
5. Usando un modelo grande del sitio de Meier y su cámara.
6. Calculando el ángulo de visión y tamaño del WCUFO
7. Estimativo de la distancia usando la Fórmula de la Cámara.
8. Delineando los alrededores del WCUFO
9. Procesamiento de imágenes para descubrir detalles.
10. Estereoscopio para observar imágenes 3D del WCUFO.
11. Capacidad del WCUFO de extenderse verticalmente.

Nuestros modelos usando esferas metálicas y modelos por computador nos llevan a concluir:

- El WCUFO fotografiado el 22 de octubre de 1980, flotando sobre el área principal del estacionamiento de la propiedad de Meier, tiene un diámetro de entre 3.0 metros y 3.6 metros. (Ptaah reportó a Meier que era de 3.52 m).

- Este WCUFO no puede ser un modelo a pequeña escala, como afirman algunos escépticos. No es un modelo hecho de una tapa de un contenedor de alimentos de 55 cm de diámetro, ni siquiera un modelo más grande de un metro de diámetro. Se realizaron varias pruebas y se consideraron varias posibilidades modelando la ubicación de este WCUFO en diferentes lugares dentro del parqueadero. Estas pruebas y modelos nos llevan a concluir que es imposible tomar tales fotos usando un modelo pequeño. Este WCUFO es un objeto de más de tres metros de diámetro y probablemente es un objeto de 3.5 metros tal como Meier dice que le fue informado.[3]
- El WCUFO tiene diferentes proporciones dependiendo de su tamaño. Se analizaron fotografías específicas de tamaños del WCUFO aparentemente diferentes. Concluimos que las proporciones horizontales de los WCUFO de 3.5 metros y 7 metros de diámetro son las mismas. Sin embargo, las proporciones verticales pueden diferir un poco, y esto, por supuesto, desacredita cualquier hipótesis del uso de un modelo pequeño. En el área de estacionamiento de Meier, solo apareció el WCUFO de 3.5 metros.
- La visualización estereoscópica de los reflejos oscuros en las esferas, que muestran la Cochera en 3D, proporciona más información. Las formas de varios objetos aparecen a diferentes distancias. Entre las 11 fotos tomadas frente a la casa de Meier, la foto #808 es la más clara debido a que el WCUFO estaba más cerca de la cámara. Para el análisis, también muestra probablemente el mejor reflejo de la pared de la Cochera.
- Los múltiples detalles que se encuentran en la foto #808, como sus diferentes cristales de colores, lentes de colores y detalles de grabado en sus diversas partes, hacen que este WCUFO sea extraordinariamente difícil de reconstruir con precisión como un modelo pequeño (ver en Figura 6 el detalle de la foto #808). Construirlos en un modelo de solo 55 cm. requeriría de un complicado trabajo de alta precisión.

Nuestra investigación analizó solo algunas de las múltiples fotos del WCUFO. Existen más fotografías y un video, disponibles para que futuros investigadores las estudien.

Análisis de la foto #800

Meier tomó once fotografías del WCUFO flotando sobre el estacionamiento al frente de su residencia, el 22 de Octubre de 1980 a las 11:23 a.m. Una de las fotos, la #800 (Figura 8), fue analizada para determinar el tamaño real del WCUFO. Algunos opositores de este caso afirman que Meier fabricó un modelo a escala con varios artículos para el hogar, incluida una tapa de un contenedor de alimentos de 0.55 metros, y luego le tomó fotos. Esta suposición ha sido comprobada que es incorrecta, al analizar las imágenes reflejadas en las esferas del WCUFO, que demuestra de manera concluyente que este WCUFO es un objeto mucho más grande.

Figura 16 - Foto #800 del WCUFO sobre el estacionameinto. La casa de Meier se ve detrás.

El primer plano de esta foto (que tiene el WCUFO), muestra una imagen más nítida y enfocada que el fondo borroso, lo que nos dice que Meier no usó su cámara Olympus 35 ECR con su enfoque atascado en el infinito para esta toma.

La Figura 16 tiene la fotografía #800 del WCUFO. La casa de Meier se observa al fondo. Cada esfera muestra una forma oscura central muy similar. La Figura 18 muestra una imagen ampliada de dos esferas centrales en el nivel inferior de este WCUFO. Estas dos imágenes adyacentes observadas a través de un estereoscopio muestran en tres dimensiones que las formas oscuras parecen ser árboles distantes a ambos lados de un edificio. La forma oscura central corresponde a la pared noreste de la Cochera. Meier estaba parado muy cerca de esta pared cuando tomó la foto. En el libro *Análisis de un OVNI Real* (Zahi y Lock) hay instrucciones sobre cómo construir un estereoscopio sencillo, y cómo hacer un plano de la propiedad de Meier y otros detalles experimentales mencionados en este libro.

Para determinar el tamaño de este WCUFO se requiere conocer:

(1) La vista en planta, o el mapa de la propiedad de Meier. Hicimos mediciones en el sitio y utilizamos imágenes de Google Earth. (Ver Figura 17)

(2) La ubicación de Meier. Se encontró su localización utilizando tres métodos que demostraron que estuvo cerca de la pared de la cochera con un error de 50 cm. Los métodos fueron:

  (a) La orientación de la casa que se ve al fondo en las fotos

  (b) La distancia de Meier hasta un detalle específico de la casa, calculado mediante el uso la Fórmula de la Cámara.

  (c) Comparando simulaciones en el computador con lo que la cámara muestra, dado el tipo de lente y cámara que estuvo usando Meier

(3) La distancia de la cámara al WCUFO. Esta se calculó para una esfera central reflectante en el nivel inferior de las esferas, lo que dio una buena indicación de qué tan lejos estaba el WCUFO. El tamaño de la pared de la Cochera en las imágenes reflejadas en las esferas da esta distancia. Se muestra

que para esta foto, la esfera central estaba situada a unos 6 ~ 6.50 metros de la cámara.

La Figura 17 muestra una vista en planta de la propiedad de Meier, y se indica con un pequeño punto rojo la localización de él cerca de la pared de la Cochera al momento de tomar las fotos. El círculo ilustra la ubicación del WCUFO y la construcción en la esquina superior derecha es la casa de Meier, que aparece al fondo en la foto #800. Los puntos A y B son, respectivamente, el eje central de WCUFO y su proyección del borde derecho hacia la casa.

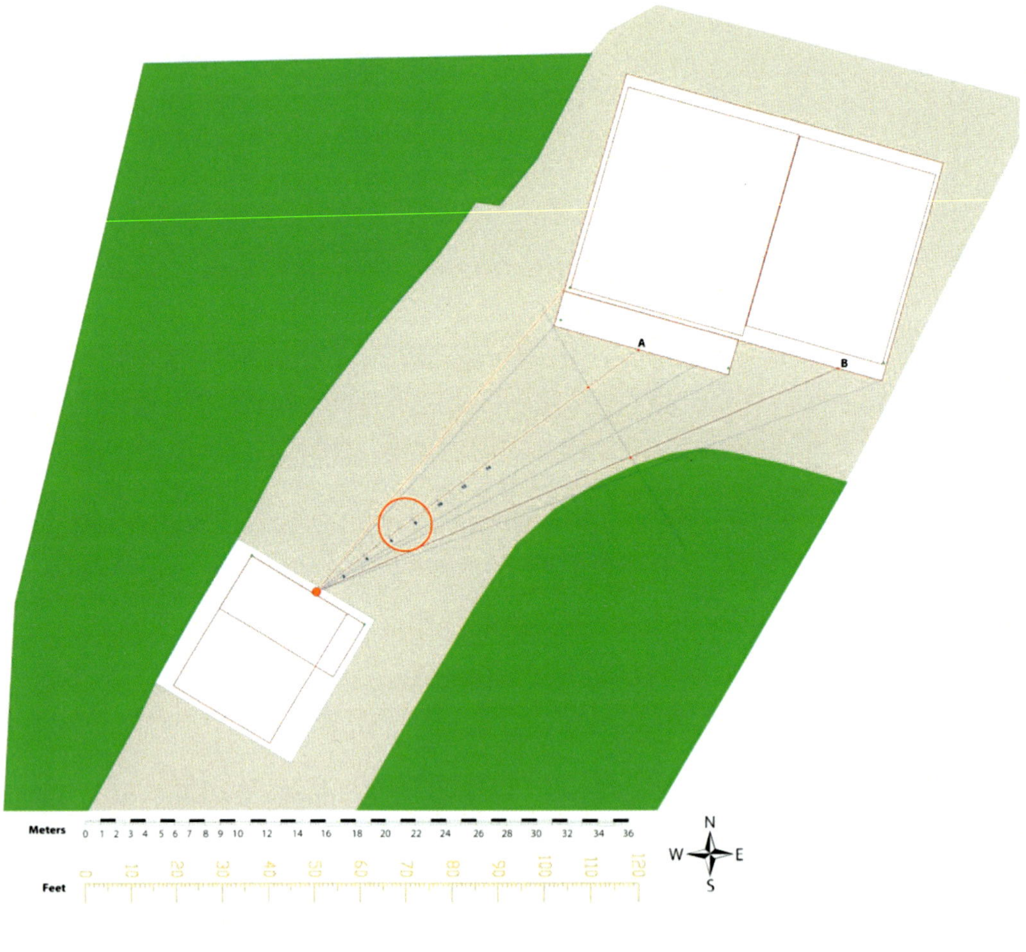

Figura 17 - Vista en planta de la propiedad de Meier en 1980. El círculo señala la posición del WCUFO en la foto #800.

Esta vista en planta permite el análisis mediante dos métodos:

1. **Análisis de los reflejos en esferas de metal en un modelo a escala del patio:** Creamos un modelo a escala de la propiedad de Meier, incluida la pared de la Cochera, y tomamos fotos de una pequeña esfera de prueba reflectante a varias distancias. En la escala que usamos para nuestro modelo de la propiedad de Meier, 1 metro en el terreno equivale a 5 centímetros en el modelo. Verificamos el tamaño de la imagen reflejada de la pared de la Cochera en las fotos de Meier. Luego, moviendo la esfera en el modelo, buscamos la posición en la cual coincidiera ese tamaño en la esfera metálica con el de las fotos originales. De esta manera pudimos saber a qué distancia real se encontraba el WCUFO y cuál era su tamaño. Los detalles completos sobre cómo hacer este modelo a escala de la propiedad de Meier, y también cómo crear y usar un modelo a gran escala para confirmar el tamaño del WCUFO se encuentran en nuestro libro *Análisis de un OVNI Real.*

2. **Modelo por computador:** Creamos un modelo 3D en el computador con la herramienta de software de animación y modelado 3D ampliamente utilizada, "Blender", asignando un material reflectante a las esferas del modelo 3D del WCUFO. Además, hicimos un modelo simple, en Blender, de la Cochera y la residencia principal de Meier. El modelo del WCUFO no tuvo que ser una representación detallada. Las partes inferiores del WCUFO fueron innecesarias para el análisis, y no las modelamos. Comparamos los reflejos en las esferas con las fotos de Meier.

La Figura 18 muestra imágenes ampliadas de las siluetas oscuras reflejadas en dos esferas frontales inferiores del WCUFO. A primera vista parecen simples sombras, pero mirando a través de un estereoscopio, lo que algunas personas pueden hacer a simple vista, es fácil notar árboles distantes, y se ve que la pared de la Cochera está más cerca; esto ayuda a crear un contorno aproximado de la pared de esta construcción. Dado que estas formas oscuras son borrosas, se extienden lateralmente en un área más amplia, pero la vista 3D ayuda a hacer posible una delimitación más precisa de su contorno.

Es más fácil identificar el ancho del techo de la cochera en estas imágenes borrosas que el ancho de la pared misma. Entonces, en nuestro análisis, se utilizó la extensión del techo con aleros, que horizontalmente tiene 10.3 metros de ancho. La imagen reflejada del techo se extiende en la esfera un porcentaje horizontal comparado con el diámetro de la esfera, que se encuentra en un 34.9% (extensión del techo en esta imagen en relación al diámetro de la esfera). Por lo tanto, el ancho del techo de la Cochera reflejado es el 34.9% del ancho de la esfera. Esta relación es crítica porque si el WCUFO fuera un pequeño modelo de 0.5 metros hecho de una tapa de basura, no debe estar a más de un metro de la cámara, lo que hace que el reflejo de la cochera sea mucho más extenso de lo que la foto muestra. El techo reflejado cubriría mucho más de la imagen reflejada de las esferas; precisamente el 60% del ancho de la esfera en comparación con el 34.9%.

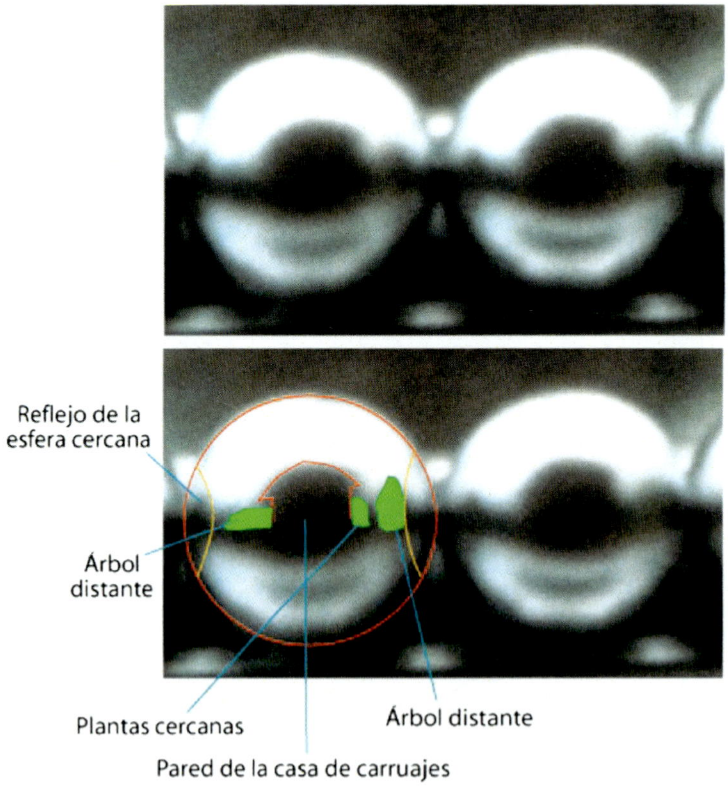

Figura 18 - Detalles de las siluetas reflejadas en dos esferas, tomadas de la foto #800. Son esferas contiguas de la parte inferior frontal.

La Figura 19 a la izquierda muestra el reflejo de la Cochera si Meier hubiera usado un pequeño modelo a escala del WCUFO. El reflejo de la construcción de madera se ve enorme en la esfera a solo un metro de la cámara. A la derecha, la esfera está a seis metros de la pared de la cochera (y del fotógrafo). La imagen reflejada en el lado derecho se parece mucho más a lo que muestran las fotos de Meier, y revela una vez más que Meier no usó un modelo pequeño. Esta cifra proviene del trabajo adicional y las pruebas realizadas en un modelo a mayor escala, como se muestra en el Experimento 4 en *Análisis de un OVNI Real* (Zahi y Lock, páginas 41 ~ 57).

Figura 19 - Se tomaron fotos de la esfera reflejando la pared de la Cochera. Izquierda: la esfera fotografiada a un metro del fotógrafo (en la escala de la maqueta) revela un tamaño mucho mayor que en las fotos de Meier. Derecha: Esfera fotografiada a unos seis metros de distancia; el recuadro rojo muestra la imagen reflejada de la Cochera de tamaño muy similar a la imagen que vemos en las fotos de Meier.

Método 1- Análisis de los reflejos en esferas de metal en un modelo a escala del patio:

Usando un plano a escala del sitio de Meier, y medidas detalladas de la Cochera, realizamos un experimento con un modelo a escala, con la pared noreste de la Cochera hecha en cartón (Figura 20) y una esfera de acero reflectante a diferentes distancias de la cámara. La esfera reflectante la ubicamos en el eje central, hacia el punto “A”, que se indica en la vista en planta en la Figura 17.

Figura 20 - Modelo a escala de la pared noreste de la Cochera. El orificio rectangular se hizo para poner allí un IPhone, para tomar las fotos.

Se tomaron fotos a una esfera de acero de alta precisión puesta sobre un pequeño soporte de madera. Se muestran las fotos resultantes a diferentes distancias en la Figura 21.

Los porcentajes indicados en esta figura equivalen a las proporciones entre el ancho del techo de la Cochera en relación al diámetro de la esfera.

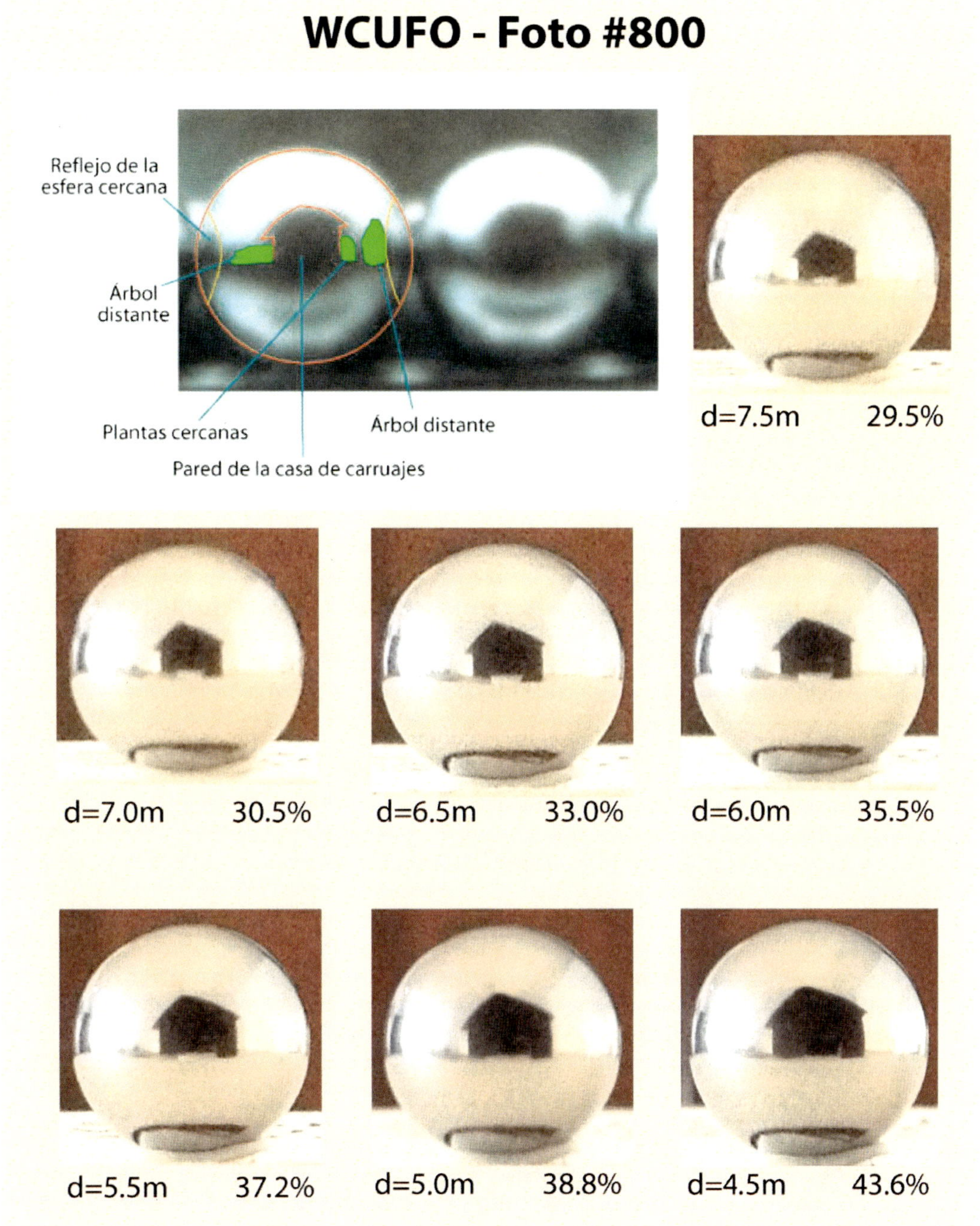

Figura 21 - Reflejos de la Cochera en la esfera de pruebas a diferentes distancias de la cámara. (Distancias en metros a la escala del modelo).

En la parte inferior de cada imagen se encuentra la distancia (d) desde la esfera de prueba hasta la pared de la Cochera, en metros a la escala del modelo. También se indica la relación entre el ancho del techo y el diámetro de la esfera expresada como un porcentaje. Observe que la foto de Meier muestra un porcentaje del 34.9% y la esfera de prueba muestra este porcentaje entre d = 6 y d = 6.5 metros. La distancia real hasta la esfera del WCUFO se estimó en 6.12 metros.

Esta distancia ahora permite calcular el tamaño de WCUFO, que resultó ser cercano a 3 metros, muy probablemente casi 3.5 metros, como se describe en detalle en la investigación *Análisis del OVNI de las Esferas Metálicas* (Zahi).

Algunas consideraciones:

- La distancia de 6.12 metros encontrada entre la pared de la cochera y la esfera tiene un margen de error de no más del 5%. Si Meier utilizó un pequeño modelo de un OVNI, o si el objeto era un gran WCUFO, la esfera central debe estar a esta distancia de la cámara.
- Como se demostró en el Experimento 1 del libro *Análisis de un OVNI Real* (Zahi y Lock), el tamaño de la esfera no importa. Al hacer pruebas, se puede usar una esfera pequeña o grande. Las proporciones de las imágenes reflejadas son las mismas para cualquier distancia dada. Donde sea que el fotógrafo pueda estar en el eje central entre la Cochera y el WCUFO en la Figura 17, el tamaño de la imagen reflejada de la pared de la Cochera ocupa la misma proporción en la esfera ("Reglas de los Reflejos en las Esferas – regla C" Página 23).[4]

  Entonces, un pequeño modelo ubicado a seis metros de la Cochera produce el mismo reflejo al que vemos en las fotos de Meier. Por lo tanto, en este escenario, si Meier usó un modelo pequeño, él debería haber estado ubicado a cinco metros de esta construcción de madera, pero sabemos, con seguridad, que estuvo cerca de su pared.
- Algunos escépticos sugieren llevar un pequeño modelo del WCUFO a las instalaciones de Meier y probarlo. Por supuesto, son bienvenidos y los invitamos a hacerlo, pero es innecesario porque, dado que la distancia no cambia, probar una sola esfera de cualquier diámetro produce los mismos resul-

tados que mirar las esferas de un pequeño modelo. Además, permite obtener mejores resultados y es más preciso usar una esfera grande de pruebas.

Christian Frehner experimentó hace unos años con una esfera grande en el sitio de Meier, y vemos aquí los resultados. (Figuras 22 y 23)

Figura 22 - Esfera reflectante a 2 metros de la cámara, tomada desde una posición cercana a la pared de la cochera mirando hacia el norte. Derecha: imagen ampliada.

Figura 23 - Esfera reflectante a 1 metros de la cámara que muestra al fotógrafo en el centro de la esfera. Derecha: imagen ampliada.

En este experimento, la imagen de la casa de la Cochera ocupa un porcentaje muy grande con respecto al ancho de la esfera, y no el 34.9% que debería ser. La imagen reflejada es mayor si la esfera de prueba está a solo uno o dos metros de la cámara; como se ve aquí, y debe tener alrededor del 60% del ancho de la esfera. Si Meier usó un pequeño modelo a escala del WCUFO, este debería haber estado a solo un metro de distancia de la cámara.

Figura 24 - Confirmación de la ubicación del WCUFO. Erhard Lang sostiene un poste de 3.5 metros de largo en el estacionamiento de la propiedad de Meier.

Erhard Lang realizó otra pequeña prueba con una barra de 3.5 metros en el parqueadero de Meier (Figura 24). La barra tenía el tamaño del WCUFO de 3.5 metros, a la distancia correcta en el estacionamiento, pero se movió a la derecha de la foto #800. La flecha roja muestra la posición correcta para el WCUFO en la foto #800. Si Meier hubiera usado un pequeño modelo de 55 cm de diámetro, en esta foto, su tamaño sería del ancho de los hombros de Lang, no el tamaño de la barra que está sosteniendo. Hubiera sido minúsculo en las fotos de Meier, no el gran OVNI que vemos allí.

Método 2 – Modelo por computador

Construimos un modelo por computador usando la herramienta "Blender" que permite probar diferentes tamaños del WCUFO en diferentes posiciones en el parqueadero de Meier. También permite verificar las imágenes reflejadas en las esferas.

La Figura 25 muestra nuestro modelo en Blender del WCUFO, la Cochera (Casa de Carruajes) y la casa de Meier. Omitimos en el modelo del WCUFO su base, que no es indispensable, porque solo se requieren los reflejos en las esferas. La configuración y el posicionamiento de las esferas, sin embargo, se representan con precisión.

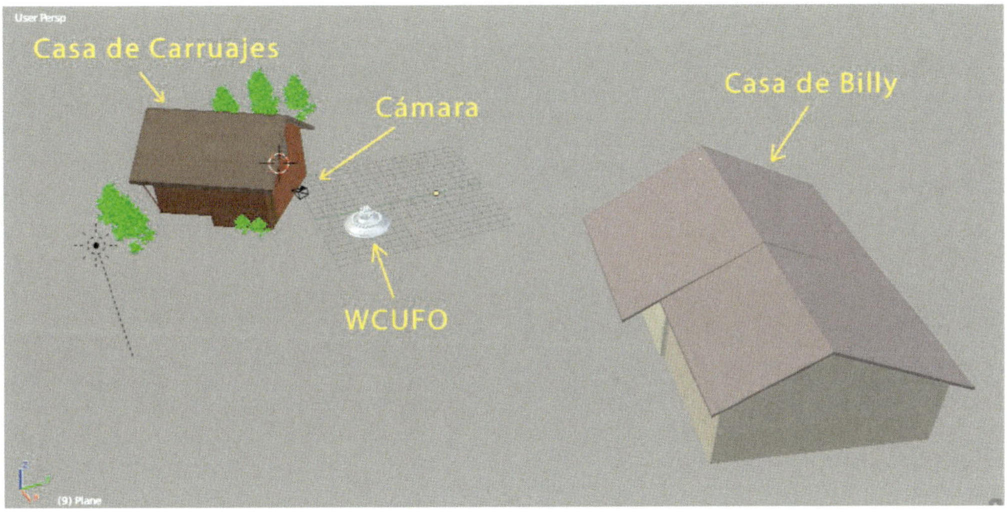

Figura 25 - Modelo por computador hecho en "Blender"

La cámara en este modelo en Blender está cerca de la pared y se indica con una pequeña pirámide negra. Probamos con diferentes tamaños del WCUFO generado por computadora, a diferentes distancias, y las imágenes "renderizadas" resultantes se muestran en la Figura 26.[5] Las siluetas oscuras en las esferas son muy similares a las de la foto #800, todas excepto aquellas para el pequeño modelo a escala de 55 cm.

La primera conclusión clara y obvia es que este WCUFO no era un modelo a escala de 55 cm de diámetro propuesto por varios escépticos, que nunca se han tomado la molestia de probar sus afirmaciones. La pared de la Cochera que aparece allí, en la Figura 26, abajo a la derecha, es muy grande. El techo se extiende 56.8% del diámetro de la esfera, que es mucho mayor que el valor de 34.9%, que es el porcentaje correcto en la foto #800.

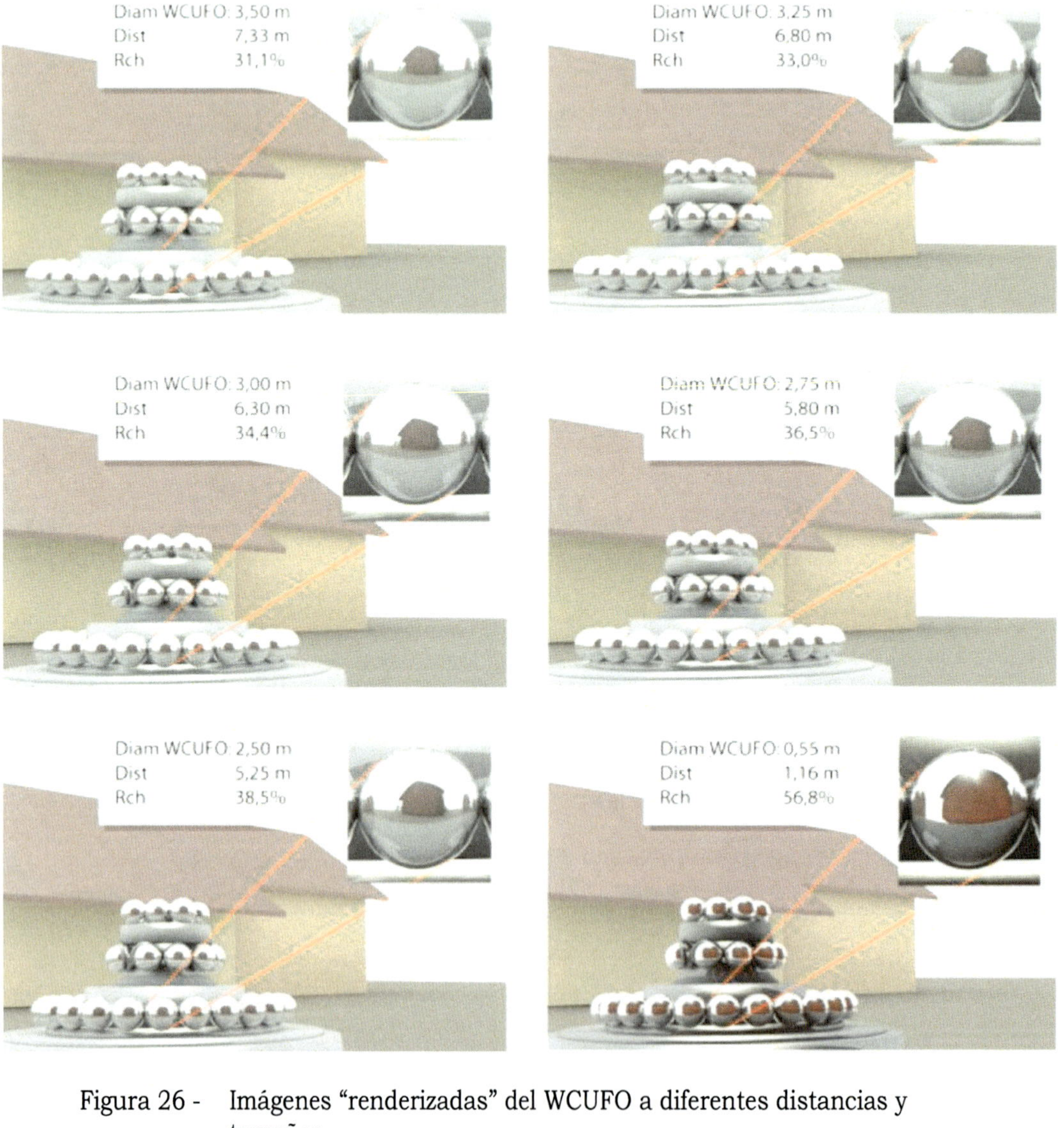

Figura 26 - Imágenes "renderizadas" del WCUFO a diferentes distancias y tamaños.

Si el ancho del techo es del 34.9% del ancho de la esfera en la foto #800, entonces la imagen del WCUFO de 3 metros de diámetro en nuestro análisis es la que más se aproxima. Entonces, este método de cálculo muestra que el WCUFO podría tener alrededor de tres metros de diámetro, o un poco menos, no 3.5 metros como se indica en el Método 1.

Esta herramienta usa un algoritmo para hacer el “render” o procesamiento de la imagen resultante. No es claro cuán preciso es este método de "render" para reproducir los reflejos en las esferas. Renderizar en Blender puede ser bastante adecuado para modelar objetos 3D y animarlos, pero la herramienta de renderización de Blender puede no ser muy precisa al mostrar reflejos en una esfera real. El método 1, que utiliza esferas reflectantes en un modelo a escala de la propiedad de Meier, probablemente presenta resultados más realistas.

Probamos fotos adicionales, como la #799, que se encuentran en el informe de investigación de 74 páginas de Zahi, *Análisis del OVNI de las Esferas Metálicas*. Nuestro libro anterior, *Análisis de un OVNI Real,* muestra más pruebas y análisis realizados para la Foto #808, los cuales llevan a los mismos resultados: el WCUFO es un objeto de más de 3 metros de diámetro, y tal vez alrededor de 3.5 metros como siempre ha sostenido Meier.

Detalles sorprendentes en la foto #808

La foto #808, Figura 27, muestra con mucha nitidez algunas características extraordinarias del WCUFO, dejándonos ver varios cristales y lentes de diferentes colores. También tiene un trabajo de grabado intrigante, que, si este fuera un modelo a escala de medio metro de diámetro, sería un trabajo muy complicado y preciso, aunque quizás no imposible de realizar.

Figura 27 - Foto #808 de Billy Meier, mostrando detalles sorprendentes.

El fondo en la foto #808 es el mismo que las otras fotos tomadas en el parqueadero de Meier. El WCUFO ahora está más cerca que en la foto #800, cubriendo el 82% del ancho de la imagen en comparación con alrededor del 70% de la foto #800. La imagen reflejada de la pared de la cochera es un poco más grande y tiene una resolución más alta. Nuevamente, como en la foto #800, el primer plano de la foto está mejor enfocado que el fondo borroso, lo que nos dice que Meier no usó su Olympus 35 ECR con su enfoque atascado en el infinito para esta toma.

Reflejos en las esferas

En la Figura 28 aparece una imagen ampliada de una esfera de la parte inferior central del WCUFO. En el lado derecho, en amarillo hemos delineado la pared de la Cochera, la cual presenta una distorsión esférica propia de este tipo de imágenes. Una vez más, este WCUFO tiene alrededor de 3.0 a 3.5 metros de diámetro y no está muy cerca de la Cochera. En este caso, el tamaño reflejado del fotógrafo en la imagen, Meier, es pequeño y lo hemos indicado con la silueta verde. Solo con dificultad y en excelentes reproducciones, podemos ver una pequeña sombra marrón que se destaca contra la pared oscura de la Cochera. ¿Se trata de Meier?

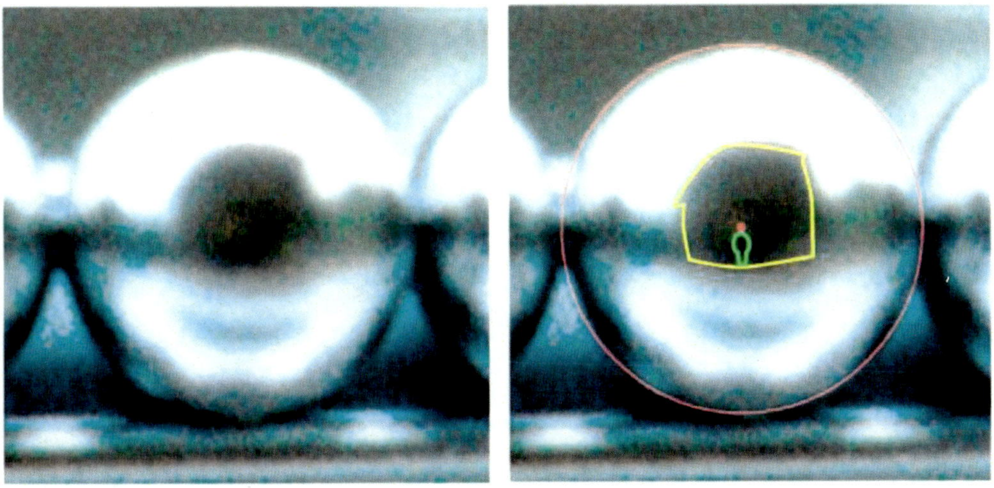

Figura 28 - Detalles en la esfera central del WCUFO en la Foto #808. Derecha: un polígono delimita aproximadamente la pared de la Cochera. Delineado en el centro mostramos el tamaño que tendría el fotógrafo.

Como se indicó anteriormente, si este WCUFO fuera un modelo a escala de 55 cm de diámetro, estaría a aproximadamente a un metro de la cámara, y si Meier está cerca de la Cochera, el reflejo de la pared cubrirá la mayor parte de la esfera, como el reflejo que se muestra en Figura 23. Estas imágenes en la esfera de la Figura 28 muestran que Meier estaría cerca de la pared de la Cochera y a una distancia considerable del WCUFO.

El material de la esfera del WCUFO no parece pulido y brillante, a diferencia de las bolas reflectantes de un árbol de Navidad.

Cristales y lentes de colores

Detalles notables se revelan en esta foto, como cristales y lentes de diferentes colores. Una imagen ampliada de la zona central de este WCUFO muestra cristales de color rojo, azul, verde y dos de color blanco, uno a cada lado del cristal azul claro brillante en forma de lágrima que se extiende hacia abajo sobre el borde de la base del WCUFO (Figuras 29 y 30)

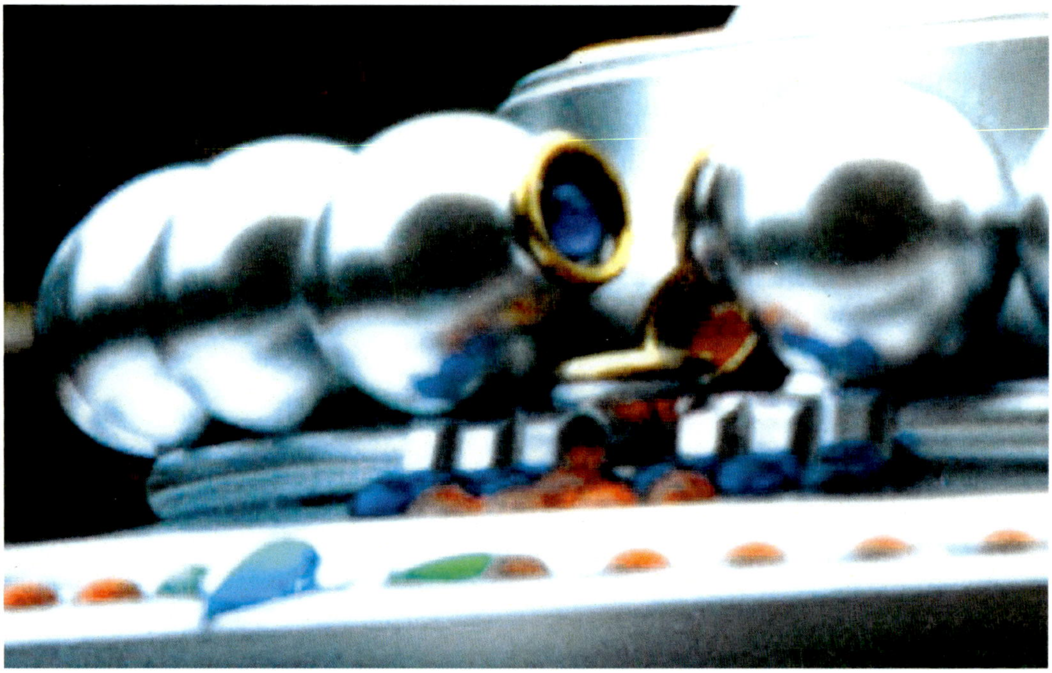

Figura 29 - Detalles de los cristales y lentes de colores en la foto #808.

Algunas lupas de color rojo y azul se observan dentro de los anillos dorados. No se puede apreciar si la esfera de la derecha tiene otra lente, pero al revisar las imágenes nocturnas de este WCUFO, vemos que allí está, posiblemente una de color verde (ver Figura 30). Rojo, azul y verde son los tres colores primarios de luz que podrían ser significativos, pero ¿cómo saber cuál es su significado aquí?

Debajo de las esferas hay una pieza hexagonal y seis piramidales, que están alineadas sobre un gran anillo en la base, distribuidas en dos grupos de tres cada una. Un cristal rojo se encuentra dentro de la pieza central y hexagonal.

Finalmente, las dos esferas con anillos dorados parecen extruidas hacia los anillos. Se puede decir de manera concluyente que estas no son bolas de árboles de Navidad con anillos pegados a ellas, como algunos escépticos han afirmado. Aunque algunas bolas de árboles de Navidad tienen extrusiones con tapas para contener un alambre delgado de soporte, esta extrusión es más ancha, y sería difícil de lograr en una delicada bola de árbol de Navidad de solo 4 cm. de diámetro, si este WCUFO fuera un modelo a escala; sabemos que no lo es.

Figura 30 - El WCUFO durante la noche. Esta imagen de la foto #873, que realza el color rojo, muestra multiples cristales rojos alrededor y en el borde de la plataforma inferior. Los cristales de color azul se ven negros en esta imagen.

El nivel superior de este WCUFO muestra curiosos reflejos rojos y dorados sobre las tres esferas centrales superiores (ver Figura 31). En la esfera central superior, estos reflejos dorados son de las extensiones metálicas y doradas localizadas más abajo. Los dos reflejos rojos superiores en las dos esferas empotradas de la cubierta superior son de dos de los cuatro cristales rojos de la plataforma superior. Vemos parte de estos cristales en el borde de esta plataforma. Una línea trazada desde cada centro de esfera, cruzando a través del reflejo de los cristales rojos, apunta al cristal en la plataforma superior. No son visibles en ninguna de las otras fotos de WCUFO, excepto la toma nocturna desde arriba del WCUFO.

Figura 31 - Parte superior del WCUFO mostrando varios detalles.

También se ven en la toma nocturna del WCUFO las cuatro muescas en el borde de la plataforma superior, justo donde están estas esferas empotradas. Estos huecos profundos parecen contener algo de color rojo en la foto nocturna, a pesar de la falta general de color. El rojo permanece incluso cuando la imagen se procesa radicalmente en Photoshop (Figura 30, nivel superior). Por lo tanto, parece que estos dos reflejos rojos en esta foto diurna, #808 son luces o cristales colocados dentro de estas muescas del nivel superior frente a cuatro de las esferas empotradas.

Detalles en relieve y grabados

El nivel superior del WCUFO también tiene un patrón intrigante de estampados o grabados en forma de estrella. Y vemos dos arcos con un perfil en "V", que terminan en una pequeña placa rectangular. Un mejor detalle en la Figura 32 muestra esta placa con una "X". Si este WCUFO fuera un modelo a escala hecho de una tapa de un contenedor de alimentos de 55 cm. de diámetro, esta placa con su "X" mediría 7.5 mm. por 5 mm. No es imposible grabar un detalle tan pequeño, pero es un poco complicado y completamente innecesario. Meier no tenía motivos para crear detalles tan innecesarios que nadie notó o mencionó durante más de 30 años.

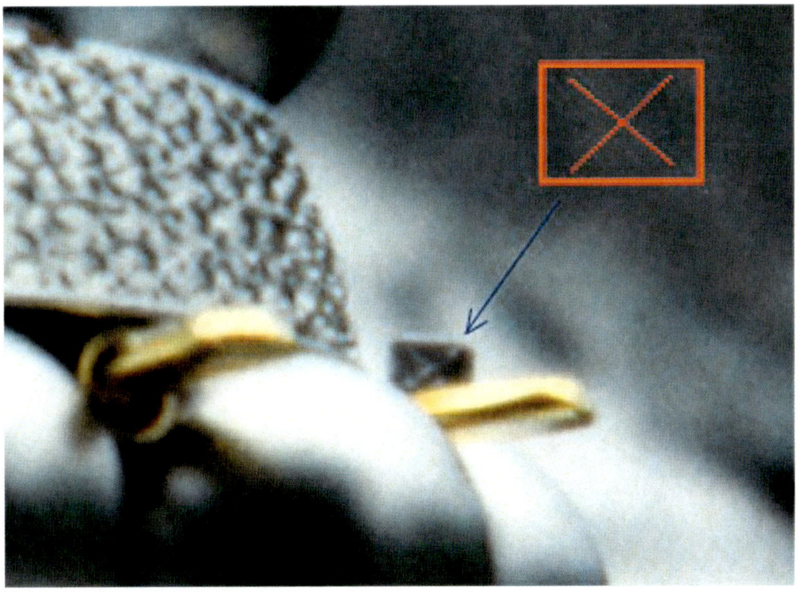

Figura 32 - Detalle en forma de "X" en una pequeña placa en el extremo de los arcos metálicos con un perfil en forma de "V".

Algunos escépticos afirman que este nivel superior del WCUFO es hecho a partir de una bandeja de plástico de una maceta, que se muestra en la Figura 33. Los dos son tan notablemente similares que es fácil preguntarse si Meier hizo un modelo como los escépticos han afirmado. Enigmas como este son típicos de la evidencia del caso Billy Meier. A primera vista, Meier parece sospechoso de falsificar su evidencia. Sin embargo, tras una investigación completa y adecuada, se demuestra de manera concluyente que no lo es. Compare los objetos en las figuras 31 y 33.

A primera vista, se ven de la misma forma, tamaño y patrón. A pesar de las muchas similitudes, sin embargo, no son iguales. Primero está la diferencia en la relación entre el ancho y la altura de la bandeja de la maceta. En la foto de Meier, la proporción es de 5.6 (ancho dividido por la altura), pero la proporción de la bandeja de la maceta es de solo 4.0. La bandeja de plástico tiene más altura o profundidad que el componente en la foto de Meier. Estas bandejas están disponibles en Europa en diferentes tamaños, pero nadie ha presentado nunca una del mismo tamaño y proporción que la pieza de la parte superior del WCUFO. ¿Meier podría haber cortado el objeto de plástico reduciendo su altura? Tiene un borde notablemente suave, y ¿por qué no usar lo que tenía disponible sin cortar?

Figura 33 - Bandeja de plástico para macetas, con estrellas en relieve, presentada por los escépticos como "evidencia" de que Meier hizo su WCUFO con materiales disponibles.

Al contar el número de estrellas en relieve de arriba hacia abajo en la bandeja de plástico, encontramos que no son más de cuatro, pero la foto de Meier muestra cinco. Entonces, en lugar de cortar la bandeja de plástico, Meier debería haber agregado estrellas adicionales y hacerlas más pequeñas. Eso no es posible para él. Entonces, pensar que Meier cambió la forma de esta pieza es muy poco probable.

Podemos notar algo adicional. Las estrellas mismas parecen diferentes. En el WCUFO (Figura 31), los motivos en forma de estrella aparecen posiblemente resaltados o en relieve, motivos de relieve como en la bandeja de maceta, donde están claramente resaltados. En el nivel superior en el WCUFO, justo a la izquierda del centro, los motivos en forma de estrella parecen perforados en el nivel superior. Sin embargo, no está claro, y los motivos en forma de estrella del WCUFO se pueden leer ambiguamente como motivos resaltados o perforados, mientras que los motivos de la bandeja de maceta siempre aparecen resaltados. ¿No deberían los bordes superiores de las estrellas del WCUFO, donde su fondo es brillante también ser brillantes al reflejar la luz de arriba si están en relieve? (Figura 31, detalle del nivel superior, arriba a la izquierda del centro). Son oscuros, y carecen de reflejos brillantes, lo que respalda la noción de figuras perforadas, con luz que no puede entrar en sus muescas, dejando solo su sombra oscura. Además, en el lado superior derecho del nivel superior (Figura 32), las estrellas pueden aparecer más oscuras en la parte superior y más claras en la parte inferior. Por supuesto, nuevamente, esto podría sugerir perforaciones y no motivos resaltados. Esto puede ser una ilusión óptica, difícil de interpretar. Las estrellas en la maceta dan el efecto contrario; su mitad superior es más clara porque, al estar en relieve, captan la luz que viene de arriba (Figura 33). Sin embargo, el extremo izquierdo de la parte superior del WCUFO puede sugerir que los motivos están en relieve o están perforados. ¿Cuál es realmente? ¿Están estos motivos en forma de estrellas resaltados o perforados en el WCUFO? No estamos seguros. Es una situación curiosa. ¿Cuál es su opinión sobre estas "estrellas"?

Tampoco debe olvidarse que se ha comprobado que el WCUFO tiene más de 3 metros de diámetro, lo que significa que este componente superior tendría que ser una enorme bandeja de plástico batiendo un récord mundial. El nivel superior es aproximadamente 1/4 del diámetro del WCUFO, que aquí es de 3.5 metros, lo que hace que este nivel superior tenga aproximadamente 875 mm de diámetro. Póngase en contacto con nosotros si encuentra una de estas bandejas de flores de plástico tan grandes en la ferretería local. Incluso hoy, las bandejas de macetas de plástico modernas más grandes, en línea, tienen alrededor de 457 mm de diámetro. En la década de 1980, los tamaños generalmente estaban entre 254 mm y 304 mm. Esta pieza en el nivel superior del WCUFO no puede ser una bandeja de una maceta de plástico; y, sin embargo, las similitudes intrigan.

En este momento, antes de concluir esta parte, se debe dar la explicación de Meier sobre esta similitud, y usted, el lector, puede decidir. Meier dice que una vez que lo señaló a sus contactos Pleyaren, ellos le dijeron que dieron el diseño básico del WCUFO a los científicos en Europa en los años 1920s, justo antes de la llegada de la Segunda Guerra Mundial. Finalmente, las industrias nacionales recibieron ciertas partes y planos de diseño para uso comercial. Por lo tanto, el componente superior del WCUFO que se parece a una bandeja de una maceta, y su base que parece una tapa de basura, ¿se pudieron haber entregado de alguna manera a las industrias para su producción y comercialización?

Tal vez los diseñadores en ese entonces pudieron haber visto estas imágenes en bocetos de la industria en algún lugar, y subconscientemente las presentaron en sus diseños. Derren Brown ha demostrado cómo los diseñadores se ven fácilmente influenciados por las imágenes subliminales para producir sus diseños ("... engaña a los anunciantes con mensajes subliminales" en YouTube).

Con respecto a estos componentes del WCUFO, el comandante Pleyaren, Ptaah, en las Notas de contacto 254 y 259, explica las similitudes de varias partes del WCUFO con artículos domésticos de uso cotidiano, 17 en total. Aquí está el extracto y explicación del contacto 259 del 25 de febrero de 1997 entre Billy Meier y Ptaah:

Figura 34 - Bocetos de Eduard Albert Meier (Billy Meier) por Remington Robinson y un autorretrato de Ptaah.

Ptaah

4. Mi suposición fue correcta, que la utilidad de los diseños, sobre este dispositivo volador, encontró un interés más amplio, por lo que se fabricaron formas futuristas de tapas de contenedores, como le comuniqué en nuestra conversación el 28 de Noviembre de 1995.

5. Nuestras indagaciones muy extensas han revelado que los planos de los dispositivos voladores se distribuyeron de manera diversa y se utilizaron para la fabricación posterior, como, por ejemplo, para numerosas formas de decoración y dispositivos de soporte para varios fines.

6. Además, de los soportes metálicos para los estantes que se crearon a partir de ciertas partes de los planos, así como los rodamientos existentes en otras partes de estos diseños.

7. Una base para macetas surgió de otra parte de los planos, que, en su borde exterior, está configurada de manera muy precisa de acuerdo con el boceto en el diseño, adicio-

Ptaah

4. Meine Annahme war richtig, dass die Planverwendung in bezug auf dieses Fluggerät weiterreichende Interessen fand als nur gerade die, dass daraus futuristische Behälterabdeckformen angefertigt wurden, wie ich dir bei unserem Gespräch am 28.11.1995 mitteilte.

5. Unsere sehr weitreichenden Abklärungen ergaben, dass die Fluggerätpläne verschiedentlich aufgeteilt und für weitere Anfertigungen benutzt wurden, wie z.B. für verschiedene Schmuckformen und Halterungen für verschiedene Zwecke.

6. Aus bestimmten Planteilen wurden auch Aufliegebolzen für Möbeltablare geschaffen sowie aus anderen Planteilen Rollenlager.

7. Aus einem andern Planteil entstand eine Gewächstopfunterlage, die im äusseren Randteil figürlich sehr genau den Planzeichnungen entspricht, folglich also sogar die rundum ange-

nalmente, incluso los elementos especiales circundantes para el sistema de camuflaje de la visibilidad en este aparato volador, fueron copiados en su forma, y de hecho de manera tan precisa y correcta que no existe diferencia entre los bocetos del diseño y el producto final terrestre.

brachten Spezialelemente für die Ausblendung der Sichtbarkeit des Flugkörpers übernommen wurden, und zwar derart genau und korrekt, dass kein Unterschied besteht zwischen den Planzeichnungen und dem irdisch erstellten Produkt.

8. Sin embargo, estos no son los únicos productos fabricados en la Tierra a partir de los diseños del dispositivo volador, porque pudimos determinar un total de 17 objetos diferentes, para diferentes propósitos que se elaboraron a partir de los planos.

8. Dies sind jedoch nicht die einzigen irdisch hergestellten Produkte aus den Fluggerätplänen, denn gesamthaft konnten wir 17 verschiedene Gegenstände verschiedener Verwendungszwecke eruieren, die aus den Plänen herausgearbeitet wurden.

9. No hemos sabido por qué sucedió esto, si incluye el hecho de que los diseños de estos dispositivos voladores en esa época se fragmentaron por completo y se distribuyeron en varios países europeos, así como en Estados Unidos y Japón, donde encontraron utilización para la planeación y fabricación de los productos más variados que, en parte, todavía se producen y se utilizan en la Tierra hoy en día.

9. Warum das geschah, darüber haben wir keine Erkenntnisse gewonnen, wenn man davon absieht, dass die damaligen Fluggerätpläne aus ihrer Gesamtheit gerissen und in mehrere Länder Europas als auch in Amerika und Japan verteilt wurden, wo sie dann für die Planung und Herstellung der verschiedensten Produkte Verwendung fanden, die teilweise noch heute auf der Erde hergestellt und verwendet werden.

Este asunto de las piezas del WCUFO, y su similitud con objetos comunes, es un excelente y típico ejemplo del desafío que enfrentan los investigadores en el caso de Billy Meier. A primera vista, varios detalles sugieren que el caso es falso, pero, al realizar un análisis detallado, luego de una investigación formal, el caso resulta ser real, como se discutió anteriormente en la Introducción de este libro: La Controversia Mundial del Fenómeno OVNI. Llamamos a esta aparente dicotomía "la puerta de salida" o mecanismo de escape para las personas que no pueden manejar esta realidad. Una puerta de salida es beneficiosa para aquellos que de otro modo podrían verse gravemente afectados hasta el punto del desequilibrio mental, al saber que el caso Meier, o cualquier caso sobre OVNIS, es real. Una puerta de salida permite que esas personas, especialmente aquellas con creencias religiosas o filosóficas fijas, salgan sin sufrir daños psicológicos. Su puerta de escape podría ser simplemente concluir: "Tengo mis dudas", "No estoy tan seguro de eso" o "No hay pruebas". O alternativamente, como se dice con bastante frecuencia en comunidades escépticas simplistas, "si parece falso, debe ser falso". Sin embargo, un número cada vez mayor de personas descubre que, aunque algo puede parecer falso al principio, tras un análisis minucioso, demuestra ser un hecho real:

> ***"No todo es lo que parece ser; la primera impresión engaña a muchos; la inteligencia de algunos les permite percibir lo que cuidadosamente ha sido ocultado."***
>
> — *Phaedrus*

Para mayor información aquí transcribimos una parte del Informe de contacto #442, del 10 de Febrero del 2007, en el que Ptaah finalmente dio algunas medidas del WCUFO que voló sobre el estacionamiento de Meier (correo electrónico de Frehner, traducción del alemán por Devine):

Billy

Lo mismo de mi parte. – Hace algún tiempo, el profesor James Deardorff, de los Estados Unidos, quería saber algunas cosas sobre la nave tipo pastel [WCUFO] que aterrizó en nuestro estacionamiento entre la Cochera y la casa. La historia, en lo que respecta a la sorprendente similitud de la base de la nave con la de una tapa de un de barril, es decir, con una tapa de un contenedor, y la aparición de contenedores de almacenamiento que trajimos a nuestra propiedad, se enumera en el informe de contacto 254. Por eso, Christian Frehner tuvo que tomar varias fotos para verificar qué tan grande era esta nave y la distancia entre mí cámara y la nave tipo pastel. Por mi

Billy

Das gilt auch meinerseits. – Vor geraumer Zeit wollte Professor James Deardorff aus den USA einiges wissen bezüglich des Tortenschiffes, das auf unserem Parkplatz zwischen der Remise und dem Wohnhaus gelandet wurde. Die Geschichte in bezug auf die frappierende Gleichheit des Rumpfes des Tortenschiffes mit einer Fassabdeckform resp. mit einem Fassdeckel und dessen Entstehung von sich in unserem Besitz befindenden Lagerfässern ist im 254. Kontaktbericht aufgeführt. Christian Frehner musste deswegen verschiedene Photos machen und angeben, wie gross das Schiff und die Distanz zwischen mir mit dem Photoapparat und dem Tortenschiff war. Meinerse-

parte, sé que el diámetro era de aproximadamente 3.50 metros, lo que también le dije a Christian. Pero al mismo tiempo, ¿puede ahora también proporcionarme la medida exacta, así como cuántas personas se pueden alojar en esta pequeña nave?

its weiss ich, dass der Durchmesser rund 3,50 Meter beträgt, was ich Christian auch sagte. Kannst du mir dazu nun aber noch das genaue Mass angeben, aber auch wie viele Personen in diesem kleinen Schiff Platz finden?

Ptaah

3. Esto no es ningún secreto, y conozco los datos precisos:

4. El diámetro exterior en su parte más baja, en el borde, era de 3.52 metros, sin embargo, el diámetro exterior superior del borde exterior era de 3.20 metros.

5. Toda la estructura del borde exterior, en la que estaban acomodados los acumuladores de ondas oscilantes, era de 37.6 centímetros, mientras que la medida del circulo inferior al nivel de los acumuladores de ondas oscilantes era de 32 centímetros.

6. Y el espacio interno en el dispositivo volador fue diseñado para una sola persona sentada, pero en caso de emergencia, tres personas podían encontrar espacio de manera abarrotada.

7. Estos tipos de dispositivos voladores no eran adecuados para la atmósfera de la Tierra, por lo que, después de un breve tiempo de servicio, fueron retirados del espacio terrestre.

Ptaah

3. Das ist kein Geheimnis, und die Daten sind mir genau bekannt:

4. Der unterste äusserste Durchmesser mit dem flachen Rand betrug 3 Meter und 52 Zentimeter, der äusserste obere Aussenranddurch-messer jedoch 3 Meter und 20 Zentimeter.

5. Der gesamte äussere Randaufbau, auf dem die Schwingungskumulatoren angebracht waren, betrug 37,6 Zentimeter, während das Mass vom unteren Randring bis zur Ebene der Schwingungskumulatoren 32 Zentimeter betrug, wie auch bei diesen.

6. Und ausgelegt war der Platz im Fluggerät für eine Person in sitzender Stellung, wobei aber notfalls drei Personen in gedrängter Weise Platz finden konnten.

7. Diese Art Fluggeräte haben sich für die irdische Atmosphäre jedoch nicht geeignet, weshalb sie schon nach kurzer Einsatzzeit wieder aus dem irdischen Raum abgezogen wurden.

Billy

Eso no lo sabía yo. Y los acumuladores de ondas oscilantes, supongo que se refiere a las esferas platea-

Billy

Das war mir nicht bekannt. Mit den Schwingungskumulatoren sind wohl die silbrigen Kugeln gemeint, nehme

das, ¿si?	*ich an, oder?*
Ptaah	***Ptaah***
8. Es correcto.	*8. Das ist richtig.*
9. Su diámetro era de 32 centímetros, como ya dije.	*9. Deren Durchmesser betrug 32 Zentimeter, wie ich bereits sagte.*
Billy	***Billy***
Gracias por los datos, que Christian probablemente puede usar.	*Danke für die Daten, die Christian vielleicht gebrauchen kann.*

En este Informe de contacto #442, Ptaah brinda mediciones específicas de este WCUFO. También establece que el WCUFO puede llevar un piloto, o tres de manera abarrotada en caso de emergencia. Estos WCUFO ya no están aquí. ¿Por qué?

Meier dice que los Pleyaren eliminaron sus bases terrestres en 1995 y cerraron sus operaciones aquí. Presumiblemente, habían completado su investigación o trabajo planeado y ya no necesitan volar en nuestros cielos con los WCUFO.

Quizás los WCUFO se retiraron debido a la corrosión causada por nuestra atmósfera. Tal vez con una cubierta, como otras naves tipo disco, podrían ser más resistentes y durar más.

Curiosamente, Ptaah se refiere a las esferas como "acumuladores de ondas oscilantes". Quizás podríamos llamarlos algo parecido a los acumuladores de frecuencia o resonancia. ¿Se refiere a ondas gravitacionales que podrían modificarse para producir ondas antigravitacionales?

También debemos señalar aquí, al final de esta sección, que Billy Meier y Christian Frehner piensan que Meier podría haber usado su cámara Olympus 35 ECR de 42 mm para tomar estas fotos del patio WCUFO. Aun así, nuestros cálculos revelan que estuvo usando una lente de 55 mm, como la de su cámara Ricoh con su lente de 55 mm., que era demasiado difícil de usar con una sola mano. Sin embargo, es posible que lo haya intentado esta vez frente a su casa, posiblemente utilizando un trípode o algún soporte local, y posteriormente prefirió seguir manejando su cámara Olympus 35 ECR. La foto #808, por ejemplo, muestra el WCUFO cercano con un enfoque más nítido que la casa que se ve detrás, lo que es imposible para la cámara Olympus 35 ECR de Meier, que tiene atorado su enfoque en el infinito.

Adicionalmente, el diagrama de la Figura 35 ilustra nuestro cálculo del movimiento del WCUFO mientras voló sobre el estacionamiento de Meier. Deducimos el patrón de vuelo aproximado de este WCUFO, utilizando las once fotos disponibles (Figura 8), estimando las distancias basadas en el tamaño de 3.5 metros ya calculado para las imágenes #799, #800 y #808, el tiempo, y la ubicación en cada foto.

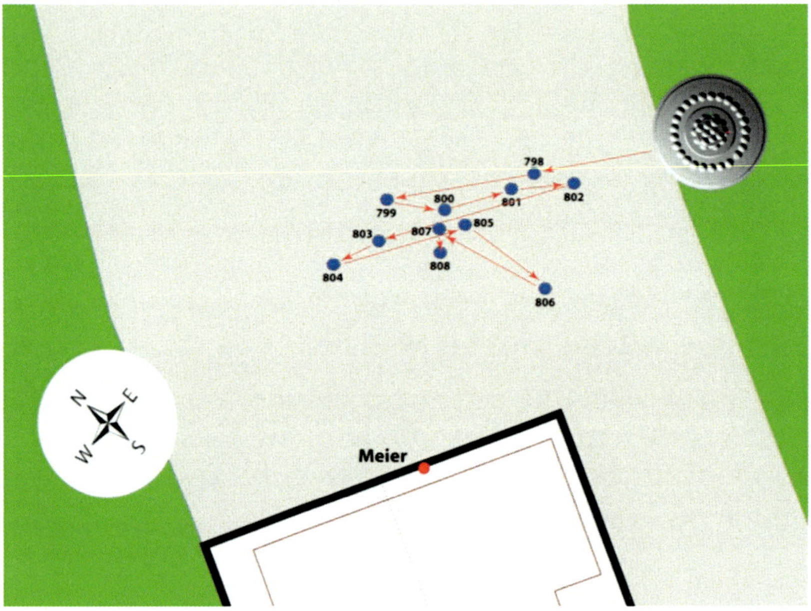

Figura 35 - Movimiento del WCUFO sobre el patio de Meier, trazado a partir de sus 11 fotos. Los puntos indican el centro aproximado del WCUFO en cada foto. Meier está próximo a la pared de la Cochera. El WCUFO de 3.5 metros de diámetro se muestra aquí a escala, y asumimos una llegada desde el sureste.

Finalmente, pruebas más recientes realizadas por Christian Frehner con una cámara Olympus ECR en el estacionamiento, confirmaron que Meier no usó esta cámara, sino una de distancia focal de 55 mm. Entonces, Meier usó la cámara Ricoh reportada, no su antigua cámara Olympus. Sin embargo, no importa qué cámara haya usado, los resultados en este análisis serían los mismos, porque:

- Al verificar las alineaciones de los detalles visibles en la imagen de la casa en el fondo, sabemos que Meier se encontraba muy cerca de la pared de la cochera. Esto no depende del tipo de cámara que utilizó.

- Sabemos que la distancia a la esfera central de WCUFO desde la cochera es más de seis metros, cualquiera que sea la cámara que utilizó.

- Medimos el ángulo de visión de WCUFO (o semi-ángulo) verificando las alineaciones del eje central y el borde de WCUFO apuntando a los detalles de fondo en la imagen. Se utilizaron dos métodos, uno que depende del tipo de cámara y el otro que no depende del tipo de cámara (Anexo B en el documento *Análisis del OVNI de las Esferas Metálicas*, Zahi).

- El ángulo de visión junto con la distancia desde la cámara al WCUFO llevan a estimar su tamaño entre 3 metros a 3.5 metros de diámetro, no el de un modelo pequeño

- Las fotos del WCUFO en el estacionamiento de Meier presentan una "distorsión tipo cojín" (una característica del lente de esta cámara) que muestra el WCUFO asimétrico. Podemos ver en las copias electrónicas de estas fotos que no están recortadas, y muestran el marco completo. Si hubieran sido tomadas con la cámara Olympus 35 ECR, que da un campo de visión mayor, y si hubieran sido recortadas, esta distorsión no aparecería. La imagen del WCUFO tampoco se extendería a los bordes de la foto recortada, sino que estaría cerca del centro donde esta distorsión está ausente en ambas cámaras.

Meier bien pudo haber usado su cámara Olympus en otras fotos del WCUFO, pero no para las fotos tomadas en su estacionamiento. Consideramos que esta es una información importante para posibles investigaciones futuras.

Análisis del WCUFO sobre las copas de los árboles

Introducción y hallazgos principales

El 3 de Abril de 1981, Meier tomó fotos de un WCUFO de 3.5 metros de diámetro, volando entre las copas de los árboles. Meier tomó sus fotos mientras volaba cerca de él, abordo de otra nave, parado sobre ella, en su parte superior. Entonces, dos naves espaciales estuvieron involucradas, ambas aparentemente cerca del nivel de las copas de los árboles. Todas las fotos tomadas allí, algunas de las cuales son objeto de este análisis de investigación, muestran el WCUFO. Curiosamente, Meier afirma que nunca entró en un WCUFO. En el libro *Through Space and Time* dice que Meier estuvo "sentado en una segunda nave" (páginas 24 ~ 26 y 44 ~ 46). Recientemente confirmamos a través de Christian Frehner que "estar sentado allí" significa realmente que estuvo de pie sobre la otra nave.

Conclusiones de este análisis:

- Los reflejos en las esferas en las fotos del WCUFO muestran un bosque circundante (fotos #834, #838 y otras). Al no poder cuantificar con precisión el tamaño del WCUFO a partir de estas fotos, solo pudimos estimar su tamaño. Aun así, sin duda, no es un modelo a pequeña escala. Se muestra un bosque de árboles entre la cámara a bordo de la nave y el WCUFO. Entonces, si el WCUFO hubiera sido un modelo pequeño, estos árboles aparecerían mucho más grandes en las imágenes reflejadas en las esferas. La única conclusión posible es que el WCUFO no es un modelo a escala fotografiado cerca de la cámara, sino un objeto distante volando sobre un bosque.

- Aunque es casi imposible discernir visualmente la nave de 7 metros en la que Meier afirma que estuvo parado mientras tomaba las fotos, ya que su imagen es pequeña y borrosa, la ubicamos dentro de los reflejos de las esferas. Por supuesto, si las fotografías originales estuvieran disponibles para digitalizar en una mejor resolución, sería posible una mejor vista del bosque y la nave.

- En las fotos #834 y #838, se pueden ver varias copas de los árboles del bosque circundante, a diferentes distancias, especialmente cuando se ven en 3D. Una excelente imagen en 3D del WCUFO flotando frente a un árbol cercano se encuentra en nuestro libro, *Análisis de un OVNI Real,* donde se incluyen instrucciones sobre cómo construir un estereoscopio para verlo en tres dimensiones.

- Meier pudo haber usado su cámara Olympus ECR de 42 mm de distancia focal, o su cámara Ricoh de 55 mm que usó para tomar las fotos WCUFO en su estacionamiento. No importa cuál de ellas usó, porque en cualquier caso, el resultado es el mismo.

Análisis de la Foto #838

La foto #838, tomada por Meier el 3 de Abril de 1981, muestra el WCUFO volando cerca de las copas de los árboles (Figura 36). Como se mencionó, Meier estaba parado en el exterior de otra nave de 7 metros de diámetro tomando fotos del WCUFO, a unos 20 a 40 metros sobre el suelo. Entonces, hay dos naves involucradas, ambas aparentemente cerca del nivel de la copa de los árboles. La foto #838 hace parte de una serie de varias fotos de este WCUFO de 3.5 metros de diámetro.

Figura 36 - Foto #838 tomada al nivel de las copas de los árboles y muestra un WCUFO cerca de uno de ellos.

De acuerdo al tamaño del WCUFO que vemos en esta foto, y las características de la cámara de Meier, los cálculos muestran que si usó su cámara Ricoh, y se trataba de un WCUFO de 3.5 metros, estaría localizado a 25.4 metros de distancia, o a 19.4 metros de distancia si utilizó su cámara Olympus. Si este objeto fuera un modelo a escala de 55 cm de diámetro, debería estar a solo tres o cuatro metros de la cámara.

Un modelo a escala de un OVNI, a tres o cuatro metros de la cámara, con un árbol en el medio como el de la foto #838, significa que el WCUFO debería haber estar tan cerca de este árbol que el reflejo del árbol en sus esferas sería demasiado grande, y no es lo que la imagen muestra.

Modelaje por computador

Usando la herramienta "Blender", creamos un modelo 3D de este WCUFO, basado en las proporciones para el WCUFO de 3.5 metros, medido a partir de varias fotos.

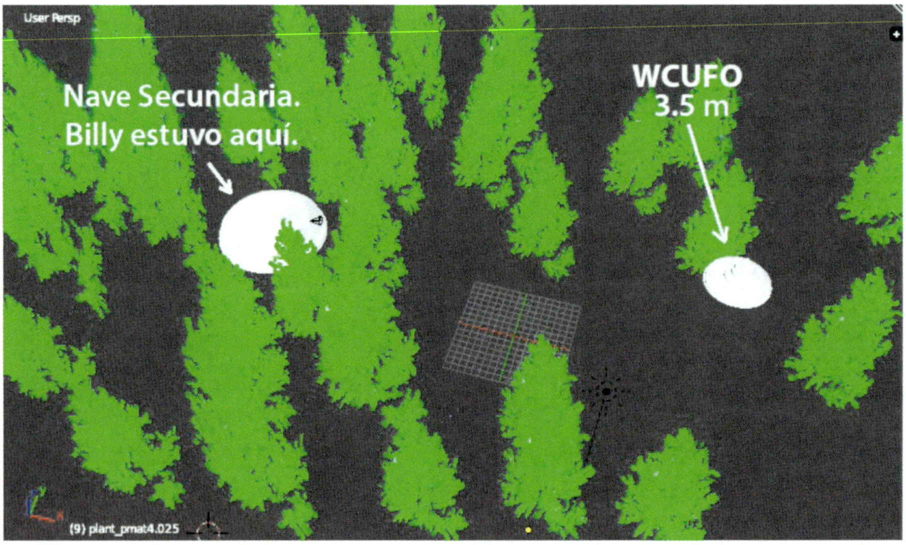

Figura 37 - Modelo generado por computador del WCUFO de 3.5 metros, una nave secundaria donde iba Billy Meier y un bosque, para foto #838.

La Figura 37 muestra nuestra representación 3D en un modelo por computador. La cámara está ubicada a bordo de una nave secundaria de 7 metros de diámetro. Meier dice que estuvo parado en esta nave a unos 20 a 40 metros sobre el suelo mientras tomaba la fotografía #838 del WCUFO. Usando un WCUFO de 3.5 metros o 3.0 metros, en los reflejos en las esferas en el modelo en 3D, se obtienen resultados de imágenes similares a lo observado en las fotos originales. Este no es el caso cuando se utiliza un modelo del WCUFO a pequeña escala, de 55 cm.

Algunos árboles estilizados se incluyen como referencia. La nave está detrás de un árbol que a menudo interfiere parcialmente con la vista del WCUFO (Figura 42).

Usando el software Blender, *renderizamos* la imagen del modelo de la nave vista desde la cámara. El modelo de cámara utilizado tiene una distancia focal de 55 mm, igual que la cámara Ricoh de Meier. Si Meier usó su cámara Olympus, la imagen resultante sería la misma en tamaño aparente, pero necesitamos ubicar el WCUFO un poco más cerca de la cámara. (A unos 19 metros)

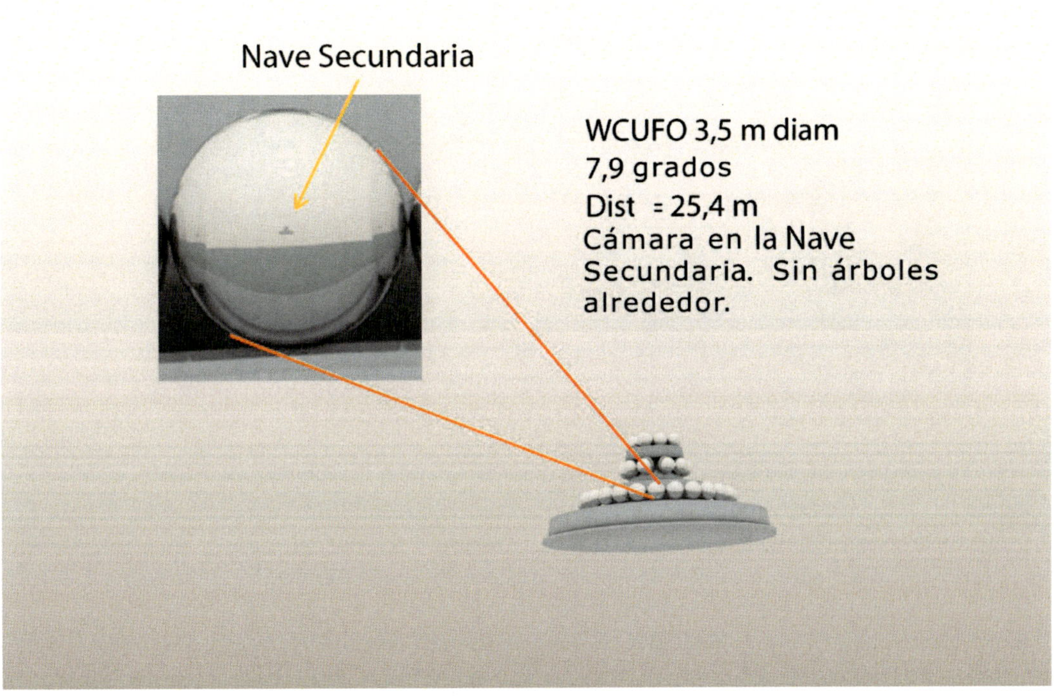

Figura 38 - Detalle del reflejo en la esfera en el WCUFO modelado por computador, que muestra la pequeña imagen de la nave de 7 metros.

La primera imagen renderizada se procesa sin árboles para mostrar el tamaño de la nave reflejada en las esferas del WCUFO. El recuadro de la Figura 38 muestra el resultado: el aumento de la esfera revela que la imagen de la nave reflejada es solo un pequeño punto en el centro de la esfera. Sin embargo, la esfera metálica reflectante también refleja el entorno oscuro con todos sus árboles, lo que hace extremadamente difícil ver la nave en la fotografía que tomó Meier. En la Figura 39 se muestra el resultado al repetir el proceso, y ahora se presenta la misma escena pero con árboles estilizados.

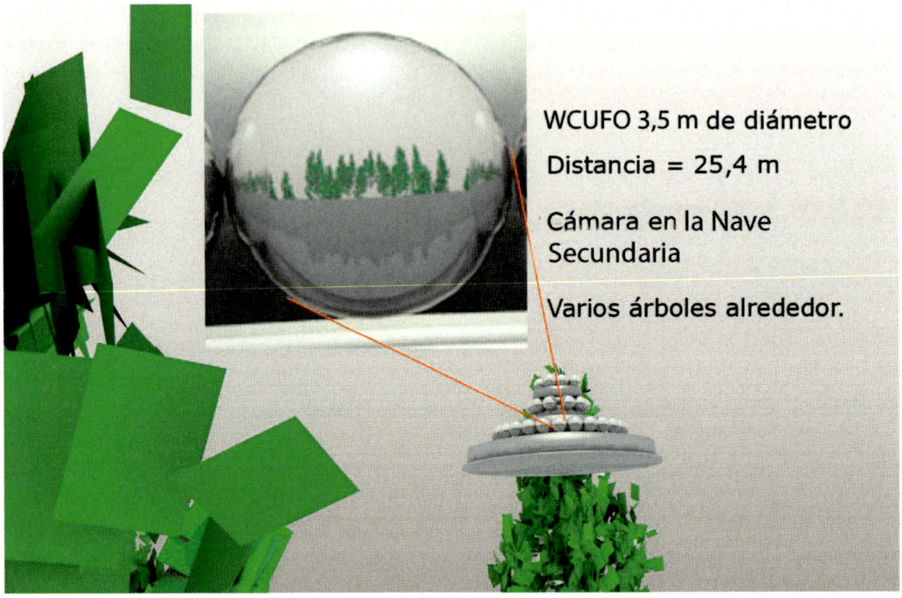

Figura 39 - Reflejo sobre una esfera del WCUFO de 3.5 metros, entre una representación simplificada del bosque circundante. (Con una cámara Ricoh).

A pesar de que este es un modelo simplificado por computador, sigue siendo difícil encontrar la nave y la ubicación de la cámara de Meier en los reflejos de cualquier de las esferas del WCUFO. Por lo tanto, sería extraordinariamente difícil de ver en la foto de Meier. Sin embargo, según lo dictado por las reglas de los reflejos en una esfera, se encuentra precisamente en el centro de la imagen de ella, detrás de los árboles.

Esta imagen renderizada en la esfera (Figura 39) se ve similar a los reflejos de la imagen real (Figura 41). Si bien incluimos solo unos pocos árboles, con varios árboles del bosque circundante, la imagen renderizada sería muy similar a la foto de Meier. Realizando las mismas pruebas con una cámara Olympus de 42 mm de distancia focal, los resultados son muy similares, dada la larga distancia al WCUFO.

Los árboles, con hojas rectangulares estilizadas que reemplazan las hojas de las coníferas, representan aproximadamente el bosque en la foto de Meier; su único propósito es aproximarse al tamaño de los árboles reflejados. Además, debido a que es innecesario para nuestros propósitos, el modelo del WCUFO aquí no es una representación detallada de él. Aun así, las esferas necesariamente ocupan las mismas posiciones, y los detalles son proporcionalmente los mismos que en los WCUFOs fotografiados por Meier.

Debido a que algunos escépticos del caso Meier afirman que este WCUFO es un modelo a escala, hecho a partir de una tapa de un contenedor de alimentos de aproximadamente 55 cm de diámetro, mostramos otro modelo de WCUFO de 0.55 metros de diámetro ubicado a 4 metros de distancia y comparamos los resultados. Ver Figura 40, que omite la nave donde iba Meier.

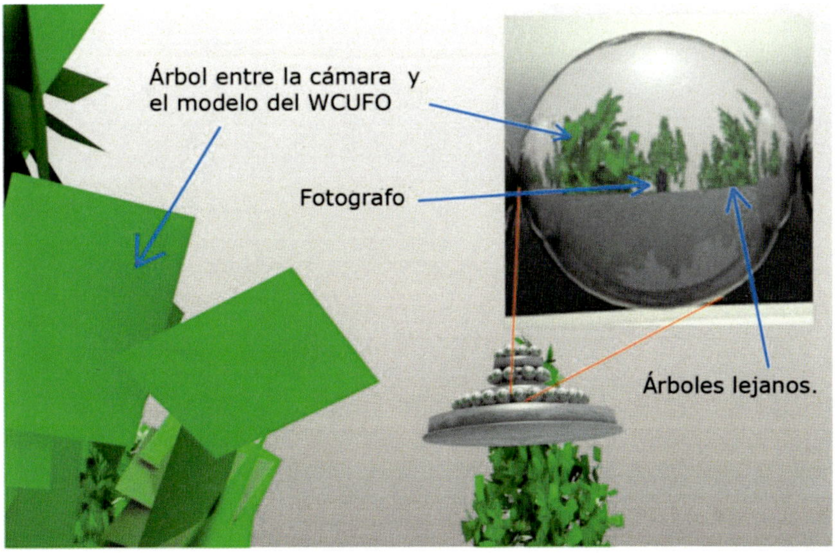

Figura 40 - Reflejos en un esfera de un modelo a escala de 0.55 metros que muestra árboles cercanos y el rectángulo oscuro en el centro de la esfera que representa al fotógrafo. (Usando una cámara Ricoh).

Los resultados difieren significativamente de los de la Figura 39. El mismo renderizado con una cámara Olympus produciría una imagen reflejada del árbol un poco más grande, porque el modelo del OVNI estaría aún más cerca de ella. Los árboles se ven demasiado grandes debido a la proximidad del modelo a escala del WCUFO a los árboles y a la cámara. Del mismo modo, un fotógrafo que lograra escalar un árbol tan alto y tomar esa foto sería visible en el reflejo de la esfera debido a su proximidad al modelo. Los reflejos en la foto real (Figura 41) no se parecen en nada a la configuración obtenida con un modelo a escala de 0.55 metros, revelando que Meier no usó dicho modelo.

Análisis de los reflejos en las esferas para las fotos #838 y #834

Figura 41 - Reflejos en las esferas de la foto #838 mostrando el bosque cincundante

La Figura 41 muestra la foto #838 realzada, con procesamiento de imágenes: la esfera central se amplía y se aumenta su contraste y saturación para facilitar la visualización. Como se muestra en esta foto, hay un bosque alrededor del WCUFO. Para una mejor vista 3D de los árboles alrededor de este OVNI, en nuestro libro *Análisis de un OVNI Real* se encuentran imágenes estereoscópicas de los reflejos en las esferas de esta foto.

La Figura 42 muestra que la foto #834 también refleja los árboles circundantes. Algunos árboles son visibles aunque las imágenes no sean muy claras. La nave en la que se encontraba Meier mientras tomaba esta fotografía debe estar en el centro de la imagen de la esfera, escondida detrás de los árboles. Meier dice que estaba aproximadamente a 40 metros sobre el suelo en la parte superior de la nave. La foto muestra el WCUFO cerca de las puntas de estos árboles, y se ve la base de WCUFO en un ángulo muy estrecho. Entonces, la cámara tal vez no esté a más de un metro debajo de la base del WCUFO, dependiendo de qué tan lejos esté, y esto confirma el hecho de que la cámara de Meier debe estar situada en algún lugar en el rango superior de los árboles.

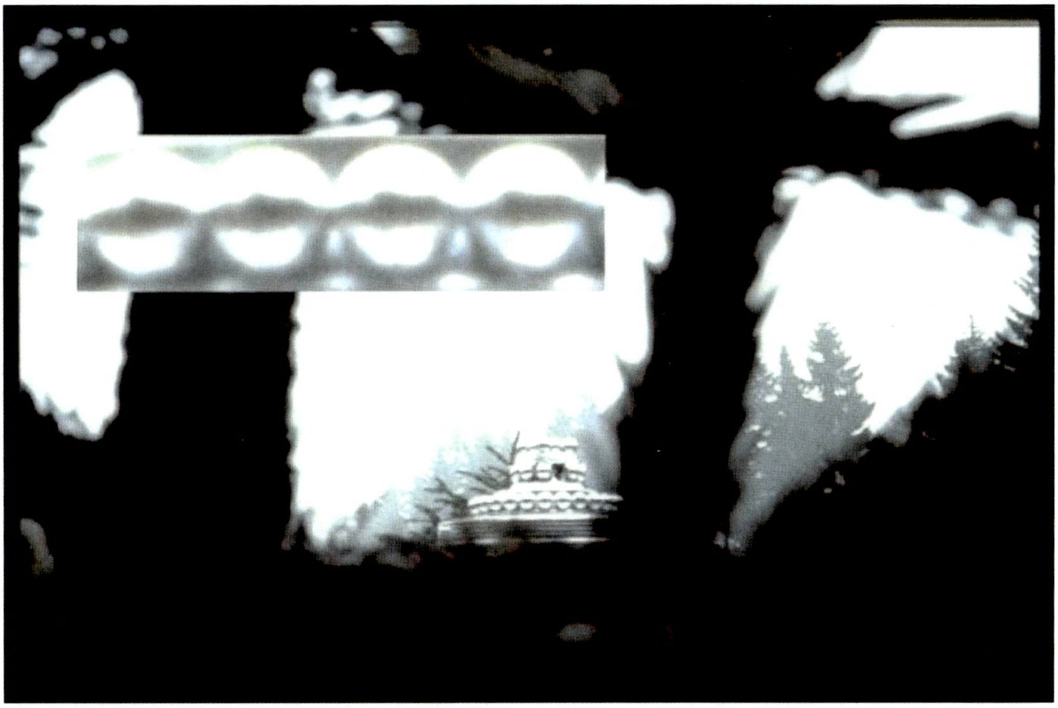

Figura 42 - Foto #834. Toma del WCUFO a través de los árboles. Los reflejos en sus esferas muestran arboles pequeños y lejanos Esto no es un modelo a escala.

Volviendo a la imagen reflejada de la esfera en la Figura 41, #834, en la parte superior vemos un cielo despejado, sin árboles cercanos. La sección central muestra una banda de árboles del bosque circundante, y en la parte inferior de la imagen de la esfera, vemos el cielo brillante que se refleja en la base del WCUFO. Un área rojiza en el medio podría ser el reflejo de los cristales rojos en el borde exterior del nivel base del WCUFO. El color anaranjado en el borde superior izquierdo de la esfera puede deberse al Sol que se abre parcialmente a través de una nube. También son visibles diferentes tonos de verde en el bosque que probablemente muestren árboles a varias distancias del WCUFO.

Comparando la Figura 42 con las Figuras 40 y 39, los reflejos en la esfera en la Figura 42 son similares solo a las de la simulación del WCUFO distante. La nave no puede haber sido un modelo pequeño muy cercano, ya que no se proyectan árboles cercanos hacia arriba en las esferas; un modelo pequeño tendría que estar cerca de los árboles, dando como resultado grandes ramas de los pinos reflejadas en la imagen. Este hecho por sí solo lleva inevitablemente a la conclusión de que este WCUFO no es un modelo pequeño sino una gran nave.

En este análisis, sin embargo, el tamaño exacto de este WCUFO es incierto. No obstante, la estimación de su tamaño es posible mediante el estudio de otras imágenes, de los árboles detrás de ella. Una vez más, no es un modelo a pequeña escala fotografiado en el bosque, ya que no hay un reflejo hacia arriba del árbol cercano entre la cámara y el WCUFO. Además, para un modelo a escala a solo cuatro metros de la cámara, el fotógrafo y el árbol cercano serían muy visibles en los reflejos de la esfera.

Nuestros cálculos basados en el tamaño de las ramas mostraron que el árbol más cercano, el más cercano en la Figura 36, está a unos 3.3 metros de la cámara, si es Ricoh, o 2.5 metros usando el Olympus. Entonces, para un modelo de un OVNI de 55 cm, el árbol entre él y la cámara estaría a unos 0,70 metros del modelo OVNI, es decir, muy cerca o dentro de este árbol, y esto no es lo que muestran los reflejos.

En la foto #834 (Figura 42), nuevamente, como se ve en los reflejos de la esfera, se observa un bosque alrededor del WCUFO. Al aumentar la imagen y aumentar el contraste y la saturación, los árboles son borrosos pero visibles. Las ramas del árbol en primer plano, corresponden probablemente a la parte superior del árbol cuyo grueso tronco o tallo se ve prominentemente cerca en el lado izquierdo de la Figura 42. Las "púas" a la derecha son de una rama cercana desenfocada que se extiende hacia arriba desde el árbol. En esta foto, como en la #838, la nave de 7 metros en la que Meier estuvo parado y tomando fotos está enmascarada detrás del árbol y, por lo tanto, no es visible.

La siguiente Figura, 43, detalla la imagen reflejada en esta imagen.

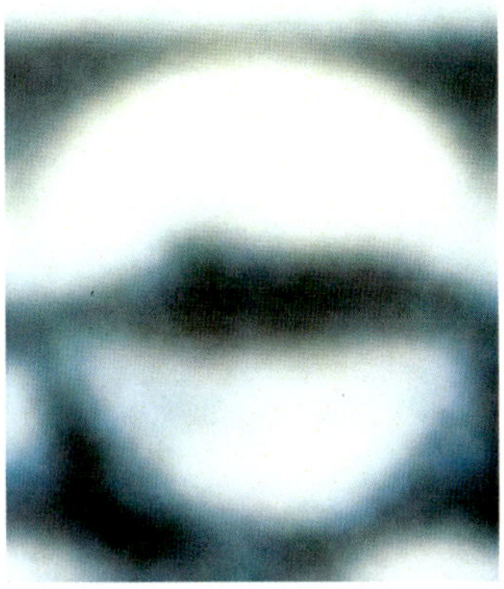

Figura 43 - Detalle de la imagen de una de las esferas de la foto #834. Billy Meier, en la nave donde viajaba, esta oculto en el centro de la imagen, detrás de un árbol.

Finalmente, el tamaño estimado de este WCUFO es de alrededor de 3.0 a 3.5 metros, según detalles que observamos en los árboles cercanos. Más información sobre esta estimación está disponibles en el informe de 74 páginas: *Análisis del OVNI de las Esferas Metálicas* (Zahi).

WCUFO sorprendente a la luz del día

¿WCUFO cerca de un árbol grande o pequeño?

Ya demostramos que las imágenes del WCUFO flotando sobre el estacionamiento de Billy Meier muestran un WCUFO de 3.0 a 3.5 metros de diámetro, del tamaño de un automóvil pequeño. También mostramos que el WCUFO que vuela sobre las copas de los árboles no podría haber sido un modelo a pequeña escala, sino un objeto volador grande. Sin embargo, hay otras formas de saber qué tan grande es el WCUFO. Una de ellas consiste en saber el tamaño de un objeto cercano a él, como por ejemplo un árbol, estimar el tamaño de dicho árbol con cierta precisión, confirmar que el árbol y el WCUFO están cerca uno de otro, y así podremos estimar el tamaño de esta nave al compararlos.

Algunos escépticos afirman que Meier usó dos tipos de trucos para falsificar sus fotos. El primero consiste en usar un pequeño modelo a escala con pequeños árboles cerca de él. El segundo truco llamado "falsa perspectiva" consiste en tomar una foto cercana de un modelo pequeño de un OVNI con un árbol grande a varios metros detrás en el fondo. La siguiente figura muestra dos fotos que algunos escépticos creen que pertenecen a cada una de estas categorías.

Los escépticos han realizado pruebas fotográficas de un arbolito lejano cerca de un modelo a escala distante del WCUFO (simulando la foto #841 en la Figura 44, imagen superior). Es evidente al hacer zoom en sus imágenes de prueba, que el arbolito fue cortado con tijeras para que parezca similar a un árbol real. También probaron con un árbol distante de tamaño significativo, con un modelo a escala frente a la cámara, usando el truco de falsa perspectiva, para obtener algo como la foto #844 en la Figura 44, imagen inferior. Sin embargo, notablemente, al mejorar los detalles de las ramas en las fotos #844 y #841 de Meier, es bastante claro que este es un árbol real y enorme, lo que hace que la hipótesis del árbol pequeño no tenga sentido. ¿Podría esta foto #841, sin embargo, ser un truco de falsa perspectiva?

Figura 44 - La foto #841 (arriba) muestra un árbol distante cerca del WCUFO. ¿Es este un pequeño árbol y un pequeño modelo de OVNI, ambos lejos de la cámara? Los detalles de las ramas del árbol de la foto #844 (abajo) confirman que el WCUFO está frente a un árbol grande.

Establecer la cercanía de este WCUFO a este árbol grande lo confirmaría como un objeto de tamaño significativo. Si el árbol no es un bonsái, o un árbol pequeño, sino que tiene un tamaño grande, y el WCUFO está cerca, el tamaño del árbol permite estimar el tamaño del WCUFO. Cuatro evidencias demuestran que en estas fotos este WCUFO mide alrededor de 3.5 metros de diámetro: Estas evidencias se analizan a continuación:

Evidencia 1. Secuencia de fotos.

Evidencia 2. Reflejos de colores en la base del WCUFO.

Evidencia 3. Reflejos en las esferas del WCUFO.

Evidencia 4. Sombra que el WCUFO proyecta sobre el árbol.

Explicaremos cada una de ellas en detalle.

Evidencia 1: Secuencia de fotos.

En esta secuencia de fotos (Figura 45), tomada en algún lugar del campo entre Girenbad y Hinwil, el 3 de Abril de 1981, entre la 1:15 p.m. y la 1:35 p.m., un WCUFO estacionario está flotando próximo a un árbol joven, pero grande. A verificar detalles como la hierba y los objetos distantes, o como el pequeño arbusto indicado por la flecha roja, notamos que Meier está subiendo una pequeña colina hacia el WCUFO y hacia el árbol mientras toma las fotos con su cámara. Cuando la secuencia termina en la imagen #844, Meier, de pie, ahora se ha movido hacia la izquierda. Por lo tanto, el WCUFO se observa al lado derecho del árbol. En la parte inferior, a la derecha, hay un bosque distante que solo se ve en la última foto. La mayoría de estas imágenes son cortesía del libro *Photo-Inventarium* (Meier, páginas 110 ~ 113), pero dos son copias electrónicas con buena resolución.

El WCUFO en cada una de las fotos #840 - #844, es el mismo, cerca del mismo árbol, el mismo día, pero a diferentes distancias. Observe que la imagen ampliada del WCUFO en la foto #841 muestra el mismo árbol que la foto #844. El WCUFO está en una orientación diferente, y está estacionario. Meier camina hacia el lado izquierdo del árbol, lo que hace que el WCUFO se muestre ahora en el lado derecho del árbol.

Figura 45 - Secuencia de las fotos #840 hasta #844. 10 de Abril de 1981.

La foto #844 muestra que este es un árbol grande, entonces las fotos #840 a #843 también nos muestran el mismo árbol cerca del WCUFO. Este árbol no es uno pequeño, ni es un bonsái, como algunos escépticos han sugerido ingenuamente.

Debido a que el árbol y el WCUFO están muy cerca el uno del otro, como revelan las imágenes #840 a #844, la única conclusión posible es que este no es un pequeño modelo cerca de un pequeño árbol. Solo podemos concluir que la imagen #844 no es el resultado de un truco de perspectiva falsa, y este objeto es de un tamaño significativo cerca de un árbol grande.

Evidencia 2: Reflejos de colores en la base del WCUFO.

La Figura 46 muestra la foto #844, en la que hemos aumentado ligeramente su brillo para revelar detalles importantes.[6]

Las sombras color verde oscuro en la parte inferior del WCUFO son los reflejos del árbol cercano, de color e intensidad similares. El Sol está en la parte superior derecha, detrás del fotógrafo, y proyecta una sombra considerable sobre el árbol, lo que confirma la proximidad del árbol grande al WCUFO. Si el árbol estuviera muy lejos, detrás del WCUFO, este reflejo verde oscuro no podría estar en la base del WCUFO, ya que no habría nada que reflejar, y el lado izquierdo en su base sería igual de brillante al del lado derecho. Entonces, este WCUFO está muy cerca del árbol, lo que lo convierte nuevamente, por supuesto, en un objeto grande.

Figura 46 - Foto #844 que muestra reflejos color verde oscuro en la base de este WCUFO, del mismo tono del arbol que se enuentra detrás de él.

Evidencia 3: Reflejos en las esferas del WCUFO.

Observando de cerca los reflejos en las esferas, notamos el gran tamaño de la imagen de un árbol a la izquierda. Si este árbol estuviera lejos del WCUFO, sería imposible ver este reflejo así de grande en cada esfera. La Figura 47 muestra los reflejos proyectados del árbol, donde, en el lado izquierdo de cada esfera del WCUFO, se refleja el mismo árbol como una forma triangular oscura (ver recuadro ampliado). Todas las líneas trazadas desde los centros de las esferas hacia la parte superior del árbol reflejado en ellas, señala la copa del árbol. Esta propiedad de los reflejos de la esfera indica que el árbol es real y está muy cerca del WCUFO.

Figura 47 - Foto #844. Reflejos en el costado izquierdo de cada esfera del WCUFO, que muestran el arbol cercano como una sombra triangular.

Realizando otros cálculos, observando la localización de este reflejo en las esferas, concluimos que el árbol está a 120 a 140 grados desplazado de una línea que conecta la cámara de Meier con el centro del WCUFO. En el libro *Análisis de un OVNI Real*

(Zahi y Lock) presentamos un método para mapear los objetos que rodean el WCUFO (como el Sol), y cómo encontrar sus ángulos y posiciones horizontales y verticales con respecto a la esfera bajo análisis (Zahi y Lock, "Experimento 8: Delineando los alrededores del WCUFO").

De nuevo, sabemos que el árbol está cerca, en el lado izquierdo, y un poco detrás del WCUFO. Si se tratara de un árbol grande y distante, este ángulo tendría que estar cerca de 180 grados y el árbol difícilmente se vería en los reflejos. Entonces, nuevamente, vemos que se trata de un objeto grande que está cerca de un gran árbol.

Evidencia 4: Sombra que el WCUFO proyecta sobre el árbol.

Figura 48 - Foto #844. La sombra producida por el WCUFO se ha delineado aquí con un polígono sobre las ramas del árbol. La dirección de los rayos del Sol se indican con las flechas y es confirmada por el reflejo de luz brillante en el borde frontal derecho del WCUFO.

Probablemente la evidencia concluyente para saber si este árbol está muy lejos o muy cerca del WCUFO, son las sombras proyectadas sobre las ramas del árbol. Afortunadamente, en la imagen #844, el Sol brilla y produce sombras nítidas. La sombra proyectada es muy evidente en las Figuras 48 y 49. Las ramas grandes, brillantes y oscuras dentro del área del polígono rojo delineado en la parte inferior del árbol en la Figura 48, indican dónde se proyecta la sombra del WCUFO, y las flechas amarillas en la parte superior derecha indican La dirección de los rayos del Sol.

Figura 49 - Detalle de la foto #844. Sombras se proyectan desde el WCUFO hacia las ramas del árbol cercano. Vemos más claramente en esta imagen el reflejo oscuro del árbol sobre la base del WCUFO.

En la foto #841, vemos la misma sombra creada por el WCUFO, aunque el árbol esté más lejos. Sin embargo, al tener una imagen ampliada de la foto en formato digital (Figura 50), podemos ver la misma sombra en el mismo árbol, aunque desde otra localización de la cámara. Observe las sombras que proyecta WCUFO en las grandes ramas del árbol y el reflejo en la base de esta nave en la foto #841 (Figura 50), que demuestra de nuevo que el WCUFO está muy cerca del árbol. Es importante tener en cuenta que el árbol tiene un tronco grueso (en el #841, Figura 50) y ramas de gran tamaño. La base del WCUFO está a la vista, refutando por completo algunas afirmaciones escépticas sin fundamento de que su base nunca se ve en su totalidad con toda la nave. Los detalles de las hojas de éste árbol demuestran que es un Abeto Noruego de gran tamaño, de unos 7 metros de altura, no una miniatura.

Figura 50 - Acercamiento de la foto #841. Vemos en más detalle la sombra del WCUFO proyectada sobre las ramas del árbol junto con el reflejo en la base del WCUFO, demostrando la proximidad entre la nave y este árbol.

El árbol puede ser un poco más pequeño o más grande que nuestro estimativo de 7 metros, pero con seguridad no es un árbol de 1 metros de altura como afirman falsamente algunos escépticos que no han realizado una adecuada investigación sobre esta serie de fotos para llegar a la verdad. Las fotografías #841 y #844 muestran un árbol grande, y un WCUFO de gran tamaño y real. Las Figuras 49 y 50 muestran detalles de las sombras proyectadas en el gran árbol por el WCUFO, y los reflejos en la base del WCUFO. El árbol es un Abeto Noruego, que abunda en Suiza y en otras partes de Europa.

Más adelante haremos un análisis que demuestra que el tamaño de un WCUFO fotografiado durante la noche, podría ser de siete metros, o sea dos veces el tamaño de este.

Un WCUFO cubierto parcialmente por un árbol, Foto #850

Una hora más tarde, el mismo día, 3 de Abril de 1981, a las 2:33 pm, Meier tomó la foto #850. Vea la Figura 51. Esta foto no solo muestra un WCUFO cerca de un árbol grande, sino que el WCUFO está parcialmente oculto detrás de él. El estar detrás del árbol, elimina el truco de la falsa perspectiva, y no hay evidencia de fotomontaje. Además, las ampliaciones muestran que las esferas de WCUFO reflejan el árbol frente a él de manera clara.

Figura 51 - Foto #850. Arriba: Version original. Abajo: Imagen procesada que muestra en detalle el árbol que cubre parcialmente al WCUFO detrás de él.

Además, como se ve en la versión mejorada de la foto, Figura 51 en la parte inferior, este es otro Abeto Noruego grande, como el de la foto #844, y quizás incluso más alto. Cabe destacar que este árbol no es el mismo que el de la Figura 50; este se extiende más y tiene algunas piñas de abeto en su base, lo que demuestra nuevamente que el WCUFO es de hecho un objeto volador grande, no un modelo a escala.

El WCUFO sobre un remolque

Usando un tractor, el 26 de marzo de 1981, Meier transportó un generador y un remolque, junto con un pequeño aditamento para llevar su cámara y su equipo de video por el campo suizo (ver Figura 52 foto #829). Se observan estos equipos en la parte inferior central de la fotografía. En esta foto de Meier, el WCUFO presenta otra vista completa desde abajo, que aquí ocupa aproximadamente el 61% del ancho de la imagen. La foto es una reproducción de la imagen completa sin recortar sus bordes.

Figura 52 - Imagen completa del WCUFO sobre su remolque y un generador eléctrico.

La Figura 53 (foto #866), ofrece una vista más detallada del remolque de Meier, y muestra la copa del árbol que, según se dijo, fue cortada por la nave de Quetzal ya mencionada anteriormente, cuando volaban sobre las copas de los árboles. El remolque tiene aproximadamente 1.8 ~ 1.9 metros de altura hasta la parte superior de su puerta.

Figura 53 - Foto #866: Remolque verde de Meier. Junto a él se observa el pedazo de la copa del árbol que fue cortado por la nave de Quetzal en la que iba Meier tomando fotos.

Investigación previa y la cámara de Meier

En el intercambio de notas entre Billy Meier y el profesor Deardorff sobre la foto #829, el profesor dice que Meier usó su cámara Ricoh SLR, con un lente de 55 mm. Le preguntamos a Meier en 2009 a través de Christian Frehner, qué cámara usaba, y Meier respondió que tomó esta foto con su vieja cámara Olympus 35

ECR. Sin embargo, dado que el evento ocurrió hace 30 años, y Meier sufrió una pérdida considerable de memoria en una etapa difícil de su vida ¿tal vez su memoria falla un poco aquí, como con sus fotos del patio WCUFO? Entonces, ahora intentamos confirmar qué cámara usó analizando elementos esenciales dentro de la fotografía y verificándolos con las especificaciones de las cámaras y los datos de profundidad de campo. El análisis nos indicará definitivamente, si la nave es un modelo pequeño, o un WCUFO grande.

En este día algo nublado, con un cielo claro a la derecha, y los árboles oscuros que ocupan un tercio del lado izquierdo de la foto, Meier estaba cerca de los árboles, probablemente con su cámara con una abertura de f5.6 a f11. El mirar los detalles de la foto con mayor precisión nos ayuda a encontrar qué cámara usó. La profundidad de campo (PdC) de la fotografía es de gran ayuda aquí. La profundidad de campo es el rango de distancias en el que los objetos se ven enfocados en una foto.

A continuación se muestran las dos cámaras que Meier utilizó para tomar sus fotografías de los OVNIS (Figuras 54 y 55). Usó la Olympus hasta aproximadamente 1980, después de lo cual aparentemente, y quizás solo por una ocasión, usó la Ricoh SLR con un lente de 55 mm; él prefería su Olympus 35 ECR. (Especificaciones de ambas cámaras se ven en el Anexo A). La confusión sobre la cámara que usó en este caso, surgió porque es alrededor de esta época, entre 1980 y Marzo de 1981, que algunos investigadores pensaron que Meier cambió su Olympus por la Ricoh que alguien le dio.

Figura 54 - Cámara Olympus ECR de Meier. Su enfoque está bloqueado en el infinito. (Ver manual en Cameramanuals.org)

Figura 55 - Cámara Ricoh, con lente de 55 mm como la que Meier usó. (Butkus.org).

Otro punto a tener en cuenta es que varios investigadores, entre ellos Wendelle Stevens en su libro *UFO Contact from the Pleiades*, han declarado que la cámara de Meier estaba atascada en "casi el infinito" o "un intervalo desde el infinito", lo cual es incorrecto. No hay intervalos en el enfoque de la Olympus 35 ECR; Tiene una escala de deslizamiento continua. Los escritores pueden haber hecho comentarios tan equivocados al mirar casualmente las fotografías, o al suponer que Meier usó su cámara Ricoh que tiene varios intervalos en su distancia focal. ¿Por qué asumirían eso? Primero, es posible usar una lente de 55 mm para tomar una foto como esta, y fue la mejor cámara de las dos. Sin embargo, en correos electrónicos recientes de Frehner en 2019, supimos que Meier dijo que nunca usó la cámara Ricoh, excepto quizás inicialmente, alrededor de 1980, en un intento de tomar algunas fotos en su parqueadero. La cámara Ricoh era demasiado difícil de manejar para Meier, porque requería dos manos para sostenerla y operarla.

Sin embargo, la ECR tenía una PdC más grande que muchas cámaras populares en ese momento, y esto puede haber llevado a quienes estudiaron estas fotografías a asumir que con tal profundidad de campo, la cámara no estaba enfocada al infinito, sino cerca del infinito. Además, al usar una lente de 55 mm en un enfoque cercano al infinito, las cosas comienzan a verse nítidas aproximadamente a 6 ~ 7 metros en f16, y la PdC continúa al infinito en f8 ~ f16 cuando se enfoca entre 8 ~ 15 metros. La foto podría mostrar esto, por lo que tal conclusión es comprensible. Al preguntar a través de Christian Frehner qué cámara usaba Meier, él insistió, sin embargo, que a pesar de tener ahora la cámara Ricoh de 55 mm, usó su vieja 35 ECR 42 mm para tomar esta foto. ¿Se puede demostrar que lo hizo?

La cámara ECR enfocada en el infinito puede mostrar con nitidez objetos desde aproximadamente 4 metros de distancia en f13, desde 5.24 metros de distancia en f11, y desde 7.4 metros de distancia en f8 (ver la Tabla 2 a continuación). Esta amplia profundidad de campo convirtió al infinito en una configuración predeterminada (manual) estándar para muchos usuarios de exteriores de la 35 ECR; esta cámara selecciona automáticamente la apertura. Dejarla enfocada en el infinito significaba no preocuparse por el objeto a tomar en la foto, que es lo que vemos aquí. Además, la escala de distancias en el borde del lente no era tan precisa ni fácil de usar. Muchos usuarios se quejaron al respecto. Según Stevens en *UFO Contact from the Pleiades – A preliminary investigation report* (1982), la cámara de Meier tenía un "foco atascado y un visor dañado" (página 63).

El anillo de enfoque helicoidal, o escala de distancia, color negra en el cuerpo del objetivo, es lo que está atascado en el infinito en la cámara de Meier (Figura 54). La línea delgada de enfoque en el anillo plateado en la parte frontal del lente señala la distancia a la que la cámara está enfocada. En la cámara de Meier, apunta directamente al infinito. Quizás el dueño anterior de la cámara siempre usó la cámara en el infinito, como muchos lo hicieron, y finalmente se atascó. No es sorprendente entonces que la cámara 35 ECR de Meier se haya quedado atascada allí. (Consulte también la explicación en video de Frehner y la demostración de la Olympus 35 ECR de Meier en mycloud.ch).

Stevens también puede haber asumido que la investigadora anterior del caso de Meier, la Sra. Zinsstag de Basilea, una pariente de C. G. Jung, tenía razón cuando dijo que la cámara estaba "atascada solo un micro ajuste por debajo de la posición de infinito" (página 17). Presumiblemente, eso era una suposición de su parte. Sin embargo, incluso si fuera menos que un micro ajuste del infinito exacto, la cámara tendría casi la misma PdC que una configuración en infinito. Zinsstag, como Stevens, y como hacen todos los seres humanos, cometió un error. Ella dice, por ejemplo, que la cámara era una Olympus CR, pero es una ECR. Sabemos que esto es un error porque ella dio correctamente el número de serie de la ECR como 200519 (página 27), lo que concuerda con Stevens (página 400). El número también se puede ver en posición invertida y recortada en la parte superior de la cámara de Meier, en la foto ampliada de la Figura 56. El "9" está detrás del botón disparador; también es evidente en la demostración de video en línea de Frehner de la cámara. Quizás la Sra. Zinsstag supuso que la cámara estaba un "micro ajuste" por debajo del infinito porque alguien se lo dijo, o el propietario anterior lo supuso, o porque la línea del índice central en el dial está centrada en la marca del infinito y no está en el extremo. Sin embargo, el anillo de enfoque de la cámara Olympus 35 ECR no se mueve hasta el extremo de la marca de infinito en estas cámaras. Su punto extremo en el dial, donde se enfoca en el infinito, es cuando se centra con precisión en la marca de infinito. La configuración de ECR, por lo tanto, está en la marca de infinito, al igual que en la Figura 54, y en el video de seis minutos de Frehner.

Figura 56 - Cámara Olympus 35 ECR de Meier, número de serie 200519 ("9" detrás del botón del obturador).

Entonces, dada la evidencia, se debe concluir que la cámara Olympus 35 ECR se atascó, justo en el infinito. Es importante tener en cuenta que en la foto #829 el horizonte distante está bien enfocado, junto los árboles lejanos y el cielo, precisamente como lo estarían en el enfoque en infinito. Este punto, desafortunadamente, pasado por alto por la mayoría de los investigadores hasta la fecha, es crítico para revelar hechos específicos sobre la foto.

Como se señaló anteriormente, el ancho del WCUFO en la foto #829 es aproximadamente el 61% del ancho total de la foto, con aproximadamente el tercio frontal o la mitad de la nave desenfocada, y el horizonte distante muy nítido, debido al enfoque de la cámara atascado en el infinito. Estas son características destacadas a tener en cuenta. Además, debe recordarse que el manual del propietario de la 35 ECR confirma que la cámara solo funciona con f2.8 ~ f13 (y posiblemente un máximo de f13.5) y, por lo general, tiene como valor predeterminado f8 o f11.

Cuál cámara usó Meier y el tamaño del WCUFO

Primero, debemos considerar la distancia que es necesaria, desde el centro de la nave hasta la cámara, para que este objeto ocupe el 61% de del ancho de la foto. Los rangos de distancia posibles aproximados para las cámaras ECR y Ricoh se estiman observando un objeto de tamaño de 3.5 metros (un WCUFO de este tamaño) y un objeto de tamaño de 550 mm (el tamaño popular del modelo de los escépticos). Los rangos de distancia se obtienen al estimar visualmente 60 ~ 61% del ancho la foto, y luego medir la distancia al objeto en cuestión varias veces.

CAMARA	Modelo de 550 mm	WCUFO de 3.5 m	WCUFO de 7 m
ECR 42 mm	0.78 ~ 0.95 m	5 ~ 6 m	10 ~ 12 m
RICOH 55 mm	0.95 ~ 1.41 m	6 ~ 9 m	12 ~ 18 m

Tabla 1 - Distancias aproximadas de la cámara a cada posible objeto en la foto de Meier, para ocupar el 61% del ancho de la foto.

Dado que los rangos de las distancias se duplican al duplicar el tamaño del WCUFO, las distancias para un WCUFO de 7 metros serán el doble de las distancias de uno de 3.5 metros, y las distancias del modelo de 550 mm son 15.7% (0.157) de las distancias del de 3.5 metros. Esta estimación está sujeta a un juicio ocular y una imprecisión del visor de la ECR de ± 10% ~ 15%. La Tabla 1 muestra los resultados de las distancias aproximadas necesarias desde la cámara hasta el centro de las naves para que ocupen 60 ~ 61% del ancho de la foto.

Estos estimativos se verifican ahora en las tablas correspondientes de Profundidad de Campo (PdC) de los diferentes detalles en la foto para encontrar posibles explicaciones de cómo se tomó la imagen y con qué cámara.

Profundidad de Campo (PdC)

Como se mencionó anteriormente, la profundidad de campo es el rango de distancias dentro del cual los objetos aparecen enfocados en una foto. Las tablas *DOFMaster DoF* (PdC) para película de 35 mm que se presentan a continuación en las Tablas 2 y 3, son cortesía de dofmaster.com, para lentes de 42 mm y 55 mm. Estas tablas proporcionan los datos de PdC para las cámaras Olympus 35 ECR 42 mm y Ricoh 55 mm que nos ayudan a seguir esta investigación. Así es como se obtuvieron los estimativos de la Tabla 1. Es importante recordar que para la cámara Olympus de 42 mm de Meier atascada en el enfoque infinito, solo la última línea de abajo en la Tabla 2 es esencial (marcada con el símbolo infinito), mientras que la Ricoh de 55 mm podría estar en cualquier configuración de enfoque.

Un modelo pequeño

El manual del propietario de *Orphancameras* confirma que la ECR Olympus 35 solo funciona entre f2.8 y f13, e incluso si pudiera usar f16, la cámara probablemente no seleccionaría eso automáticamente en este día nublado. Para ocupar el 61% del ancho de la imagen, el modelo debe estar a 0.78 ~ 0.95 metros de la cámara, por lo que no debe estar a más de 0.95 metros de distancia (Tabla 1). Es esencial recordar que la Profundidad de Campo debe extenderse hasta el infinito, ya que esto es lo que muestra la foto de Meier (El fondo se ve nítido en la foto)

Consultando la Tabla 2, ninguna calibración hace posible una PdC (DoF en Ingles) de 0.95 ~ infinito para un modelo pequeño. El más cercano es una PdC de 1.93 metros ~ infinito en f16, que está un poco más allá del rango de la cámara de aproximadamente 4 metros hasta infinito en f13. Sin embargo, a 4.0 metros, el modelo está demasiado lejos y demasiado pequeño en la imagen. Además, dentro del rango cercano de 0.78 ~ 0.95 metros, el modelo estaría completamente desenfocado cuando el horizonte está enfocado.

35mm film Focal Length: 42 mm																
Distance	f/2		f/2.8		f/4		f/5.6		f/8		f/11		f/16		f/22	
in meters	Near	Far	Near	Far	Near	Far	Near	Far	Near	Far	Near	Far	Near	Far	Near	Far
0.25	0.25	0.25	0.25	0.25	0.25	0.25	0.25	0.26	0.24	0.26	0.24	0.26	0.24	0.26	0.23	0.27
0.5	0.49	0.51	0.49	0.51	0.48	0.52	0.48	0.52	0.47	0.53	0.46	0.55	0.44	0.57	0.43	0.61
0.75	0.73	0.77	0.73	0.78	0.72	0.79	0.7	0.8	0.68	0.83	0.66	0.87	0.63	0.93	0.59	1.03
1	0.97	1.03	0.96	1.05	0.94	1.07	0.92	1.1	0.88	1.15	0.84	1.23	0.79	1.35	0.73	1.58
1.5	1.43	1.58	1.4	1.61	1.36	1.67	1.32	1.74	1.25	1.87	1.17	2.08	1.07	2.49	0.96	3.42
2	1.88	2.14	1.83	2.21	1.76	2.31	1.68	2.46	1.58	2.73	1.45	3.21	1.3	4.28	1.14	8.11
2.5	2.31	2.73	2.24	2.84	2.14	3	2.02	3.27	1.87	3.76	1.7	4.74	1.5	7.55	1.28	46.2
3	2.73	3.34	2.63	3.5	2.5	3.76	2.34	4.19	2.14	5.02	1.91	6.96	1.66	15.4	1.4	∞
3.5	3.13	3.97	3	4.2	2.83	4.58	2.63	5.24	2.38	6.61	2.1	10.5	1.8	59	1.5	∞
4	3.53	4.62	3.36	4.94	3.15	5.47	2.9	6.46	2.6	8.67	2.27	16.8	1.93	∞	1.59	∞
4.5	3.91	5.3	3.71	5.73	3.45	6.46	3.15	7.88	2.8	11.4	2.42	31.6	2.03	∞	1.66	∞
5	4.28	6.01	4.04	6.57	3.74	7.54	3.39	9.56	2.99	15.4	2.56	109	2.13	∞	1.72	∞
5.5	4.64	6.75	4.36	7.46	4.01	8.75	3.61	11.6	3.16	21.4	2.68	∞	2.21	∞	1.77	∞
6	4.99	7.52	4.66	8.41	4.27	10.1	3.81	14.1	3.31	31.7	2.8	∞	2.29	∞	1.82	∞
8	6.3	11	5.79	13	5.19	17.4	4.53	34.1	3.84	∞	3.16	∞	2.53	∞	1.97	∞
10	7.47	15.1	6.76	19.2	5.96	31	5.11	238	4.25	∞	3.43	∞	2.7	∞	2.07	∞
15	9.94	30.5	8.72	53	7.43	∞	6.15	∞	4.94	∞	3.87	∞	2.96	∞	2.22	∞
20	11.9	62	10.2	500	8.48	∞	6.85	∞	5.38	∞	4.13	∞	3.11	∞	2.3	∞
30	14.9	∞	12.3	∞	9.88	∞	7.73	∞	5.91	∞	4.44	∞	3.28	∞	2.39	∞
50	18.5	∞	14.7	∞	11.4	∞	8.61	∞	6.41	∞	4.71	∞	3.43	∞	2.47	∞
∞	29.4	∞	20.8	∞	14.7	∞	10.4	∞	7.39	∞	5.24	∞	3.72	∞	2.64	∞

Tabla 2 - Profundidad de Campo para un lente de 42 mm. en una película de 35 mm. Detalles obtenidos de *DOFMaster 2005 ~ 2019.* Dan Fleming. Derechos reservados.

Incluso si el anillo de enfoque no estuviera atascado en el enfoque infinito, el punto de enfoque más cercano estaría por encima de 2 metros, y eso todavía está demasiado lejos. Por lo tanto, cualquier modelo pequeño estaría completamente desenfocado, y no es lo que muestra la foto, donde la parte más cercana de la nave está algo desenfocada, pero no su centro ni el extremo más lejano de la nave. Entonces, esta foto no fue tomada usando la cámara 35 ECR con un modelo pequeño.

¿Qué pasa con un modelo de 550 mm tomado con la lente Ricoh de 55 mm? ¿Podría ser esto posible?

Nuevamente, para ocupar el 61% del ancho de la imagen, un modelo WCUFO de 550 mm debe centrarse a 0.95 ~ 1.41 metros de la cámara (Tabla 1). Aun así, cuando se usa una lente de 55 mm, es imposible mantener enfocada la parte posterior de la nave (WCUFO), porque eso necesitaría un profundidad de campo que oscile entre aproximadamente 1.0 metros ~ infinito. En referencia a la Tabla 3, tal PdC (DoF) es imposible para una lente de 55 mm. La PdC más cercana posible es 3.54 metros ~ infinito en f16, la apertura más pequeña posible en este día nublado, pero a esta distancia, el modelo nuevamente es demasiado pequeño en el marco de la imagen y aún está muy lejos. Incluso en f22, la PdC es de 2,37 metros ~ infinito, lo que pone el modelo de 550 mm completamente desenfocado.

35mm film Focal Length: 55 mm																
Distance	f/2		f/2.8		f/4		f/5.6		f/8		f/11		f/16		f/22	
in meters	Near	Far	Near	Far	Near	Far	Near	Far	Near	Far	Near	Far	Near	Far	Near	Far
0.25	0.25	0.25	0.25	0.25	0.25	0.25	0.25	0.25	0.25	0.25	0.24	0.26	0.24	0.26	0.24	0.26
0.5	0.5	0.5	0.49	0.51	0.49	0.51	0.49	0.51	0.48	0.52	0.48	0.53	0.47	0.54	0.45	0.56
0.75	0.74	0.76	0.74	0.76	0.73	0.77	0.72	0.78	0.71	0.79	0.7	0.81	0.68	0.84	0.65	0.89
1	0.98	1.02	0.97	1.03	0.96	1.04	0.95	1.06	0.93	1.08	0.9	1.12	0.87	1.18	0.83	1.27
1.5	1.46	1.54	1.44	1.56	1.42	1.59	1.39	1.63	1.35	1.69	1.29	1.79	1.22	1.95	1.13	2.22
2	1.93	2.08	1.9	2.12	1.86	2.17	1.8	2.24	1.73	2.36	1.64	2.56	1.53	2.89	1.39	3.55
2.5	2.38	2.63	2.34	2.68	2.28	2.77	2.2	2.9	2.09	3.1	1.96	3.45	1.8	4.08	1.61	5.54
3	2.83	3.19	2.77	3.27	2.69	3.4	2.57	3.59	2.43	3.91	2.25	4.48	2.04	5.63	1.81	8.85
3.5	3.28	3.76	3.19	3.87	3.08	4.05	2.93	4.34	2.75	4.82	2.52	5.71	2.26	7.72	1.97	15.4
4	3.71	4.34	3.6	4.5	3.46	4.74	3.28	5.14	3.05	5.82	2.77	7.18	2.46	10.7	2.12	34.9
4.5	4.14	4.94	4	5.14	3.83	5.46	3.6	5.99	3.33	6.95	3	8.98	2.64	15.3	2.25	1783
5	4.55	5.54	4.39	5.81	4.18	6.22	3.91	6.92	3.59	8.23	3.22	11.2	2.8	23.2	2.37	∞
5.5	4.96	6.17	4.77	6.49	4.52	7.02	4.21	7.92	3.84	9.68	3.41	14.1	2.95	40.4	2.48	∞
6	5.37	6.8	5.14	7.2	4.86	7.85	4.5	9	4.08	11.4	3.6	18	3.09	106	2.57	∞
8	6.91	9.5	6.54	10.3	6.08	11.7	5.53	14.4	4.91	21.6	4.23	74	3.54	∞	2.87	∞
10	8.35	12.5	7.82	13.9	7.17	16.5	6.42	22.6	5.59	47.4	4.73	∞	3.88	∞	3.09	∞
15	11.6	21.3	10.6	25.8	9.42	36.8	8.16	93	6.86	∞	5.6	∞	4.45	∞	3.45	∞
20	14.3	33.1	12.8	45.4	11.2	96	9.44	∞	7.74	∞	6.18	∞	4.8	∞	3.65	∞
30	18.8	74	16.3	187	13.7	∞	11.2	∞	8.89	∞	6.88	∞	5.22	∞	3.89	∞
50	25.1	5345	20.8	∞	16.8	∞	13.2	∞	10.1	∞	7.57	∞	5.6	∞	4.1	∞
∞	50	∞	35.7	∞	25.3	∞	17.9	∞	12.7	∞	8.97	∞	6.36	∞	4.51	∞

Tabla 3 - Profundidad de Campo para un lente de 55 mm en una película de 35 mm. Detalles obtenidos de DOFMaster 2005 ~ 2019. Dan Fleming. Derechos reservados.

Por lo tanto, el WCUFO no era un pequeño modelo a escala de 550 mm fotografiado por Meier, con una lente de 55 mm.

Estos hechos ineludibles derivados de la óptica de la cámara nos dicen que un pequeño modelo WCUFO fotografiado con la cámara Olympus 35 ECR, o la cámara Ricoh 55 mm, no es lo que muestra la foto #829.

Pruebas recientes (2020) de Christian Frehner, tomando fotos en este sitio con una cámara Olympus 35 ECR, muestran, comparando el campo de visión en las fotos, que Meier si usó la cámara Olympus aquí, no la Ricoh. También muestran que, con el paisaje distante observándose de manera nítida, un modelo cercano estaría desenfocado, porque, de nuevo, la cámara Olympus de Meier estaba atascada en el enfoque hacia el infinito.

Para el WCUFO de 3.5 metros

Para ocupar el 61% del ancho de la imagen una nave de 3.5 metros (Tabla 1), con la lente ECR de 42 mm, debe estar a unos 5 ~ 6 metros de distancia, y con la Ricoh 55 mm a 6 ~ 9 metros de distancia. Para los datos de la cámara, consulte nuevamente las Tablas de Profundidad de Campo (PdC), Tablas 2 y 3 ya indicadas. Si bien solo necesitamos la última línea en la tabla para la cámara Olympus de Meier, que siempre está enfocada en el infinito, las tablas incluyen desde 0.25 metros para ilustrar que la PdC es extremadamente corta allí, lo que subraya la imposibilidad de que el objeto fotografiado sea un modelo pequeño.

<u>Con una lente de 42 mm (Tabla 2):</u> Nuevamente, enfocado en el infinito, esta vez refiriéndose a la Tabla 1, la PdC debe estar alrededor de 5 ~ 6 metros extendiéndose hasta el infinito. La Tabla 2 muestra que esto es posible en f8 ~ f11. Entonces, el objeto podría ser un WCUFO de 3.5 metros centrado a unos 5 ~ 6 metros de distancia. El frente del WCUFO está entonces a unos 3.3 ~ 4.3 metros de distancia.

<u>Con una lente de 55 mm (Tabla 3):</u> la PdC debe tener entre 6 y 9 metros de profundidad, para un WCUFO de 3.5 metros. Para la cámara Ricoh, que no tiene bloqueado el enfoque en el infinito, en este día nublado, es posible en f8 ~ f11 a 6.9 metros, a 8.9 metros de distancia (Tabla 3). Por lo tanto, el objeto podría ser un WCUFO de 3.5 metros centrado a unos 7 ~ 9 metros de distancia, haciendo

que el frente del WCUFO se encuentre a unos 5,15 ~ 7,3 metros de la cámara.

Entonces, la nave en la foto #829 podría ser un WCUFO de 3.5 metros de diámetro centrado a 5 ~ 6 metros de distancia con la lente ECR de 42 mm, o centrado a 7 ~ 9 metros de distancia para la lente Ricoh de 55 mm. Entonces, en este día algo nublado, cualquiera de las cámaras podría haber tomado la foto de un WCUFO de 3.5 metros de diámetro.

Para el WCUFO de 7 metros

Para ocupar el 61% del ancho de la imagen, con la lente ECR de 42 mm, la nave de 7 metros debe estar a 10 ~ 12 metros de distancia, y con la lente Ricoh de 55 mm a 12 ~ 18 metros de distancia (Tabla 1). Los cálculos de la cámara son similares a los del WCUFO de 3.5 metros.

<u>Con una lente de 42 mm (Tabla 2):</u> Entonces, una nave de 7 metros necesita una PdC de 10 ~ 12 metros que se extienda hasta el infinito. Una configuración de f4 ~ f5.6 es posible para una nave de 7 metros, ya que la PdC está alrededor de 10 ~ 14 metros hasta el infinito, con la cámara enfocada en el infinito y la nave centrada aproximadamente a 10 ~ 12 metros de distancia. Entonces, el frente del WCUFO está a unos 6.5 ~ 8.5 metros de distancia.

<u>Con una lente de 55 mm (Tabla 3):</u> La PdC debe comenzar alrededor de 12 ~ 18 metros y extenderse hasta el infinito para una nave de 7 metros. La Tabla 3 muestra que es posible un ajuste de apertura de f4 ~ f8 para una nave de 7 metros ya que la PdC está alrededor de 12 ~ 18 metros hasta el infinito con la nave centrada a unos 12 ~ 18 metros de distancia. La parte delantera de la nave está a una distancia de entre 8.5 metros y 14.5 metros de la cámara.

Entonces, la nave en la foto #829 podría, en teoría, ser el WCUFO de 3.5 metros de diámetro o de 7 metros de diámetro con una lente de 42 mm, o una lente de 55 mm. Cualquiera de las cámaras y naves son posibles.

Además, tomar esta foto con la cámara ECR de 42 mm, a un WCUFO de 3.5 metros localizado su centro a 5 ~ 6 metros de distancia se ajusta exactamente a la afirmación de Meier de que tomó el WCUFO a unos 5 ~ 6 metros de distancia, y probablemente la cámara ajusto automáticamente su abertura en f8.

Para un WCUFO de 14 metros

Observando el terreno en la foto, notamos un rango mínimo de aproximadamente 3 metros que ocupa el remolque, a un mínimo de aproximadamente 22.5 metros de distancia hasta el infinito.

Un WCUFO de 14 metros extrapolado de la Tabla 1 debe estar centrado a 20 ~ 24 metros de distancia para una lente de 42 mm, y 24 ~ 36 metros de distancia para una lente de 55 mm. Ahora analizamos estas dos posibilidades.

Una lente de 42 mm: la Fórmula de la Cámara nos mostrará que el remolque está a unos 19.5 metros de una cámara con una lente de 42 mm. El generador y el camino angosto frente al remolque están enfocados, y en un rango de unos 3 metros. Por lo tanto, la PdC debe ser de al menos 17 metros hasta el infinito cuando se usa la cámara Olympus de 42 mm. En referencia a la tabla 2, la única abertura que proporciona una PdC de 17 ~ 20 metros hasta el infinito es f 2.8, que es una opción de exposición automática improbable para esta imagen. La Olympus 35 ECR generalmente se toma automáticamente en f8 o f11 y, aunque los árboles en esta foto son oscuros, el cielo es claro, y ambos ocupan aproximadamente un tercio de la foto. En la foto original #829 (Figura 52), algunas nubes y el horizonte están enfocados, y el resto de la imagen es relativamente oscura, lo que tiende a descartar la posibilidad de una apertura f2.8 que permitiría la entrada de más luz en la cámara. Por el contrario, ¿tal vez la escena oscura llevó a la cámara a seleccionar la parada f2.8 para compensar?

Puede que no haya ninguna diferencia, ya que, a 20 metros de distancia, la distancia que informan los cálculos de la Fórmula de la Cámara es la distancia al remolque, un WCUFO de 14 metros debe elevarse sobre todo el remolque bloqueando la luz que brilla en su techo. Consulte la Figura 57 e imagine un WCUFO dos veces el tamaño del más grande allí centrado a 20 metros de distancia. Un WCUFO tan grande de 14 metros justo sobre el remolque, como debería ser, debería impedir que el resplandor del cielo brillara directamente sobre el techo, pero no lo hace. Sin embargo, podría ser, como nos lo señaló Dyson Devine, que si este WCUFO estuviera usando un campo de invisibilidad, el WCUFO permitiría que la luz del cielo brillara a través de la nave casi completamente invisible, iluminando el remolque. Sabemos, y lo demostramos más adelante, que un WCUFO por la noche utilizó este tipo de camuflaje, abriendo una pequeña ventana en su campo de invisibilidad hacia la cara y la cámara de Meier, lo que haría que la nave fuera invisible para cualquier otra persona presente, pero no para Meier. La gran pregunta es si eso también está sucediendo aquí porque parece ser el *modus operandi* preferido de los Pleyaren.

Sin embargo, un vistazo a la Figura 48 y la foto #844 muestra el WCUFO diurno que bloquea la luz del Sol hacia el árbol cercano. Por lo tanto, este campo de invisibilidad pudo no haber estado activado, lo que sugiere quizás que, dado que no había nadie cerca de la nave, se permitía que fuera completamente visible en ese momento. Quizás incluso por alguna razón, los WCUFO siempre fueron completamente visibles a la luz del día, pero no de noche.

Curiosamente, Quetzal, el Pleyaren en la nave, según los informes, tuvo que entrar y salir y regresar repetidamente debido a la cantidad de personas que aparecerían en el sitio. Si la nave fuera invisible, ¿por qué sería necesario?

Entonces, ¿cuál fue el tamaño del WCUFO en la foto #829 (3.5, 7 o 14 metros)? Teóricamente, podría ser cualquiera.

También está la cuestión de las ramas de los árboles sobre el borde del WCUFO (que veremos muy pronto) que se ven considerablemente a más de uno o dos metros delante del remolque a 20 metros de distancia. Esto coloca la nave más cerca de la cámara. En combinación con la improbable apertura de f2.8 para esta foto, concluimos con reserva, que esta no es una foto tomada de un WCUFO de 14 metros con la lente Olympus 42 mm de 35 ECR.

<u>Una lente de 55 mm:</u> En referencia a la Tabla 3, se ve que es posible en aperturas de f2.8 ~ f4, pero el WCUFO se centra casi con precisión sobre el frente del remolque y se extiende justo sobre él, hasta estar situado justo más allá del remolque, que está a 25.5 metros de distancia mediante cálculos de fórmula de cámara (ver más adelante). La distancia al remolque también se puede aproximar comparando los árboles donde la sombra del remolque se proyecta hacia ellos con las hojas sobre el borde más cercano del WCUFO en la foto #828 (Figura 59). Estas distancias de árbol sugieren que el WCUFO está entre el remolque y la cámara.

Además, como tenemos 3 metros en el primer plano enfrente del remolque, la parte frontal del WCUFO debe estar unos metros más cerca que él. Sin embargo, un WCUFO de 14 metros de diámetro y a 24 metros de distancia, esta nave grande estaría completamente sobre el remolque bloqueando nuevamente cualquier luz cenital que se refleje en su techo, si la nave no es invisible. Además, su borde frontal estaría nítido, no borroso como en la fotografía. La Fórmula de la Cámara nos indica que si el remolque está a 25.5 metros de distancia, para una lente de 55 mm, y con unos 3 metros de primer plano adicional enfocado, la PdC comenzaría en un mínimo de 22.5 metros hasta el infinito. Por lo tanto, un WCUFO de 14 metros debe estar totalmente enfocado.

Si la cámara Ricoh de 55 mm está en f2.8, tiene una PdC de 20.8 metros, o si está en f4 la PdC es de 25.3 metros, en ambos casos hasta el infinito. Un objeto, como el WCUFO de 14 metros, si su centro está a 24 metros de distancia, más de la mitad de él estará fuera de foco en f2.8, mientras que menos de la mitad estará fuera de foco en la imagen en f4. Si bien el PdC funciona para f2.8 enfocado a 50 metros, esta configuración de apertura podría, nuevamente, parecer demasiado abierta para este entorno; Sin embargo, podría ser posible. Con f5.6 enfocado en el infinito da un PdC de 18 metros ~ infinito, lo que significa que solo el primer metro del WCUFO estaría desenfocado, lo que parece muy poco, pero nuevamente, tal vez podría funcionar.

Un problema con estas dos posibilidades es que, a una distancia mínima de 24 metros, la nave todavía vuela cubriendo completamente el remolque a 25.5 metros de distancia. Si bien esto debería impedir que la luz del cielo llegue a su techo, no lo hace. Además, la altura del WCUFO no es mucho mayor que la del techo del remolque, lo que sugiere que el WCUFO no está exactamente sobre el remolque; de lo contrario, impediría que hubiera un brillo sobre su techo. Una vez más, sin embargo, esto es irrelevante si la nave solo es visible para Meier y su cámara; el techo del remolque reflejaría notablemente la luz del cielo nublado. El WCUFO tampoco bloquea la luz del cielo que llega al generador en frente del remolque, lo que sugiere que la parte posterior del WCUFO se encuentra a 24 metros de la cámara, o es en gran medida invisible o translúcida. De nuevo, ¿cuál es? Cualquiera de las explicaciones es posible.

Usando la Fórmula de la Cámara, esta coloca a un WCUFO de 14 metros a 35.7 metros (Tabla 4), donde la nave estará tanto más allá del remolque como totalmente enfocada, que no es lo que muestra la fotografía. Entonces, la Fórmula de la Cámara nos dice que esta no es una toma del WCUFO de 14 metros con una lente de 55 mm.

Así que concluimos que este tampoco es un WCUFO de 14 metros tomado con la cámara de lente Ricoh de 55 mm de Meier.

Sobre la precisión del primer estimativo

Las lecturas de los parámetros de la foto (Tabla 1) no son del todo precisas y dan ideas aproximadas de los parámetros de la fotografía. Por lo tanto, solo lo usamos para estimar el 60% del ancho de la imagen, que estimamos tiene un factor de error de ± 10% ~ 15%.

Conclusión

Primero, como se estableció inicialmente, el objeto fotografiado no puede ser un modelo pequeño. La fotografía nos informa que, independientemente de la lente que Meier utilizó, enfocar en cualquier lugar a una distancia de hasta 1.4 metros de la cámara crea un conflicto con la Profundidad de Campo, pues esta distancia es muy corta, y debería ser al menos desde 2.5 metros hasta el horizonte, y tendría que verse muy desenfocado. Por supuesto, eso no es lo que muestra la fotografía; muestra una gran PdC con el horizonte como punto de enfoque, confirmando una lente enfocada en el infinito. Además, enfocado en el infinito, el punto de enfoque más cercano posible está a más de 3.7 metros de distancia en f16, a cuya distancia un modelo pequeño se vuelve demasiado pequeño en la imagen.

En segundo lugar, el objeto podría ser un WCUFO de 3.5 metros de diámetro centrado a 5 ~ 6 metros de distancia con la Olympus ECR de 42 mm de Meier, o centrado a 7 ~ 9 metros de distancia con su lente Ricoh de 55 mm. Para la lente Olympus de 42 mm, la posición de f es de alrededor de f8 ~ f11, y para la lente Ricoh de 55 mm, la posición f es de alrededor de f8 ~ f11.

Tercero, el objeto podría ser un WCUFO de 7 metros de diámetro centrado a 10 ~ 12 metros visto con la Olympus 35 ECR de

Meier, o centrado a 12 ~ 18 metros de distancia con su lente Ricoh de 55 mm. Para la lente Ricoh de 55 mm, la posición f está alrededor de f4 ~ f8, y para la lente Olympus de 42 mm, la posición f está alrededor de f4 ~ f5.6.

Finalmente, es muy poco probable que sea un WCUFO de 14 metros porque la nave estaría demasiado lejos, ya sea sobre o detrás del remolque, y esto impediría que el cielo se refleje en el techo del remolque. Además, notamos ramas sobre el borde izquierdo de WCUFO (que veremos más adelante) lo cual coloca el WCUFO entre la cámara y el remolque. El WCUFO también estaría tan lejos que se vería completamente enfocado, lo que no sucede en esta fotografía.

Una vez más, la toma con el lente ECR de 42 mm de un WCUFO de 3.5 metros centrado a 5 ~ 6 metros de distancia con su frente a 3.25 metros ~ 4.25 metros de distancia de la cámara es lo más cercano a la aseveración de Meier de que tomó la foto del WCUFO a aproximadamente 5 ~ 6 metros usando su cámara Olympus 35 ECR de 42 mm. Su afirmación se ajusta perfectamente a los datos de la foto.

Confirmación con la Fórmula de la Cámara.

La Fórmula de la Cámara se usa a continuación para calcular la distancia del WCUFO a la cámara y, con suerte, determinar qué posibilidad es la correcta y, especialmente, qué WCUFO muestra la fotografía: la nave de 3.5 metros o la de 7 metros.

Los fotógrafos usan la *Fórmula de la Cámara* para calcular las distancias a los objetos en una foto, una vez que se conoce el tamaño real del objeto. Aquí esto se usa para calcular la distancia hasta el WCUFO, y la distancia del supuesto modelo a escala hasta la cámara. La Fórmula de la Cámara es $h/H = f/D$, o:

$$\mathbf{D = H\ (f\ /\ h)}$$

Dónde:

D = Distancia al objeto desde la cámara.

H = Tamaño real del objeto: altura del remolque, o ancho del WCUFO (no están sujetos a ninguna perspectiva, por lo que cualquiera se puede usar).

f = la distancia focal de la lente.

h = altura / ancho del objeto en la película de 35 mm. (que se puede medir en el negativo)

Basado en el ancho de 1.75 metros del remolque verde, y los diferentes tamaños del WCUFO, y tamaño de modelo, la Tabla 4 muestra las distancias desde Meier al remolque y al WCUFO calculada a partir de la Fórmula de la Cámara. La tabla da cifras tanto para el lente de 55 mm como para el lente de 42 mm que pudo tomar un modelo de 550 mm, o un WCUFO de 3.5, 7 y 14 metros.

Ejemplo del cálculo de la distancia según la Fórmula de la Cámara: Para el remolque de 1.75 metros de ancho, que mide 3.77mm en el negativo:

<u>Para una lente de 55 mm</u>:

$D = 1.75\ (55\ /\ 3.77)$

$D = 1.75 \times 14.6$

$D = 25.55$ m

<u>Para una lente de 42 mm</u>:

$D = 1.75\ (42\ /\ 3.77)$

$D = 1.75 \times 11.14$

$D = 19.5$ m

OBJETO	Ancho en la Pantalla (pixels)	Ancho en el negativo (mm)	Tamaño real (m)	Distancia desde la cámara (f=55) (m)	Distancia desde la cámara (f=42) (m)
Foto	**669**	**35.0**			
Remolque	**72**	**3.77**	**1.75**	**25.55**	**19.5**
Modelo 0.55 m - centro	**412**	**21.6**	**0.55**	**1.40**	**1.07**
Borde cercano				**1.13**	**0.79**
Borde lejano				**1.68**	**1.35**
WCUFO 3.5 m - centro	**412**	**21.6**	**3.5**	**8.93**	**6.82**
Borde cercano				**7.18**	**5.07**
Borde lejano				**10.68**	**8.57**
WCUFO 7 m - centro	**412**	**21.6**	**7.0**	**17.86**	**13.64**
Borde cercano				**14.36**	**10.14**
Borde lejano				**21.36**	**17.14**
WCUFO 14 m – centro	**412**	**21.6**	**14.0**	**35.72**	**27.28**
Borde cercano				**28.72**	**20.28**
Borde lejano				**42.72**	**34.28**

Tabla 4 - Distancias usando la Fórmula de la Cámara.

Estos cálculos nos dicen que el remolque estaba a unos 25.55 metros, o a 19.5 metros de distancia de la cámara, dependiendo de la lente utilizada (ver Figura 57). De las Tablas 2 y 3, es evidente en teoría que Meier podría haber utilizado la lente de 42 mm o la lente de 55 mm, y esos resultados concuerdan con estos de la Fórmula de la Cámara. Específicamente:

Para un WCUFO de 3,5 metros de diámetro con la lente ECR de 42 mm, el centro de la nave habría estado a unos 6.8 metros de la cámara de Meier, situando la parte delantera de la nave a solo 5 metros de Meier. Con la lente de 55 mm, el centro de la nave habría estado a unos 8.9 metros de Meier y su cámara. Estos hallazgos son muy cercanos, y difieren solo en un 13% de los cálculos anteriores de PdC de las Tablas 2 y 3, de 5 ~ 6 metros de distancia y 6 ~ 9 metros de distancia respectivamente.

Para un WCUFO de 7 metros de diámetro con la lente de 42 mm, el centro de la nave habría estado a unos 13.6 metros de su cámara, y con la lente de 55 mm el centro de la nave habría estado a unos 17.9 metros de Meier y su cámara. Estos hallazgos son, nuevamente, muy cercanos y varían en solo un 13% de los cálculos de la PdC anteriores de las Tablas 2 y 3, de 10 ~ 12 metros de distancia, y 12 ~ 18 metros de distancia, respectivamente.

Si Meier usó su lente Olympus 35 ECR 42 mm, el remolque estaba a unos 19.5 metros de distancia, y la parte delantera de un WCUFO de 3.5 metros habría estado a unos 5 metros de él, y la parte delantera de un WCUFO de 7 metros habría estado a unos 10 metros de distancia de él (más o menos 0.5 metros). Aquí los resultados difieren en aproximadamente un 17% de los cálculos previos basados en la PdC de 3.25 ~ 4.25 metros, y 6.5 ~ 8.5 metros respectivamente.

Si Meier usó su lente Ricoh de 55 mm, el remolque habría estado a unos 25.6 metros de distancia, la parte delantera de un WCUFO de 3.5 metros habría estado a unos 7.2 metros de él, y la parte delantera de un WCUFO de 7 metros a unos 14.4 metros de distancia. Aquí los resultados coinciden con los cálculos de la PdC de 6.5 ~ 8.5 metros, y 8.5 ~ 14.5 metros, respectivamente.

El método de la Fórmula de la Cámara sugiere que si Meier usó su cámara de 35 ECR para tomar la imagen a 5 metros del WCUFO como se afirma, entonces habría sido la nave de 3.5 metros que fotografió. El frente de un WCUFO de 7 metros habría estado a 10 metros de él. Sin embargo, según los cálculos de PdC, Meier podría haber tomado un WCUFO de 7 metros a 6.5 metros de distancia de su borde frontal, pero según la Tabla 1 su borde frontal debe estar al menos a 8.5 metros de distancia de él.

Sin embargo, solo a partir de la fotografía, no podemos establecer definitivamente qué cámara usó Meier o qué tamaño de WCUFO fotografió, ya que ambas cámaras ofrecen algunas posibilidades, como ilustra la Figura 57.

Teniendo en cuenta que la nave debe ocupar 61 ~ 62% del ancho de la imagen, la afirmación de Meier de la lente de 42 mm es la más adecuada. Si el frente de una nave de 3.5 metros estaba a 5 metros de Meier, tomó la foto en f8 ~ f11. Una nave de 7 metros, por otro lado, de acuerdo con el método de la cámara, tenía que estar a unos 10 metros de distancia y disparar con f4 ~ f5.6. Alternativamente, utilizando las cifras de la PdC, Meier está a 6.5 metros del borde frontal del WCUFO de 7 metros, probablemente en f5.6 ~ f8.

Si bien la cámara Olympus de Meier funciona automáticamente desde f2.8 ~ f13, existe incertidumbre sobre el f utilizado. Aun así, en este día algo nublado y cerca de los árboles que cubre algo del cielo, probablemente estaba en f4 ~ f11, y la cámara seleccionó automáticamente algo en el rango de f8 ~ f11 (ver Anexo A, con detalles del enlace al manual de la Olympus 35 ECR).

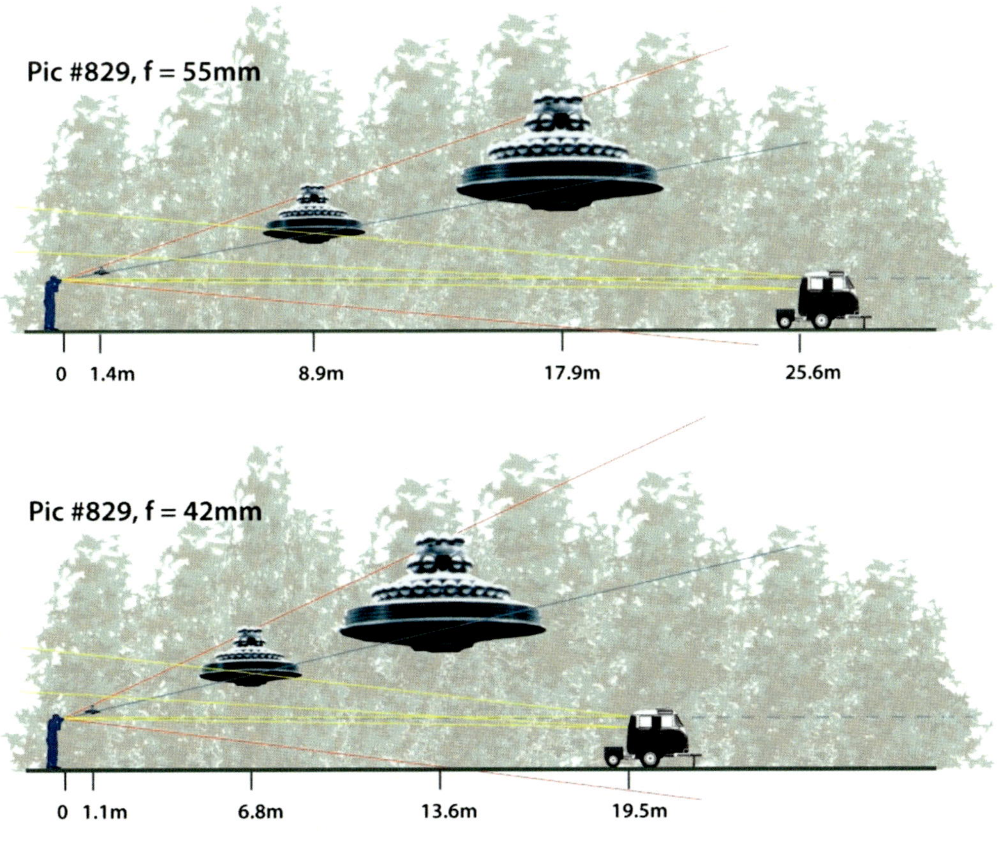

Figura 57 - Localización del WCUFO, el remolque y el generador eléctrico. Posiciones para el modelo de 550 mm, y los WCUFO de 3.5 metros y WCUFO de 7 metros. Arriba: para la cámara Ricoh con un lente de 55 mm. Abajo: para la cámara Olympus 35 ECR, con un lente de 42 mm.

Una verificación adicional

Ahora realizamos una comprobación adicional de la Profundidad de Campo (PdC) utilizando la *calculadora en línea de Cambridge*. Al ingresar los detalles, fotograma completo de 35 mm, distancia focal de 55 mm, f5.6, enfoque de 200 metros, proporciona una PdC de 15.57 metros hasta el infinito, mostrando nuevamente la posibilidad de producir esta imagen con la lente de 55 mm de Meier. Sin embargo, es muy dudoso que se concentre en 200 metros mientras mira a través de la lente de la cámara SLR un objeto a 5 ~ 15 metros de distancia. Si lo hiciera, el WCUFO estaría a unos 10 metros de él.

Para la cámara Olympus 35 ECR de 42 mm, la misma calculadora configurada en fotograma completo de 35 mm, distancia focal de 42 mm, f8, enfocada a 10,000 metros produce una PdC de 6.89 metros hasta el infinito. De nuevo, muestra que la lente de 42 mm de Meier no solo puede crear una imagen como esta, sino que se adapta bien a un WCUFO de 7 metros de diámetro. Además, dado que la PdC comienza a 9.83 metros de distancia en f5.6, y que está demasiado lejos para tener enfocada la parte posterior del WCUFO de 3.5 metros, la posición f elegida automáticamente fue f8, que nuevamente encaja bien con este cielo nublado y el modo predeterminado de la cámara.

El WCUFO de 3.5 metros se ajusta aún mejor a los datos que el de 7 metros, y nuevamente, está de acuerdo con la afirmación de Meier de que la nave estaba a 5.0 ~ 6.0 metros de distancia.

Si Meier "no recuerda bien" y utilizó la cámara Ricoh Singlex de 55 mm (Figura 55), los escépticos que proclaman que Meier uso un modelo pequeño están en problemas, porque el objeto debe tener un diámetro mínimo de tres metros para satisfacer a todos los elementos visibles en la foto del remolque y el WCUFO (Figura 52). Deardorff señaló anteriormente esto, en su sitio web, al escribir en un momento en que la gente pensaba que Meier usó su cámara Ricoh Singlex de 55 mm para tomar esta foto del WCUFO.

En consultas a través de Christian Frehner, se nos informó que Meier acaba de confirmar, y volvió a confirmar, que la cámara que tomaba la foto de este WCUFO era su Olympus 35 ECR con una lente fija de 42 mm, que tiene atorado su enfoque en el infinito.

Para concluir: todos los detalles de la foto muestran que esta foto fue de un WCUFO de 3.5 metros o 7 metros, casi con certeza tomada con la cámara Olympus 35 ECR 42 mm de Meier desde aproximadamente 5 ~ 6.5 metros, o 10 ~ 13 metros de distancia, dependiendo del tamaño del WCUFO. Todo encaja bien con lo que Meier dice sobre esta foto. Más importante aún, explica mejor todos los detalles de la foto.

Finalmente, esto no puede ser un modelo pequeño. Con cualquiera de las cámaras, debido a la PdC, un pequeño modelo de 550 mm a un metro de distancia, con parte frontal desenfocada y la parte media hacia atrás enfocada, como muestra la foto, da como resultado un horizonte distante desenfocado cuando debería mostrar el horizonte en enfoque perfecto. Entonces, esta fotografía muestra un objeto grande como lo describe Meier, ya sea un WCUFO de 3.5 metros de diámetro a aproximadamente 5 ~ 6 metros de distancia, o un WCUFO de 7 metros de diámetro a aproximadamente 10 ~ 13 metros de distancia de él.

Otras características de la foto #829

Ramas del árbol en frente de la nave

James Deardorff descubrió por primera vez, que al aumentar el brillo de esta foto, las hojas de los árboles se observan extendiéndose sobre el borde lateral izquierdo de esta nave, confirmando nuevamente que la imagen muestra una nave grande y lejana, no un modelo pequeño. A continuación, en la Figura 58, se encuentran nuestras reproducciones de esta fotografía, mejoradas con Photoshop, para comparar y revelar estas hojas sobre el borde de la nave.

En un intento de recrear las hojas sobre la nave, un escéptico uso un árbol típico de Inglaterra, sin agujas de pino grandes, pero si con pequeñas hojas de abeto. Estos no se parecen en nada al Abeto Noruego de agujas de pino grandes, o los abetos en la fotografía #829 de Meier (Figuras 52 y 58). Los visitantes que han ido al sitio de Meier en Suiza, han confirmado la naturaleza y tamaño de estos árboles. Las hojas pequeñas, y un modelo pequeño algo desenfocado pueden dar una apariencia ligeramente similar a las grandes hojas de abeto noruego sobre la nave, pero las imágenes son completamente diferentes. Colocar un modelo pequeño al lado de los abetos suizos en la fotografía de Meier #829, resultaría en un efecto completamente ridículo. Las grandes hojas suizas revelarían el pequeño tamaño del modelo.

Figura 58 - El WCUFO sobre el trailer muestra hojas del árbol de la izquierda que se ven al frente de la nave, la cual está detrás.

Quizás podría sugerirse que Meier usó un pequeño abeto frondoso para su foto. ¿Es esto probable, o incluso posible? La imagen completa de la Figura 59 es la imagen original mejorada completa y con realce en el "brillo", de la página www.theyfly.com de Michael Horn. La función de "brillo" minimiza la distorsión de píxeles. Los únicos cambios son el brillo de la imagen. La cuadratura debido a la naturaleza de píxeles de la imagen digital es apenas perceptible.

Colores de las hojas

Observamos los colores marrón grisáceo oscuros de las hojas borrosas que cubren el borde WCUFO, y los comparamos con el color de otros árboles menos borrosos cerca del remolque. Muestran las mismas variaciones en su tono. Además, los espacios entre hojas son similares en varios sitios de la imagen. El desenfoque de las hojas frente al WCUFO se debe a su proximidad a la cámara fuera del rango de profundidad de campo, y posiblemente al movimiento del viento. Son los objetos más cercanos a la cámara, con excepción de la parte frontal del WCUFO.

Las cosas importantes a tener en cuenta acerca de los objetos cercanos a la cámara son: Primero, cuanto más cerca está un objeto de la cámara, este ocupa un área de imagen más grande que el objeto del mismo tamaño a una distancia mayor. En segundo lugar, y menos comúnmente reconocido, el color y el tono de los objetos en primer plano son más vibrantes y más oscuros, que objetos similares a mayor distancia.

Este efecto se debe a la dispersión de la luz y la atenuación atmosférica, y nos permite estimar qué tan lejos están los objetos dentro de una fotografía. Si las hojas que vemos fueran de un pequeño árbol en una maceta frente a un modelo pequeño, entonces el color real de los abetos se mostraría, porque estarían más cerca de 1 metro de la cámara, junto con el modelo pequeño. No estarían mostrando el mismo color oscuro y difuso que vemos, ni el tono más suave, debido a la dispersión de la luz, como el de las ramas cerca del remolque a 20 ~ 26 metros de distancia. Los colores de los abetos a un metro de distancia serían claramente visibles y de un color diferente a los que se superponen en el borde del WCUFO, a aproximadamente 5 ~ 13 metros de distancia.

Figura 59 - Foto 829 tomada de www.theyfly.com con brillo realzado.

El tamaño de los espacios entre las hojas borrosas, en comparación con hojas similares que están cerca de la camioneta a 19 ~

26 metros de distancia, sugiere que estas hojas borrosas sobre el borde del WCUFO están en el área de 1/4 ~ 1/2 la distancia al remolque, o aproximadamente 4.5 metros ~ 13 metros lejos, dado que el cálculo de la Fórmula de la Cámara demostró que el remolque está a unos 19 ~ 26 metros de distancia. Es difícil ser más preciso con la distancia hasta estas hojas, porque es imposible determinar su tamaño exacto o el tamaño exacto de las agujas o ramitas de pino debido al enfoque borroso. Sin embargo, podemos ver que son hojas grandes de árboles grandes.

Si se tratara de un modelo pequeño, crear las hojas sobre el borde para que coincidiera con lo que vemos, requeriría tener que pintar, o colorear cualquier modelo o pieza pequeña, exactamente del mismo color marrón oscuro para adaptarse al esquema de color de la fotografía. Además, sería necesario asegurarse de que su tono de color verde no apareciera revelando su naturaleza, como accesorio fotográfico. Los abetos frondosos más pequeños también son generalmente de un verde más brillante, lo que agrava este problema de reproducción del color, y presenta el problema adicional que enfrenta el falsificador, de tener que saber qué color se reproduce en una fotografía luego de desarrollarla, para que coincida. Alguien de Hollywood, o un artista talentoso podría hacer esto, con mucho tiempo y luego de varios intentos. Sin embargo, al observar la perfección en forma, color, tono y tamaño que se ve en las Figuras 58 y 59, creemos que Meier necesitaría ser un genio en el arte y la fotografía para reproducir estos efectos a este grado de perfección.

Asegurar el mismo color y tono requeriría un grado similar de condiciones de cielo nublado que dicten la exposición, la luz y las representaciones de color. Cualquiera que no sea un artista experimentado, encontraría tanta dificultad en producir esos emparejamientos con tanta precisión, como para resistir un análisis detallado por computadora, que requeriría más que una gran habilidad y muchas visitas al sitio. Además, con un entorno de personas alrededor de Meier en su casa, en cualquier momento para detectar una actividad tan visible, esta posibilidad es lo suficientemente remota como para descartarla. Además, es claro, al mirar estos detalles, que las hojas caen sobre el borde de la nave.

Sorprendentemente, algunas personas, incluso fotógrafos profesionales, todavía lo niegan. Quizás no aprecian la habilidad artística necesaria para fingir esto, o quizás psicológicamente necesitan una "puerta de salida". En varios siglos más adelante, sin embargo, las personas mirarán hacia atrás y se preguntarán cuántas personas podrían estar tan ciegas como para no ver y reconocer lo obvio: un slogan del siglo XXI sería: "No veo las naves".

Significativamente, Meier nunca mencionó estas hojas ni las notó durante años, hasta que Deardorff las señaló por primera vez después de ajustar los niveles de brillo en su computadora donde publicó su investigación del WCUFO de 7 metros ¿Cualquier falsificador se tomaría la molestia de producir un truco asombrosamente complicado? ¿Efecto que pasaría desapercibido durante años, y probablemente para siempre, dado el punto de vista desconocido de la era digital previa a la PC en 1981? ¿Por qué producir minuciosamente un efecto que requiere experiencia artística y fotográfica que raya en el genio, cuando nunca se pudo ver, y crearlo con la intención misma de que no sea visible? Tal suposición no tiene ningún sentido lógico en absoluto.

¿Es un reflejo en el WCUFO?

Algunos escépticos mencionan la posibilidad de que las hojas que vemos sobre el WCUFO son un reflejo, como un intento para explicar su presencia en el costado del WCUFO. Una inspección minuciosa de la imagen y del área refuta rápidamente esta sugerencia.

Una línea proyectada hacia abajo desde el borde WCUFO corta la base en el medio de su pestaña inferior (ver Figura 60), y lo mismo debe ocurrir naturalmente en el lado izquierdo. Sin embargo, el lado izquierdo muestra que las hojas de los árboles se colocan justo sobre este borde izquierdo y lo ocultan de la vista; y esto no sucedería si fuera un reflejo. Un reflejo no podría tapar este borde ni las hojas crear un nuevo borde exterior irregular a la izquierda en la línea azul en la Figura 61. El borde exterior irregular solo prueba que esto no es un reflejo.

Un reflejo más claro tampoco cubriría las líneas horizontales más oscuras que se curvan alrededor del borde vertical frontal del WCUFO. Estos hechos indiscutibles demuestran sin lugar a dudas que lo que vemos no es un reflejo, sino algo que cubre y oculta el borde de la nave. Compare las Figuras 58 o 59 con las Figuras 60 y 61.

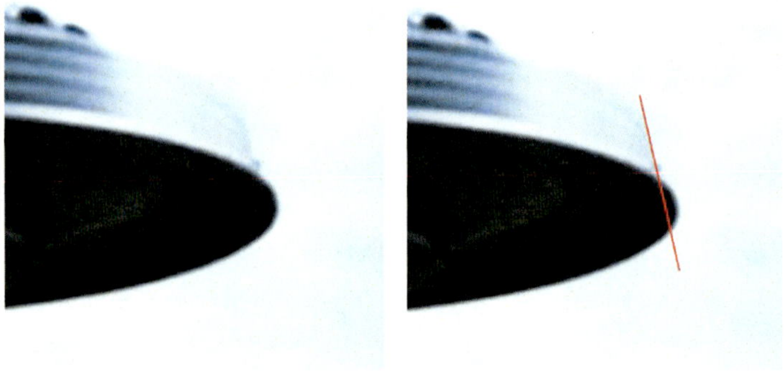

Figura 60 - Borde derecho del WCUFO.

Otra afirmación débil ha sido que este follaje que observamos es una distorsión debido a la pixelización de la imagen. Una pixelización de esta magnitud no ocurre cuando simplemente se usa el brillo o la exposición en la imagen, y no se debe apreciar ninguna distorsión radical en ninguna parte de la imagen.

Figura 61 - El lado izquierdo del WCUFO muestra el borde de la nave que está tapado por el follaje de los árboles.

Considerando que estas hojas de abeto están traspasando el borde de esta nave, sabemos que la fotografía de Meier no es de un modelo de 550 mm, sino algo considerablemente más grande. La única pregunta es ¿qué tan grande es? Ya se ha demostrado previamente que puede tener un tamaño de 3.5 metros o de 7 metros. Por supuesto, en teoría, podría tener cualquier tamaño entre 3 y 7 metros de diámetro.

En esta fotografía, observando la escala y el color de las hojas borrosas, y al comprarlas con los abetos más distantes que se muestran entre 5 y 13 metros de la cámara, resultan consistentes entre sí. Es una conclusión segura que estas hojas son de los mismos tipos de árboles, y que esconden el borde de una nave grande.

En la fotografía original de Meier, el objeto, que ocupa el 62% del ancho de la fotografía, está desenfocado en la parte delantera, enfocado en la parte posterior, y la foto tiene una profundidad de campo, o rango de enfoque, desde el centro del WCUFO hasta el horizonte distante. El problema que presenta esta fotografía #829 para un escéptico es que es fotográficamente imposible producir todas estas características fotográficas con un modelo pequeño de 550 mm.

Debido a las leyes de la ciencia y la óptica fotográfica, el objeto que aparece en esta foto no puede ser un modelo pequeño de 550 mm. Es fácil probarlo por uno mismo, para verificar si Meier utilizó una lente Olympus 35 ECR de 42 mm, o una cámara Ricoh SLR de 55 mm para tomar esta foto (Figuras 54, 55 y 62). Salga con una lente de 42 mm y una de 55 mm, obtenga un objeto sustituto circular y, en un día nublado, verifique que:

a) El objeto ocupe el 62% del ancho de la foto,

b) la mitad frontal del objeto esté desenfocada,

c) la parte posterior del mismo objeto este enfocada, y

d) el resto de la escena hasta el horizonte distante también esté enfocada, y

e) asegúrese que el enfoque de la cámara esté en el infinito, o en el horizonte lejano.

Cualquier recreación fotográfica precisa debe cumplir las condiciones que la foto #829 muestra, que ya fueron indicadas. Al intentar esto, descubriremos que es imposible recrear estas condiciones con cualquier objeto de menos de 1.0 ~ 1.5 metros de diámetro, o más pequeño. La profundidad de campo que es determinada por la lente, o el campo de enfoque dentro de la fotografía, no permite que el objeto sea menor de 1.0 ~ 1.5 metros. Por lo tanto, es un hecho científico que la nave en consideración debe tener más de 1.0 metros ~ 1.5 metros de diámetro, no 550 mm.

Finalmente, debemos mencionar que los escépticos han hecho una buena aproximación al fabricar un modelo del WCUFO de aproximadamente 16 pulgadas (406 mm), sin algunos pequeños detalles importantes, por supuesto. Tal modelo no significa que Meier también fabricó y usó un modelo de 16 pulgadas, incluso si fuera posible usar un modelo de 16 pulgadas para producir esta foto, que, como se muestra desde un punto de vista técnico, no es posible. Hemos demostrado que incluso un modelo de 550 mm es demasiado pequeño para reproducir los puntos sobresalientes de esta fotografía, ni imitar lo que muestra esta imagen del WCUFO.

Figura 62 - Meier con su cámara Olympus 35 ECR (en 1979).

Análisis de las fotos nocturnas del WCUFO

Introducción y hallazgos principales

Si las imágenes del WCUFO flotando sobre el patio de Meier y sobre los árboles son sorprendentes, las fotos del mismo tipo de OVNI en la noche muestran detalles aún más extraordinarios y notables.

- En la foto #873 notamos que si las proporciones de este WCUFO son las mismas que en otras fotos, entonces este OVNI puede extender su núcleo central hacia arriba ¼ del diámetro de las esferas, lo que significa que este WCUFO se expande en altura, a menos que hayan varios WCUFOs con proporciones significativamente diferentes.

- El WCUFO nocturno, de color naranja brillante en la foto #873, exhibe un halo rosado a su alrededor. ¿Es esto evidencia de un campo de plasma atmosférico ionizado? Los intentos de explicar el WCUFO como un pequeño modelo de OVNI enfrentan varias incongruencias insolubles. Una vez más, la hipótesis del modelo a escala falla.

- Lo que parecen ser reflejos lejanos de las luces de la calle sobre las esferas, no se comportan como reflejos de luces exteriores. Parece que la afirmación de Meier es correcta, que este WCUFO en la noche irradia luz en lugar de reflejarla desde fuentes de luz externas.

- En casi todas estas fotos nocturnas, el WCUFO es de color naranja dorado, o cubierto por un resplandor de este color. Investigamos la posibilidad de que este resplandor sea un campo de plasma de baja energía y descubrimos que es muy probable que lo sea.

- Otro detalle notable, que ni la teoría del modelo a escala de un OVNI, ni un OVNI convencional explican, es que solo la cámara de Meier ve el WCUFO. Este hecho lleva a la única explicación posible de que el WCUFO es capaz de ocultar su luz para que no ilumine su entorno y, a través de una pequeña ventana en su campo de invisibilidad, solo permite a Meier y a su cámara observarlo.

- En algunas de las imágenes nocturnas, las esferas parecen presentar una forma no esférica. Encontramos que esto es un efecto óptico debido a los reflejos brillantes entre esferas contiguas, no una deformación real de las esferas.

La extraordinaria foto #873

La foto #873 es una de las imágenes más sorprendentes de la colección de Billy Meier. A primera vista, parece una foto típica de un WCUFO. Algunos investigadores, con un buen sentido de las proporciones, notaron que su cúpula parece extendida una pequeña fracción hacia arriba. Nuestras investigaciones demostraron que esto es así (Zahi y Lock, *Análisis de un OVNI Real*; y Zahi, *Análisis del OVNI de las Esferas Metálicas*).

Figura 63 - Foto #873. Vista superior del WCUFO en la noche.

Esta foto fue tomada en la noche del 28 de Julio de 1981. Meier estaba parado en la parte trasera de su casa, o en una otra nave, cuando fotografió este WCUFO de 7 metros ligeramente debajo de él. Inicialmente se nos informó que estaba volando en otro WCUFO en algún lugar en el centro de Suiza. Sin embargo, según un correo electrónico de Christian Frehner de Marzo de 2020, se aclara que Meier estaba en el SSSC (Semjase Silver Star Center), en su propiedad, inmediatamente detrás de su casa. (Ver Figura 67)

Curiosamente, Meier dice que este WCUFO irradiaba luz. Los reflejos que vemos, dice, no son de las luces de la calle, sino que se irradian desde el WCUFO.

Esta foto fue vista y conocida durante más de 30 años como aparece en la Figura 63. Recientemente, sin embargo, al usar tecnología fácilmente disponible para el procesamiento de imágenes, de herramientas como *Photoshop*, nuevos detalles están saliendo a la luz. Al mejorar el brillo de esta foto varias veces, se revelan detalles ocultos. La Figura 64 muestra algunos de ellos.

Figura 64 - Foto #873. Una imagen procesada del WCUFO en la noche, que muestra una envoltura de plasma ionizado rojizo, y un terreno debajo de la nave.

Ahora podemos ver un terreno debajo del WCUFO, con un campo cubierto de pasto que se extiende cuesta abajo. El camino justo afuera y debajo de la casa de Meier aparece en la esquina inferior derecha, y un poste de madera se encuentra allí, quizás debajo del WCUFO. No existen dispositivos de soporte para indicar que podría ser un modelo a escala de un OVNI. El poste proyecta una sombra única que desciende por el terreno (observe los detalles del poste en la Figura 65).

Esta foto revela un WCUFO de color naranja o dorado, con un halo rosado o rojizo alrededor. Por ahora discutiremos el resplandor rojo, o "envoltura de plasma". Más adelante analizaremos el resplandor naranja dorado. Algunos escépticos intentaron explicar esto como una cortina roja detrás de un modelo del OVNI. Indicaremos en breve varias razones por las cuales esa sugerencia del modelo a escala de un OVNI no es viable. Pero primero, ¿es este halo rojizo una envoltura de plasma?

¿Una envoltura de plasma rojiza, de moléculas de aire ionizado?

De acuerdo con las explicaciones de las envolturas de plasma, por investigadores bien informados, y científicos de primera línea, el "halo" rojizo del WCUFO parece tener todas las características de una de ellas. En su libro *Unconventional Flying Objects: A Scientific Analysis*, el respetado ex-científico de la NASA, Paul Hill, explica los conceptos básicos de este fenómeno a menudo observado alrededor de los OVNIS:

> Realmente no hay ningún secreto en cuanto a qué es esta envoltura brillante alrededor de los OVNIS. Es una capa de moléculas de aire ionizadas y excitadas, a menudo llamadas plasma. Tiene todas las características de las moléculas de aire ionizadas y excitadas, y no tiene características atribuibles a los contaminantes esperados. Por lo tanto, la iluminación está ligada a un plasma de aire. No estoy sugiriendo nada original, ya que muchos han sugerido que tal es el caso. De hecho, cualquier físico que haya realizado un estudio de los OVNIS debe saber que están típicamente rodeados por un plasma de aire (1995, páginas 53 ~ 54).

El astronauta del Apolo 14, Edgar Mitchell, Sc.D., le dio toda la credibilidad a Hill, y en la contraportada del libro de Hill leemos:

> Paul Hill ha realizado un trabajo magistral, descubriendo la ciencia y tecnología básicas detrás de las esquivas características de los OVNIS... Quizás este libro ayudará a dar una consideración sólida, para lograr que esté disponible públicamente todo lo que se sabe sobre las naves extraterrestres.

El trabajo académico y de vanguardia, de científicos de renombre como Hill, es tristemente desconocido por las personas que han perdido el apetito por buenos libros, y se alimentan de memes sin nutrición vertidos diariamente en el canal del ciberespacio. Se requiere lectura, estudio e investigación detallada para llegar a la verdad detrás de asuntos controversiales como el de los OVNIS.

Hill en su libro, en el capítulo sobre "Iluminación", discute el fenómeno característico del plasma de los OVNIS con cierta profundidad, y explica que, cuando el plasma es energético, crea una neblina oscura que genera una visión poco clara del OVNI. Sin embargo, cuando la emisión del plasma es débil, la nave se puede ver nítidamente (página 67). El WCUFO en la foto #873, y en todas las fotos nocturnas, no presenta ninguna bruma que lo oscurezca. Entonces, si esto es un plasma, tiene que ser de baja energía. ¿Lo es? Hill señala que el color del plasma varía en todo el espectro de color, pero curiosamente, el plasma de alta energía está cerca del extremo azul y blanco azulado, y los colores de plasma de baja energía son de color rojo y naranja. Significativamente, el plasma de baja energía se asocia más con baja actividad, baja velocidad y flotando, o estando estático. Esta descripción se ajusta al WCUFO. El WCUFO en estas fotos está viajando lentamente, o incluso permanece estacionario, con baja actividad energética, por lo que su plasma debería ser rojo o naranja; la foto #873 del WCUFO tiene ambos colores.

Probablemente podemos concluir, entonces, que la envoltura de plasma rojiza es la forma de menor energía de las dos. Por lo tanto, probablemente se relaciona con la fuente de energía de la nave. En contraste, el plasma naranja, probablemente se relaciona con los acumuladores de energía más pequeños (las esferas), o "acumuladores de ondas oscilantes", como los Pleyaren las llaman, según Meier. Este plasma naranja también puede relacionarse con las muchas luces alrededor, y sobre la nave, que analizaremos en detalle más adelante.

El penacho de plasma rojizo sobre el WCUFO probablemente se está levantando de la nave, o son los residuos de plasma a medida que la nave desciende hasta donde la vemos en la foto. Analizaremos más adelante por qué el WCUFO es de un color naranja dorado, pero por ahora, para concluir los comentarios sobre esta envoltura de plasma rojiza de la foto #873, el investigador y testigo del *Proyecto de Divulgación* [Dyson, Disclosure Project], menciona:

> Podemos ver claramente este halo de plasma en esta noche fría, obviamente tranquila y oscura. Y el calor concomitante de la nave Pleyaren, estacionaria, auto-luminosa, que crea una bonita columna de convección de plasma, si puedes reconocer lo que estás mirando, incluso sin ser fotografiado con el equipo *Schlieren* (Horn, They Fly Blog. "*What Are the Criteria...*").

Figura 65 - Foto #873. Detalle del poste de madera debajo del WCUFO, que proyecta una sola sombra cuesta abajo.

El tamaño de este WCUFO

¿Qué tan grande es este WCUFO? ¿Es posible hacer un estimativo razonable de su tamaño? Cualquier persona con conceptos básicos de fotografía sabe que las fotos nocturnas, como esta, se toman con el diafragma de la cámara abierto. El diafragma automático de la cámara de Meier debe haber estado abierto cuando tomó esta foto, acortando significativamente la profundidad de campo. Una profundidad de campo corta, a su vez, significa que muchos objetos a diferentes distancias se desenfocan. Debido a que el poste, el terreno cercano, y el WCUFO están enfocados en esta toma, quiere decir que están aproximadamente a la misma distancia desde la cámara de Meier, y el detalle del terreno así lo demuestra.

Si el poste está a la misma distancia de la cámara que el WCUFO, se pueden comparar sus tamaños. Por lo general, estos postes de cercas tienen alrededor de un metro de altura. Además, dado que en esta imagen el diámetro del WCUFO es siete veces la altura del poste, podemos concluir que este WCUFO tiene unos siete metros de diámetro. Este poste ya no existe en la propiedad de Meier.

Un WCUFO de 7 metros de diámetro significa que hay al menos dos WCUFOs, uno de 7 metros y el otro de 3.5 metros. Este hallazgo corrobora lo que Billy Meier afirma, que estaba fotografiando un gran WCUFO de 7 metros, y que estas naves vienen en al menos dos tamaños, y tal vez en otros más grandes.

Nuestra foto es una excelente copia electrónica de alta resolución (archivo TIFF) tomada del negativo, por lo que vemos detalles interesantes. ¿Es posible ver algo así a partir de imágenes en libros antiguos? Lo es, pero con una resolución más baja. La Figura 66 muestra la misma foto, obtenida de fotos de menor resolución disponibles en Internet y en libros antiguos de Wendelle Stevens.

Esta evidencia ha estado allí sin ser descubierta durante más de 30 años, tanto en fotos de baja como de alta resolución.

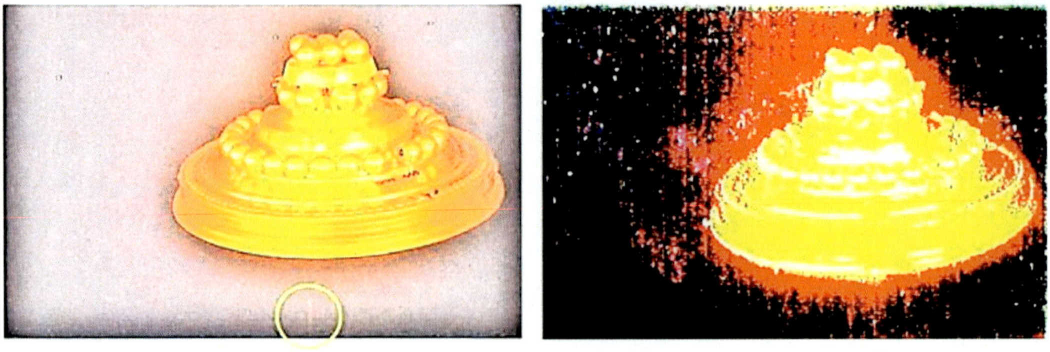

Figura 66 - Foto #873 obtenida de libros antiguos. Izquierda: el poste debajo del WCUFO es apenas visible dentro del círculo. Derecha: el halo es evidente en las fotos antiguas y se observa un patrón vertical en el halo, típico de los archivos JPEG de baja resolución.

Localización de éste WCUFO en el SSSC

En la parte posterior y hacia un lado de la casa de Billy Meier, hay una pequeña terraza frente a un terreno que se extiende cuesta abajo. La Figura 67 muestra dos fotos recientes de este lugar.

Billy Meier podría haber estado en la posición de la marca "BM" en la Figura 67 (parte Inferior), a la izquierda de la lámpara de jardín, mirando hacia la posición marcada como "WCUFO" en la misma figura, parte superior. ¿O es posible que Meier estuviera de pie encima de una nave y no localizado en el suelo en este lugar? Nuestra investigación continúa para encontrar la ubicación precisa del WCUFO y de Meier, pero desafortunadamente, las visitas al SSSC se posponen para todas las personas hasta que termine la pandemia del Covid-19. De cualquier manera, es claro que estaba mirando cuesta abajo hacia el campo donde hoy vemos algunos pequeños árboles, que no estaban allí cuando se tomó la foto #873.

Figura 67 - Foto de la localizacion del WCUFO en el SSSC. Arriba: Vista desde la terraza. Abajo: vista desde el sendero hacia la casa de Meier.

Una lámpara del jardín, colocada en un poste metálico en esta área, etiquetada como 1 y encerrada en un círculo en la imagen inferior, es una fuente de luz a un costado de Meier, y pudo producir la sombra proyectada desde el poste que se extiende cuesta abajo en este terreno. También podemos ver el sendero en estas fotos. En el momento en que se tomó esta fotografía del WCUFO, había al menos un poste de madera, y tal vez otros más a lo largo de este sendero.

La sugerencia de un modelo a escala es insostenible

Antes de este descubrimiento, los escépticos afirmaron que esta foto era de un modelo de un OVNI apoyado sobre una mesa, en la oscuridad, que ahora sabemos que estaban completamente equivocados. No hay mesas, ni cables, ni nada que sostenga este objeto volador. Más recientemente, algunos escépticos incluso sugirieron que el halo rosa es un reflejo de una cortina roja detrás de un modelo de OVNI a escala. Investigamos y finalmente refutamos esa sugerencia. La idea de un modelo de un WCUFO es insostenible por las siguientes razones:

- El terreno debajo del WCUFO parece un campo natural real; no hay nada artificial al respecto. Si es fabricado, el terreno y el poste también deben ser modelos a escala. Sin embargo, tanto el modelo OVNI como el modelo del terreno deben estar aproximadamente a la misma distancia de la cámara; de lo contrario, uno de ellos estaría totalmente fuera de foco. ¿Cómo podría el modelo del OVNI flotar en el aire en 1981, una generación antes de que los drones estuvieran disponibles? Incluso, un cable delgado sería visible en la foto mejorada que recoge detalles notablemente ocultos. Si el terreno fuera un modelo, el cable sería visible porque cualquier lámpara, o lámparas utilizadas para iluminar el terreno, también deberían iluminar cualquier cadena o soporte del modelo. Tanto el modelo como el terreno estarían cerca de la cámara a menos de un metro de distancia, haciendo que el modelo del terreno a escala sea tan visible como el modelo del OVNI, pero eso no es en absoluto lo que muestra la foto. En la propuesta del modelo pequeño, debido a su proximidad, tanto el modelo como el paisaje deberían experimentan un grado similar de iluminación, pero no es así. Además, ¿por qué hacer un modelo complicado y no mostrarlo o mencionarlo durante 40 años?

- Si hubiera una cortina roja detrás del modelo OVNI, las lámparas iluminarían tanto el modelo OVNI como la cortina roja; pero no lo hacen. ¿Una cortina negra en su lugar? Entonces, ¿por qué este halo es de color rojo vinotinto? ¿Por qué es visible el telón sólo alrededor del modelo del OVNI y no en otros lugares? ¿Por qué la cortina no está iluminada por las luces? Está tan cerca que brillaría. ¿Por qué se usaría una cortina roja colgante en primer plano, cuando es posible verla, a cambio de dejar un fondo vacío más oscuro y menos probable que quede expuesto? La sugerencia de una cortina no tiene ningún sentido en absoluto.
- Reflejos brillantes de al menos dos lámparas se ven sobre las esferas del WCUFO. Cualquier modelo, por lo tanto, requiere dos luces. Sin embargo, solo hay una única sombra desde el poste debajo del WCUFO, no dos sombras.
- Hay demasiados problemas con la idea del modelo de un OVNI para que explique esta foto. Desde un punto de vista práctico y científico, la explicación de Meier se ajusta mejor a los hechos.

La hipótesis de un WCUFO grande, sin embargo, también presenta algunos desafíos. Si este es un objeto grande, volando sobre un campo abierto en el SSSC, ¿por qué el terreno debajo de él es tan oscuro considerando todas las luces que iluminan el WCUFO? Además, ¿por qué solo hay una sombra de este poste, y no dos o más, aparentemente desafiando las leyes de la física? Meier explica estos desafíos discutiendo un curioso dispositivo de detección que tienen sus OVNIS, que no es exclusivo del WCUFO.

Meier afirma que el WCUFO irradia luz. La explicación es: el brillo que se ve en las esferas no proviene de las luces de las calles circundantes, sino de una curiosa emisión de luz de este tipo de OVNIS. Si el WCUFO irradia luz, ¿por qué el terreno debajo es tan oscuro, ya que está a solo dos o tres metros debajo? Notamos que la envoltura de plasma de la nave, aun siendo débil, sería suficiente para iluminar el paisaje. Además, si la emisión de luz desde el WCUFO no es desde un solo punto, como una bombilla, sino desde la superficie completa de WCUFO, no produciría ninguna sombra en absoluto en el poste. Entonces, ¿por qué hay una sola sombra del poste yendo cuesta abajo?

En un viejo documental del reportero japonés Junich Yaoi (1985), escuchamos la explicación de Meier. Yaoi le pregunta a Meier por qué, o cómo, solo él pudo ver y fotografiar varios OVNIS en acción tan claramente, cuando estaban lo suficientemente cerca como para que muchas personas los vieran. Meier explicó que los OVNIS tienen un dispositivo de invisibilidad, que crea un campo circundante que los oculta a las personas curiosas o espectadores. Así es como se lo explicó a Yaoi (en su mal inglés en la versión original) en su entrevista (ahora en YouTube):

> ***Meier:*** *Hay una línea libre [hacia mi] solo para ver algo por aquí... la cámara. O a mi cara, a mis ojos [gestos alrededor de su cara y cabeza, con su cámara en mano]. Entonces me quedo aquí, consigo la fotografía... para obtener la fotografía de la nave. Usted permanece allí, junto a la lámpara o el árbol, no puede ver nada, porque allí, el avistamiento estará cerrado para usted. El "pasillo" se abrirá de esta manera hacia la cámara [hace un gesto hacia sí mismo]. Esto sucede la mayoría de las veces [sic].*
>
> ***Yaoi:*** *¿Cómo podrían hacerlo?*
>
> ***Meier:*** *No lo sé.*[8]

Meier pudo haberlo fotografiado a través de este "pasillo" de luz, mientras que cualquier otra persona en el SSSC no podría verlo. Entonces, estos OVNIS podrían volar muy cerca de muchas personas y permanecer ocultos a la vista de todos, excepto Meier, quien dice que estaba autorizado para tomarles fotos.

Con su dispositivo de invisibilidad encendido, Meier podría ver y fotografiar el WCUFO en la foto #873, pero no importa cuán cerca estuvieran de Meier, nadie más que estuviera allí lo vería. En otras palabras, este WCUFO no irradiaba ninguna luz fuera de un estrecho corredor visual hacia la cámara de Meier, y esto explicaría por qué el terreno debajo se ve tan oscuro. Ninguna luz de este WCUFO llegó al suelo. Cualquier peatón solitario a esta hora de la noche no habría visto nada. Si bien esto puede sonar a ciencia ficción, revela la naturaleza inexplicable de esta fotografía: el WCUFO que volaba sobre este terreno, como afirma Meier, estaba usando un dispositivo de invisibilidad.

Finalmente, ¿qué pasa con la sombra única del poste? Creemos que la causa probable es la bombilla eléctrica en el patio que se muestra en la Figura 67, ubicada a la izquierda de Meier, que proporciona suficiente luz tenue para iluminar el césped y el sendero. ¿Podría Meier quizás haber usado un flash, y esto causó la sombra? Meier informó que no usó un flash, y si lo hubiera hecho, un punto azul brillante se reflejaría visiblemente en las esferas. Además, la dirección de la sombra indica que la fuente no estaba muy cerca de la cámara de Meier, quizás a 1.8 metros a su izquierda, y esta es la distancia correcta que podemos ver en la terraza de su casa. No está claro hasta qué punto la sombra del poste se extiende cuesta abajo. Termina fuera del alcance visual y, por lo tanto, no define la elevación de la fuente de luz. Todo lo que sabemos es que debido a que esta sombra está muy bien definida, no puede ser causada por múltiples luces del WCUFO, suponiendo que el OVNI emita luz. De estas posibilidades, creemos que la fuente de luz más probable para la sombra es la lámpara del jardín de Meier.

Estos son nuestros intentos de explicar esta foto, que muestra un extraordinario objeto volador de siete metros de diámetro, con un dispositivo de detección que lo oculta de la vista de las personas curiosas, que tal vez estén cerca. Está irradiando luz y emite un halo rojizo, que creemos que es una nube de plasma de la fuente de energía primaria del WCUFO. También notamos que la nave puede extender su núcleo central hacia arriba, todo mientras Meier viaja a bordo de un WCUFO acompañante, fotografiando la nave desde arriba, u observándolo desde su terraza. Puede sonar fantástico, pero la foto demuestra esta naturaleza fantástica. A veces la verdad es más extraña que la ficción.

Extensión vertical del WCUFO

En el informe de investigación de 74 páginas, *Análisis del OVNI de las Esferas Metálicas* (Zahi), se presenta un análisis detallado de esta expansión vertical del núcleo central del WCUFO. Dos métodos revelan una extensión vertical físicamente medible de 0.23 a 0.24 veces el diámetro de las esferas inferiores (casi un cuarto del diámetro). La distancia D-E en la siguiente Figura 68 es la mitad del diámetro de una esfera, pero comparándola con otras imágenes del WCUFO, debería ser solo un cuarto del diámetro de una esfera.

Por lo tanto, este WCUFO podría tener diferentes dimensiones, o ser capaz de extender su núcleo central hacia arriba.

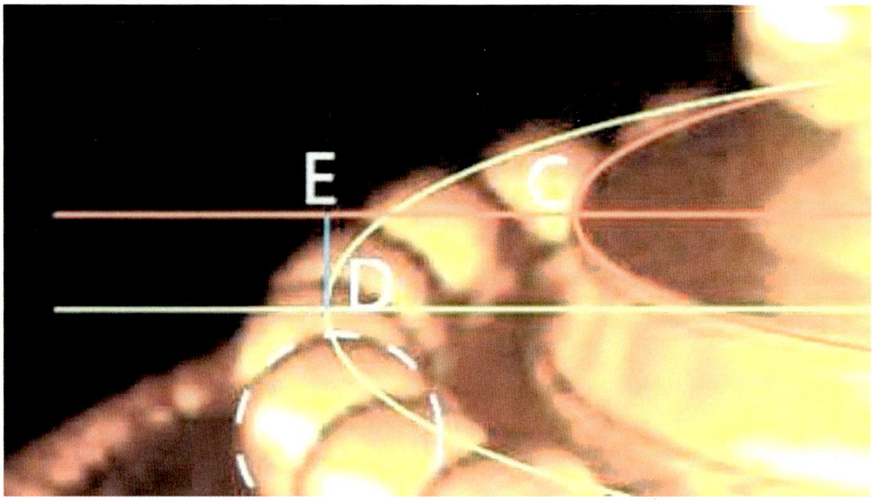

Figura 68 - Extension hacia arriba del núcleo central de este WCUFO.

¿El WCUFO *emite* o *refleja* luz?

Anteriormente comentamos que la imagen en la foto #873, de un WCUFO, se explica solo al considerar la luz que emite esta nave, en lugar de reflejarla desde las luces distantes de la calle.

Inicialmente, y naturalmente, un vistazo a las imágenes nocturnas del WCUFO tendería a sugerir que las luces en sus esferas y en sus superficies cilíndricas son el resultado de luces externas reflejadas sobre él. El escéptico imagina un modelo a escala de un OVNI, iluminado por luces de cinematografía colocadas a su alrededor. Un no escéptico supone que las luces de la calle rodean el gran WCUFO. Meier dice que la luz que vemos sobre el WCUFO, no son "reflejos" en las superficies brillantes, provenientes de luces de la calle. Él dice que estuvo allí, vio este objeto moviéndose en diferentes lugares, e incluso estuvo volando con ellos. Si realmente lo hizo, entonces su explicación debe ser correcta. En esta sección, se explora la evidencia que tenemos, para verificar en detalle si la afirmación de Meier es correcta.

Figura 69 - Reflejos de las luces de la calle en una esfera de pruebas. Foto nocturna.

La Figura 69 muestra una esfera reflectante de pruebas, en una foto nocturna, para probar los reflejos de las luces circundantes. Lo primero que notamos es lo pequeñas que son las luces reflejadas. Comparándolos con los "reflejos" en el WCUFO. Estos pequeños reflejos de diferentes colores conducen a varias preguntas.

¿Por qué las luces sobre el WCUFO son tan grandes? ¿Por qué todas son de color naranja dorado? ¿Cómo podemos ubicar estas fuentes de luz, suponiendo que sean luces externas? No hay "focos" puntuales ni varias lámparas que puedan producirlos. Muestran una fuente de luz amplia, a veces de varias luces concentradas en un área grande.

Existe un método simple para determinar la dirección de cualquier imagen reflejada en una esfera o superficie cilíndrica. El WCUFO tiene varias superficies esféricas de diferentes tamaños, ubicadas en tres niveles; varias superficies cilíndricas, como su amplio borde en la base; y superficies cónicas, como la plataforma superior con las pequeñas figuras en forma de estrella grabadas en su superficie. En el *Experimento 8* de nuestra guía, *Análisis de un OVNI Real,* se describe en detalle un método para estimar la dirección de cualquier objeto reflejado en una esfera, incluidas, por supuesto, las esferas del WCUFO. Aquí, describimos brevemente este método.

La Figura 70 muestra dos plantillas para trazar la luz reflejada tanto en superficies esféricas como cilíndricas. Izquierda, derecha, arriba o abajo se refieren a la dirección vista desde el WCUFO mirando hacia la cámara de Meier. Las curvas verticales (meridianos) miden ángulos horizontales, y las curvas horizontales (paralelos[9]) miden ángulos verticales en las esferas. En superficies cilíndricas, por supuesto, solo es posible medir ángulos horizontales.

Al trasladar los puntos brillantes hacia las plantillas, desde las esferas del WCUFO, y desde las superficies cilíndricas, se revelan sus ángulos horizontales y verticales, como se observarían las fuentes de luz desde el WCUFO. Estos ángulos se miden desde una línea que conecta la superficie reflectante de WCUFO con la cámara (línea-base).

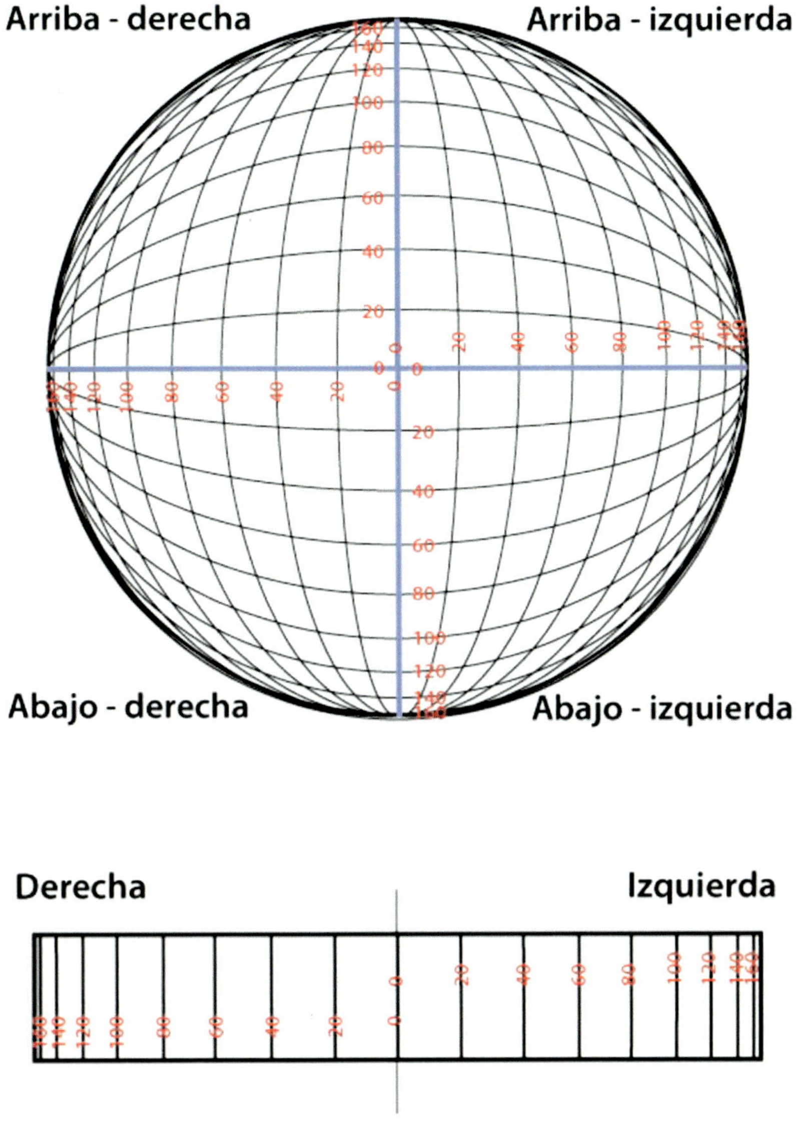

Figura 70 - Arriba: Plantilla esférica para localizar objetos o luces externas, y obtener sus ángulos horizontal y vertical. Abajo: Plantilla cilíndrica para localizar horizontalmente los mismos objetos o luces.

Por ejemplo, mirando el punto brillante marcado **2** en la esfera en la Figura 71, y transportándolo a la Plantilla Esférica, encontramos su ubicación a 10 grados de elevación y a unos 30 grados a la izquierda. Es decir, desde la ubicación de la esfera, vemos una fuente brillante de luz, quizás una farola, en un ángulo de 30 grados a la izquierda de la cámara de Meier y en un ángulo de 10 grados sobre la cámara de Meier.

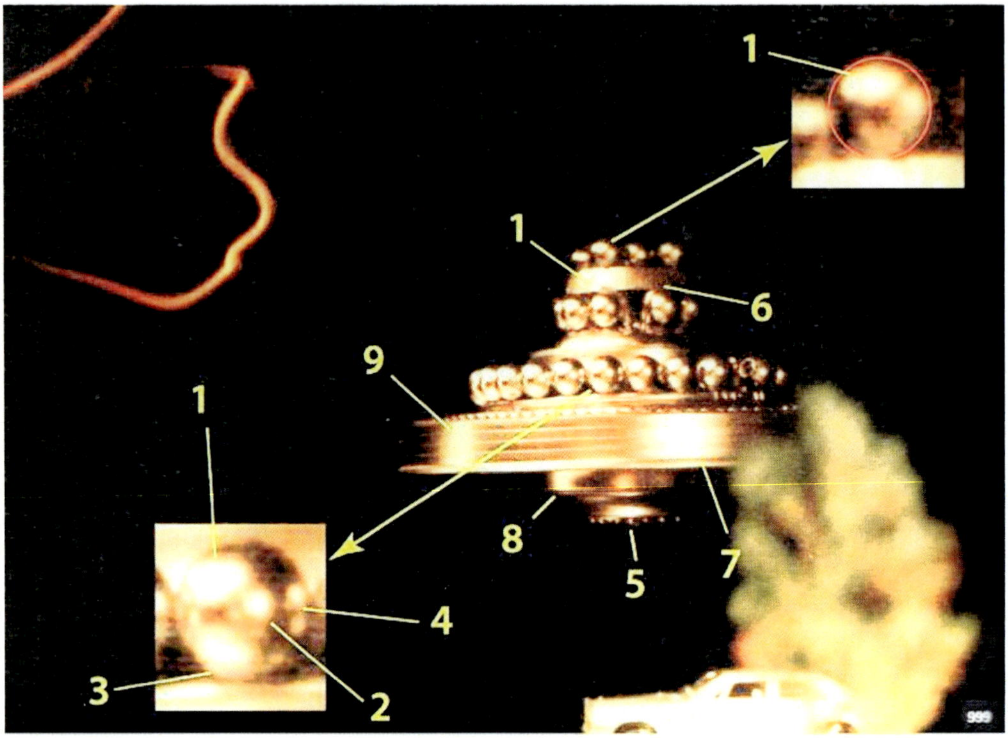

Figura 71 - Foto #999 sacada del libro *Photo-Inventarium.* Se señalan varios reflejos luminosos.

Observar las esferas del WCUFO y sus reflejos luminosos permite estimar la ubicación de cualquier fuente de luz externa, si la hay. Si es así, los reflejos deben ser congruentes y deben seguir un patrón lógico. Sin embargo, notamos varias incongruencias en algunas de las fotos que podrían sugerir diferentes explicaciones, a simplemente decir que se tratan de luces externas de algún tipo, como luces de la calle, o incluso luces de estudio sobre un modelo a escala de un OVNI.

La Figura 71, foto #999, es de una serie de fotos del WCUFO que Meier tomó la noche del 2 de agosto de 1981. El WCUFO está detrás del Mercedes Benz, y el árbol desenfocado está entre la cámara y el automóvil. El WCUFO en el fondo está bien enfocado, y esto nos recuerda que la cámara de Meier está atascada en un enfoque en el infinito, lo que hace que el WCUFO, que está algo distante, se vea nítido. Aquí notamos, como se mencionó anteriormente, que las imágenes nocturnas tienen una profundidad de campo mínima, lo que produce que imágenes de objetos a distancias muy diferentes de la cámara estén fuera de foco. El automóvil en la foto #999 está ligeramente desenfocado, mientras que el árbol que está más cerca de la cámara está totalmente borroso.

La línea curva brillante en la parte superior izquierda es causada por un disco telemétrico, según Meier. Él dice que es un pequeño dispositivo volador de monitoreo, Pleyaren, que se mueve rápidamente mientras toma la foto. Entonces, esta foto muestra un árbol próximo a la cámara completamente desenfocado, un Mercedes Benz más alejado pero más cerca que el WCUFO, el cual tiene siete metros de diámetro en comparación con el tamaño del automóvil, y un trazo brillante de un disco telemétrico.

¿Qué más hay alrededor? El análisis de los "reflejos" de la luz del WCUFO nos lo puede decir.

La Figura 71 muestra imágenes ampliadas de dos esferas, una en la parte superior y otra en la parte inferior. Los números marcados del 1 al 9 indican nueve luces diferentes que vemos "reflejadas". El "reflejo" **1** es de una gran luz brillante. Podría consistir en cinco luces en un área horizontal que varía de 10° a 120° a la derecha como se ve desde el WCUFO, y verticalmente de 20° a 80°. Entonces, esta fuente de luz muy brillante, o grupo de cinco luces, cubre un área muy extensa. La foto sugiere que su fuente proviene desde la dirección superior izquierda, arriba del disco telemétrico. Las luces en el reflejo **1** son de esta fuente.

En la misma figura, el número **2** es un pequeño punto brillante que bien podría ser causado por una farola distante. Su localización está a la altura estándar de la luz de la calle, teniendo una elevación aproximada de 10°, y queda a 30° hacia la izquierda como se ve desde el WCUFO. Entonces, esta bombilla eléctrica está a la derecha de Meier. Los reflejos brillantes en el vehículo son consistentes con esta fuente de luz.

El número **3** es el reflejo de la luz **1** en la base de WCUFO, mientras que **4** es el reflejo de **1** y **3** de la esfera más cercana, y **5** deberían provenir de la misma fuente que **7**. Sin embargo, está muy cerca del eje central de WCUFO y no puede explicarse por un reflejo del vehículo ya que el lado más alejado del automóvil probablemente esté oscuro. ¿Quizás **7** viene de la bombilla **2**? El número **6** es un pequeño misterio: está muy oscuro y la luz de la bombilla **2** debería estar allí. Quizás, siendo cónico, el ángulo vertical de retroceso más empinado de la superficie no refleja este bombillo. Además, la fuente proviene horizontalmente de la luz de la calle que puede producir **7**, pero la luz puede no ser capaz de alcanzar hasta **6**.

Los números **8** y **9** en la parte inferior y en la base de WCUFO son nuevamente un poco misteriosos. Con el WCUFO cubriendo una porción significativa del cielo, si la luz viene desde arriba, ¿por qué se ve la luz en el reflejo **8**, si esta zona está por debajo del WCUFO? ¿Cómo puede una fuente de luz desde arriba iluminar esta base protegida de WCUFO? La más baja de las cinco luces en **1** está a 10° sobre el horizonte, por lo que no puede iluminar la base del WCUFO. ¿Acaso hay una fuente de luz horizontal a la izquierda del WCUFO? Si es así, ¿por qué no es visible en los reflejos de la esfera superior que deberían tener una visión clara?

Figura 72 - Detalles en el automobil de la foto #999.

Una pregunta más importante es, con tantas luces en el área superior izquierda "reflejadas" en la esfera y cubriendo una cuarta parte del cielo, ¿por qué el árbol está tan débilmente iluminado? Debería estar bien iluminado. El árbol parece estar recibiendo solo la luz de la calle, ¿por qué no de las otras fuentes?

La Figura 72 muestra un detalle de la foto #999 de un Mercedes Benz estacionado. Observe que los reflejos de la luz de la calle, la número **2** en la Figura 71, son visibles en las ruedas y cerca de ellas. Hay otro pequeño reflejo brillante en el parabrisas que puede provenir del WCUFO, si su mecanismo de invisibilidad no está funcionando en este momento. Sin embargo, si hay luces grandes e intensas en el lado superior izquierdo, ¿por qué no producen reflejos notables en la parte delantera del vehículo? Seguramente deberían, a menos que la fuente de estas luces brillantes que cubren una porción significativa del cielo en el lado superior izquierdo no provengas de fuentes de luz externas. Tal vez, como se discutió anteriormente, este WCUFO está emitiendo luz en lugar de reflejarla, y toda la luz de ella está bloqueada, excepto el delgado corredor de luz hacia Meier y su cámara. Si es así, el único reflejo sobre el WCUFO, desde una fuente externa, podría ser la luz de la calle **2**.

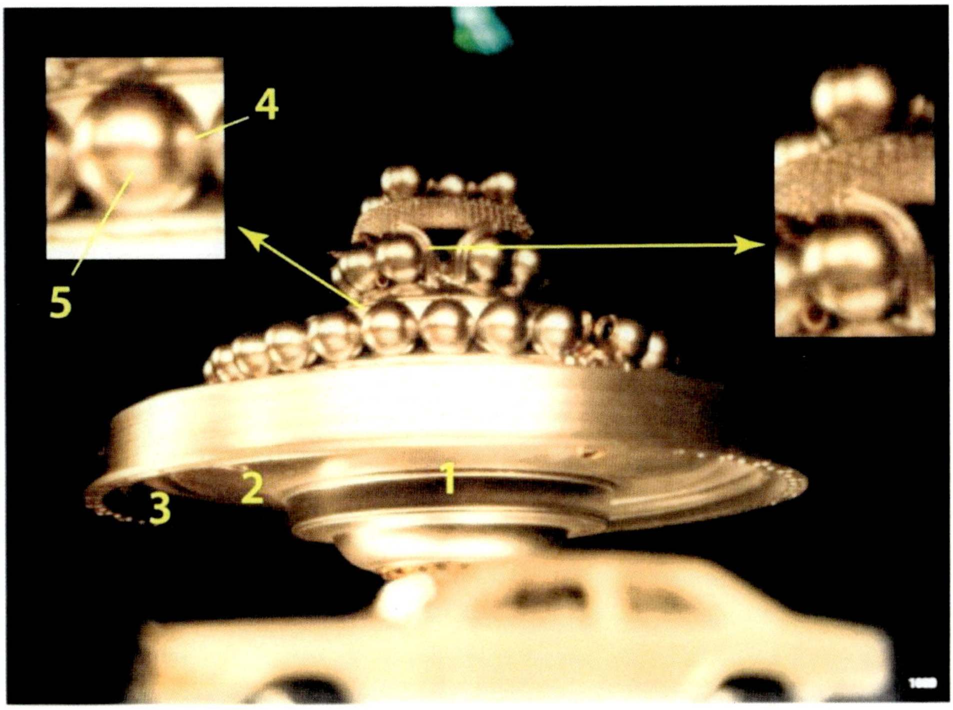

Figura 73 - Foto #1000

La Figura 73 muestra un reflejo más prominente y brillante de la luz del WCUFO en el parabrisas del automóvil. Esta es la foto #1000 tomada a las 02:19 a.m. solo un minuto después de la #999. Meier ha caminado hacia el auto y el WCUFO. La pequeña marca verde superior podría ser una de las hojas del árbol, lo que indicaría que Meier estaba justo debajo del árbol. El automóvil ahora está más cerca, es más grande y está totalmente desenfocado debido al efecto de profundidad de campo con la cámara en foco hacia el infinito. El WCUFO es más grande que el automóvil, que está más cerca, pero la perspectiva los hace ver del mismo tamaño. Observe que los "reflejos" de las grandes luces en el lado superior izquierdo ahora están en un lugar diferente: ahora están más abajo. El reflejo de la luz de la calle está ahora en la misma posición que uno de los grandes "reflejos", lo que la hace indistinguible.

El número **1** en la Figura 73 es un reflejo significativo en el frente del WCUFO. Si esto es de una fuente externa, podría estar detrás de Meier. Dos reflejos más pequeños están a la izquierda. Entonces tenemos tres fuentes de brillo si se trata de luces externas.

Algunas cosas, sin embargo, no son lógicas si se trata de luces externas. El lado del automóvil que mira hacia la cámara de Meier no es tan brillante como el WCUFO, a pesar de que la gran luz detrás de Meier está ahora frente al lado izquierdo del automóvil y más cerca que el WCUFO. Esta fuente de luz no produce reflejos en el automóvil, y su iluminación general parece la misma que en la foto #999, que fue causada por la luz de la calle. La luz que "debe estar" detrás de Meier no está iluminando el automóvil. Además, la esfera WCUFO de la parte superior derecha, ampliada, muestra tres reflejos con su brillo central a la derecha en lugar del centro. Una banda oscura ocupa su centro. No existe correlación entre los "reflejos" en esta esfera y la base WCUFO. Por lo tanto, las fuentes de luz externas familiares no pueden crearlos.

Las esferas inferiores muestran reflejos más compatibles con la base WCUFO. Comparando los tres niveles de esferas, sin embargo, sus reflejos no coinciden. La base WCUFO no refleja una fuente de luz en el lado derecho; todo el lado derecho de la base es oscuro. ¿Por qué entonces la esfera superior muestra un brillo en el lado derecho? Las otras esferas están detrás de esta esfera, por lo que este reflejo no puede ser de esas otras esferas. El área brillante **5** es un reflejo de la base WCUFO. El brillo **4** proviene de la esfera contigua.

Además, la parte inferior izquierda en esta Figura 73, el WCUFO muestra una iluminación fuerte. ¿Hay luces en el suelo? Incluso si se tratara de un modelo a escala, los reflejos brillantes de las posibles luces de estudio no coinciden. La explicación más plausible hasta la fecha es que este WCUFO irradia luz, como afirma Meier, de una manera que aún no entendemos completamente.

La Figura 74 muestra las fotos #921 (arriba) y #870 (abajo), ambas tomadas la misma noche que las fotos anteriores. A todo color, la foto superior muestra una farola de color blanco azulado a la derecha, que ilumina notablemente el color de las hojas. ¿Qué luces externas podrían darle a este WCUFO su color dorado?

Figura 74 - Arriba: Foto #921. Abajo: foto #870. Note el plasma anaranjado en el WCUFO

La flecha indica un punto brillante en la superficie cilíndrica en la parte inferior. ¿Dónde está la fuente de esta luz? ¿Es de la lámpara de la derecha? Si es así, ¿por qué es dorado y no verde azulado ya que el WCUFO es plateado a la luz del día y la lámpara es de un verde azulado blanquecino? ¿Por qué, además, el lado derecho del WCUFO, en su gran base cilíndrica, no muestra el mismo reflejo de luz que el de la parte inferior indicado por la flecha? La luz de la calle no está interactuando con el WCUFO. Además, en esta foto bajo un análisis más detallado, se encuentra al menos un automóvil en la parte inferior derecha. ¿Por qué este automóvil no está iluminado por las mismas luces que iluminan el WCUFO? Si el WCUFO irradia luz, ¿por qué no ilumina el automóvil o los demás alrededores? Estos detalles sugieren fuertemente que este WCUFO está utilizando un dispositivo de ocultación como el de la foto #873 que se estudió anteriormente. Estas preguntas también se aplican a la foto inferior de la Figura 74.

La foto #921 también muestra en los colores del poste a la izquierda, y el arbusto en la parte inferior, un ambiente iluminado por una luz azulada. ¿Por qué las luces de color dorado que iluminan este WCUFO no iluminan objetos como los postes con el mismo color dorado? El plasma es una energía opaca que no ilumina los alrededores, pero podría ser captada únicamente por la cámara. Observe el penacho de plasma naranja brillante alrededor del WCUFO en la foto #870. A juzgar por las áreas de luz en esta base WCUFO, hay dos fuentes de luz, una a la izquierda y otra a la derecha del centro. ¿Por qué la base central inferior debajo de la superficie cilíndrica muestra un delgado brillo dorado horizontal un poco a la izquierda pero no a la derecha? (Ver detalle de la esquina inferior en la figura).

Además, los ~24 cristales en la parte inferior del WCUFO reflejan o emiten luz brillante, tal vez de manera intermitente, ya que no todos parecen estar brillando, pero no los vemos en otras fotos. ¿Qué crea todo este semicírculo de luces? Estos no pueden ser reflejos de un semicírculo completo de luces externas.

Se requieren copias de mejor resolución de las fotos para encontrar aún más detalles en las áreas más oscuras, como los vehículos estacionados cerca.

Podemos concluir, que si pensamos que las fuentes que iluminan el WCUFO, o a un modelo de un OVNI, son luces externas, esto deja sin explicación las muchas inconsistencias e incongruencias en estas fotos. Incluso si las fotos fueron producto de trucos de doble exposición, los "reflejos" permanecen sin explicación. Un modelo iluminado por luces de estudio externas no explica de ninguna manera estas inconsistencias e incongruencias.

Finalmente, la foto #871 (Figura 75) muestra más inconsistencias. Aquí también hay un árbol o arbusto verde con hojas distinguibles, esta vez debajo del WCUFO. Debido a su buen enfoque en la foto, y sabiendo que la lente de la cámara está atorada en un enfoque en el infinito, el árbol o arbusto y el WCUFO deben estar a una distancia considerable de la cámara, suponiendo que no haya doble exposición. ¿Por qué entonces el WCUFO es dorado pero las hojas de los árboles no tienen rastro de naranja o amarillo?

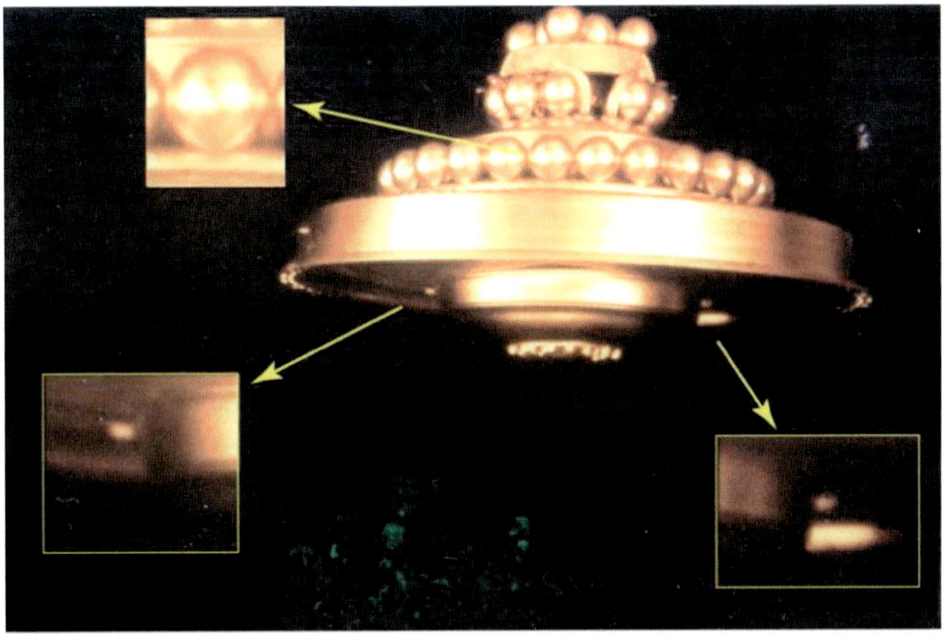

Figura 75 - Detalles en la foto #871.

La esfera ampliada muestra dos fuentes de luz, una a la izquierda y otra a la derecha. La base WCUFO muestra "reflejos" de estas dos luces, lo que parece lógico, pero la foto también muestra reflejos en la base cilíndrica cóncava inferior que son difíciles de explicar (Figura 75, detalles en los recuadros inferiores). Explicaremos en breve por qué estas luces no deberían estar allí si son reflejos de fuentes externas. Con una superficie cilíndrica cóncava en lugar de una convexa como la que hemos estado viendo antes, los reflejos se deben girar horizontalmente. Los detalles en los recuadros inferiores insertados de la Figura 75 muestran "reflejos" de la parte posterior que no deberían estar allí. El que está en el cuadro de la derecha debe provenir de una fuente de luz desde el lado izquierdo y detrás de Meier; pero el núcleo inferior extendido debe bloquear esa luz. Por lo tanto, no debe haber brillo de una fuente de luz del lado izquierdo. El cuadro de la izquierda muestra un "reflejo" similar. En este caso, un solo punto de luz. ¿Cómo se forma allí? Una fuente de luz a la derecha no puede iluminar esta sección del WCUFO porque, de manera similar, el núcleo central extendido de abajo debe bloquearla. Además, ¿por qué es solo un punto de luz, o acaso es una luz que se extiende algo alrededor de la parte posterior del perímetro cóncavo pero oculta por el núcleo central extendido? Una vez más, incluso un modelo a escala de un OVNI iluminado por luces de estudio, externas, no puede explicar estas incongruencias.

Al igual que la foto #873 previamente analizada, estas fotos presentan dificultades insuperables cuando se trata de explicar los "reflejos" en el WCUFO causados por fuentes externas de luz, así se trate de un gran OVNI, o de un modelo a escala de un OVNI, con o sin truco de doble exposición. Si la luz proviene del objeto mismo, al irradiar luz en lugar de reflejarla, sería más difícil lograr este efecto en un modelo a escala de un OVNI; y por qué, dadas las luces brillantes del modelo, ¿no están iluminados los alrededores de WCUFO? Tenemos que concluir la posibilidad genuina de un dispositivo de camuflaje en uso aquí.

Por lo tanto, concluimos que la afirmación de Meier de que el WCUFO brilla por la noche por su energía o fuentes de luz, no reflejando fuentes de bombillas externas, es la mejor explicación de los detalles fotográficos. Sin embargo, para ser lógico y científicamente sólido, no sabemos cómo la nave hace esto.

Es posible, por lo tanto, que este objeto de 7 metros de diámetro es un OVNI real, que vuela libremente alrededor de varios lugares en el campo suizo, con una envoltura de energía de un plasma ionizante, que brilla hacia la cámara de Meier en la oscuridad, quizás usando un mecanismo de detección para ocultarse de observadores curiosos. Pero, ¿por qué el WCUFO es naranja cuando a la luz del día es plateado?

¿Por qué el WCUFO se ve de color anaranjado-dorado?

Una explicación simple para el color anaranjado-dorado del WCUFO, como se explicó anteriormente, es debido a la ionización atmosférica o una capa de plasma cerca de la superficie del WCUFO, que crea ese efecto de luz naranja. Hill nuevamente dice que esto es típico de los OVNIS en la noche, e incluso a veces durante el día. Sin embargo, durante el día, el naranja opaco sin duda es superado por la brillante luz azul-blanca del día. Entre los muchos informes, los OVNIS de color anaranjado no son infrecuentes. ¿Pero por qué naranja?

Como recordatorio, Hill explica que la "atmósfera ionizada, o plasma... les da [a los OVNIS] iluminación nocturna en rojo, naranja, amarillo, verde, azul o blanco, y a menudo les da una apariencia envuelta en neblina" (página 27). Esencialmente, esto explica los colores rojo y naranja asociados con este WCUFO nocturno. La "apariencia cubierta de niebla" a menudo no está presente, especialmente cuando la nave está parada, o cuando está en un estado de baja energía.

Hill explica además que el color observado se relaciona con la cantidad de activación de energía del OVNI. Básicamente, "Azul, blanco y azul claro son los colores comunes en estados de alta potencia". Al mismo tiempo, "el rojo y el naranja corresponden a la menor energía" y "también son los dos colores más comunes asociados con la operación de baja potencia de los OVNIS, como en las maniobras flotando estáticos." (Página 62).

Entonces, este WCUFO nocturno estaba en un estado de activación de baja energía, volando lentamente o flotando, y de hecho en este momento, debe haber estado, juzgando por su proximidad muy cercana al suelo, a solo un par de metros de altura, como lo atestiguan las Figuras 64 y 65.

Es importante tener en cuenta, como han señalado otros testigos de OVNIS, que "la iluminación proviene directamente del aire y no de la superficie del vehículo" (Hill, página 64). Lo que esto significa es que el WCUFO no está emitiendo luz naranja per se, puede estar emitiendo luz, pero el color naranja se debe a la excitación de baja energía de la delgada capa de aire ionizada alrededor de él. El brillo del plasma es "el resultado de un aumento en la potencia de activación que emite el OVNI" (página 64), pero los colores opacos como el naranja opaco que vemos en el WCUFO nocturno sugieren, nuevamente, una menor activación de la potencia del WCUFO. Los WCUFO aquí parecen estar en modo de crucero, o incluso flotante, y cuando están en el patio de Meier, realmente están flotando.

Debe existir una diferencia en los espectros de energía de la ionización naranja y rojo, porque exhiben características diferentes: la naranja rodea a toda la nave, mientras que la ionización rojiza se desplaza hacia arriba, o permanece arriba a medida que la nave desciende lentamente.

Finalmente, con respecto a los colores de la envoltura de plasma, señala Hill, "la radiación del OVNI que causa el brillo es una parte integral del sistema de energía". Por el contrario, "los colores atmosféricos observados son un subproducto de la radiación de la central eléctrica de energía" (página 65). Presumiblemente, por lo tanto, como se mencionó anteriormente, las fuentes de energía separadas producen los colores rojo y naranja asociados con este WCUFO nocturno.

Probablemente, el naranja en general se relaciona con una fuente de energía de superficie inferior o, como se mencionó anteriormente, de los acumuladores de onda oscilante esféricos que cubren el cuerpo exterior, desde el nivel inferior al superior, y las muchas luces activadas que se discuten a lo largo de este capítulo.

Todo esto hace que sea muy razonable, si no inevitable, concluir que el WCUFO puede ser una máquina voladora fabricada por una tecnología actualmente no disponible en la Tierra y, por lo tanto, pilotada a bordo, o de forma remota, como dice Meier, por personas de una cultura extraterrestre.

¿Cambian de forma las esferas del WCUFO?

No todas las esferas de este WCUFO en la foto #873 parecen esferas perfectas. ¿Es esto una ilusión óptica o un cambio real de forma? Vea la Figura 76 que muestra los detalles de las esferas de aspecto deformado.

Usando el modelo Blender, generado por computadora de este WCUFO, se duplicó este efecto precisamente como sucede en las reproducciones de las fotos. Los reflejos en las esferas crean una ilusión óptica que los hace parecer esferas deformadas. Ver Figura 77.

Por lo tanto, esta ilusión visual se relaciona con los reflejos entre y dentro de las esferas contiguas bajo iluminación de alto contraste. Este efecto no está presente en situaciones típicas de luz diurna. Entonces las esferas WCUFO no cambian de forma.

Figura 76 - ¿Están deformadas las esferas?

Figura 77 - Modelo por computador creado en Blender. La deformación aparente es una ilusión óptica causada por los reflejos entre esferas contiguas, y en condiciones de alto contraste.

Resumen del WCUFO: Conclusiones

Después de realizar varias pruebas y cálculos en varias fotos del WCUFO, concluimos lo siguiente:

- Hay varios WCUFOs, no solo uno. Uno tiene alrededor de 3.5 metros de diámetro. Este estuvo flotando sobre el estacionamiento de Meier, luego sobre las copas de los árboles, y luego estuvo parado muy cerca de un Abeto Noruego.
- Otro WCUFO, visible en fotos nocturnas, mide alrededor de 7 metros de diámetro, y su color naranja opaco es casi seguro debido a la delgada atmósfera ionizada que lo rodea. Esta luz dorada, tenue y opaca es presumiblemente anulada por la brillante luz blanca-azulada del día, en las fotos diurnas. Estimamos el tamaño de WCUFO comparándolo con un automóvil cercano y con un poste de una cerca en el terreno debajo de él.
- El WCUFO que flota por encima del remolque de Meier podría ser el WCUFO de 3.5 metros o el de 7 metros, mientras que Meier dice que es el WCUFO de 7 metros.
- El WCUFO de 7 metros (foto #873) extiende su núcleo central hacia arriba. El mismo WCUFO de 7 metros cerca de un Mercedes Benz no extiende su núcleo central.
- No es posible que esta nave sea un modelo pequeño de 55 cm de diámetro, fabricado con artículos para el hogar, como una tapa de contenedores de alimentos y bolas de árboles de Navidad. Los cálculos matemáticos y geométricos muestran que es evidentemente imposible.
- Los escépticos basan sus comentarios y afirmaciones, de que este objeto es un modelo a pequeña escala hecho de artículos para el hogar, en la percepción intuitiva, las conjeturas y haciendo un modelo que se parece mucho al WCUFO, sin incluir detalles importantes, y sin un análisis y pruebas científicas. "Si parece falso, debe ser falso", no es un punto de vista científico válido. "Parece falso" es una opinión subjetiva.

- Es sorprendente cuán similares son algunas partes de este OVNI a algunos artículos para el hogar. Creemos que no es una coincidencia. ¿Fueron estos artículos del hogar diseñados y construidos después de que las fotografías de WCUFO llamaran la atención del público? Algunos artículos para el hogar se parecen a algunos aspectos del WCUFO. Sin embargo, no son idénticos: tenga en cuenta la plataforma superior que es similar a una bandeja de maceta, colocada bocarriba pero mucho más grande y diferente.
- El WCUFO tiene abundantes detalles exóticos, como cristales de colores, lentes de colores y delicados grabados en piezas de metal que resultan difíciles de duplicar, incluso en un modelo pequeño. Lo que es más importante, sabemos que estos WCUFOs tienen aproximadamente 3.5 metros de diámetro o más.
- El WCUFO es diferente a otros OVNIS fotografiados por Meier, u otros OVNIS similares a platillos voladores que se ven en fotos de todo el mundo. Parece ser un gran objeto volador diseñado y construido para operar en el campo magnético o gravitacional de la Tierra. La ausencia de su cubierta exterior aerodinámica, si la tuviera, revela todos sus detalles interiores. ¿El WCUFO da pistas sobre cómo construir una máquina voladora como esta?
- ¿Podrían las esferas ser pequeños motores que proporcionan estabilidad a este OVNI mientras flota y se mueve, tal vez interactuando con nuestro campo magnético o gravitacional? Meier dice que los Pleyaren llaman a estas esferas "acumuladores de ondas oscilantes". Podríamos llamarlos acumuladores o resonadores de alta energía (o sutil energía). Si es así, tal vez su baja acumulación de energía o actividad sea responsable del suave brillo de plasma naranja dorado que vemos en las fotos nocturnas, alrededor de la superficie del WCUFO. Además, muchas luces nocturnas brillan desde varias secciones de las esferas y naves, cualquiera de las cuales podría estar emitiendo campos de baja energía responsables del brillo de plasma de baja energía dorado-naranja. El WCUFO genera preguntas más intrigantes que respuestas.

- El color dorado-anaranjado brillante del WCUFO en la noche, no se explica por reflejos de luces externas, como luces de la calle, si es un objeto grande, o por lámparas de estudio, si es un modelo pequeño. En cambio, una delgada capa de plasma de baja energía que rodea la superficie de la nave lo explica. La explicación más lógica para las luces en el WCUFO en la noche es que la nave emite su luz por un mecanismo desconocido, y la luz se vuelve dorada cuando pasa a través de la atmósfera ionizada que rodea directamente a la nave.
- La foto #873 muestra un entorno circundante algo inexplicable, con un terreno oscuro y un poste que proyecta una sola sombra debajo de un WCUFO muy brillante. La luz del patio solitario en la casa de Meier explica la única sombra, ya que más luces externas crearían más sombras desde el poste. La explicación de Meier para esto es que el WCUFO emite luz en lugar de reflejarla, y la nave tiene un sistema de camuflaje que bloquea la luz que se escapa de él, a excepción de una pequeña abertura, "puerta" o "pasaje" de luz y visibilidad hacia la cámara y la cabeza de Meier, permitiéndole tomar fotos.
- Otras fotos nocturnas de WCUFO como #870, #871 y #921 muestran un ambiente oscuro alrededor de la nave. Pero si las luces externas causan los reflejos brillantes en las esferas, es inexplicable por qué todo alrededor del WCUFO es tan oscuro. En una foto, al menos un automóvil es visible en la oscuridad, pero no refleja las luces de ninguna fuente externa. Una sola lámpara de color azulado está cerca, pero es muy tenue y no ilumina los alrededores. Intentar explicar esta foto como un pequeño modelo y un truco de doble exposición es irreal, porque las reflexiones no siguen un patrón lógico causado por las luces de estudio. Nuevamente, como en la foto #873, la explicación más probable es que el WCUFO es un objeto grande que irradia luz, y que parece tener un dispositivo de ocultación que bloquea cualquier luz emitida, excepto a través de una "ventana", "puerta" o pasaje estrecho de luz hacia la cámara, la cara y la cabeza de Meier.
- No hay una explicación razonable del modelo a escala para el penacho rosado o rojizo alrededor del WCUFO en

la foto #873. Es muy probable que el penacho sea un campo de plasma causado por el OVNI, visto en otros OVNIS, y los detalles técnicos subyacentes se explicaron anteriormente en este capítulo. (Para obtener más información, consulte el libro de Hill, sobre Objetos Voladores no Convencionales).

- No hay evidencia que sugiera un truco fotográfico, como la doble exposición, el fotomontaje, o el uso de un modelo pequeño.
- Sorprendentemente, abundantes pistas en estas fotografías han permanecido ocultas durante décadas hasta hace poco. Sin duda, los investigadores curiosos que investigan pacientemente y emplean procesos científicos en estas fotografías únicas, descubrirán más evidencia en el futuro.
- La evidencia del caso Meier no solo es "demasiado buena para ser verdad". Es "demasiado buena para ser falsa".
- Al experimentar con esta evidencia, los lectores pueden confirmar nuestros hallazgos. Sin embargo, debido a la Controversia Mundial del Fenómeno OVNI requerida en el siglo XX, los escépticos y los desacreditadores pueden persistir en debatir y rechazar esta evidencia; asumiendo que incluso “se atrevan a mirar a través del telescopio para ver las pruebas”.

Parte II

Una Investigación del *OVNI Tipo Péndulo*

Introducción

Esta película tomada el 18 de marzo de 1975, es la primera de Meier, filmada en una tarde fría y nublada, quizás con nieve ligera. Es popularmente conocida esta película como la del *OVNI Tipo Péndulo*, o, el *OVNI danzando alrededor de un árbol*. La Parte II de este libro contiene una investigación actualizada de esta película, basada en nueva evidencia y nuevos hallazgos.

En el 2014 publicamos los resultados de una investigación inicial, cuya conclusión fue que tratar de explicar este objeto volador de esta película de Meier como el resultado de un pequeño modelo colgado de un hilo enfrentaba problemas irresolubles. Encontramos que es más probable que la nave que vemos fuera un disco volador grande, que imitaba los movimientos de un péndulo. Es demasiado difícil demostrar que este objeto fue un modelo simple colgado de un hilo, debido principalmente a variaciones significativas en los períodos del péndulo.

Ahora, después de ver un video de larga duración e investigar diferentes versiones de la misma película, podemos concluir con seguridad que es un disco volador real y de gran tamaño. Cualquiera que todavía piense que este es un pequeño modelo no está mirando toda la evidencia. Sin embargo, en lugar de llamar a esta película *El OVNI Tipo Péndulo*, sería más exacto llamarla *La Nave-luz en un movimiento de Péndulo Forzado*, siendo la *nave-luz* el término que los ETs Pleyaren usan para describir este y otros tipos de naves espaciales que usan.

Varios escépticos han intentado reproducir esta película, o dar algunas explicaciones, pero en sus intentos, han fallado al ignorar algunos de los detalles esenciales de la película. Hemos encontrado que en el caso de Meier, lo que parece bastante simple de explicar en la primera impresión, no es simple en absoluto, y requiere un análisis detallado. Al igual que con el análisis del WCUFO, las pistas revelan que el caso del OVNI Tipo Péndulo no es tan simple como algunos podrían pensar al principio. La evidencia aquí, como en otras pruebas de Meier, deja espacio para algunas dudas y una evaluación inicial demasiado simple. Sin embargo, después de mirarla con más detalle, surgen pistas ocultas que muestran que este no es un simple truco, sino una demostración sofisticada para crear una controversia en torno a los OVNIS.

En nuestra introducción en este libro explicamos cómo el caso de Meier ha contribuido a la Controversia Mundial del Fenómeno OVNI, y de hecho más que cualquier otro caso de OVNIS, un hecho que incluso el escéptico más firme probablemente no negaría. Dado el amplio espectro de creencias e ideas rígidas e intolerantes de la humanidad, especialmente en temas como la religión, la vida, el espacio y los extraterrestres, probablemente se consideró necesaria una controversia sobre los OVNIS. ¿Por qué? Para ayudarnos a desarrollar los cambios en nuestro pensamiento necesarios para permitir el paso seguro a través de los inmensos desafíos que enfrentamos ahora; un cambio en el pensamiento necesario para que podamos convertirnos en una futura humanidad de la Tierra, mejor, y con capacidad de viajar por el espacio.

Figura 78 - La nave-luz (el OVNI), el árbol y las casas al fondo muestran el mismo tono y saturación entre elllos, en colores grisáceos, mientras que el prado más cercano se ve con colores más vivos y más oscuro. Esta imágen nos dice que este no es un pequeño modelo de OVNI junto a un bonsái a solo 17 metros de la cámara.

¿Podemos demostrar, en términos sencillos, que este es un gran disco volador y no un pequeño modelo colgado de una cuerda que gira alrededor de un arbolito? Si miramos la evidencia encontramos:

- Cualquier fotograma de la película, realzando su brillo y contraste, muestra el árbol, las casas y la nave a lo lejos, Figura 78. Es bien sabido que la dispersión de la luz de tipo *Rayleigh* hace que los objetos distantes pierdan intensidad de color y no muestren tonos oscuros, volviéndose de un color gris azulado más claro. Al mismo tiempo, los objetos cercanos presentan colores más vivos, intensos y más oscuros ("Dispersión de luz" de Zawischa). En la Figura 78, notamos tonos grises mucho más claros en la casa, el árbol y la nave distantes en comparación con la hierba verde oscura cercana en la parte inferior de la imagen. Si el árbol es pequeño y está a solo 17 metros de la cámara, en lugar de un árbol de 20 metros de altura a 385 metros de la cámara, parecería más nítido, más oscuro, con un mejor enfoque y un color más vivo, como el césped en primer plano.
- La nave mueve la copa del árbol sin tocarla, lo cual es tan difícil de lograr con un arbolito, que nadie lo ha logrado duplicar. El movimiento del árbol indica que la nave está interactuando con él, lo que confirma la proximidad de la nave al árbol y la casa distantes.
- El tamaño de la casa, el árbol y la nave, confirma que el tamaño de este disco volador es de alrededor de siete metros, como informó Meier.
- Otros aspectos de esta investigación brindan detalles adicionales sobre las capacidades de vuelo de esta nave, que no se encuentran ni se simulan en un modelo colgado de un hilo.

Cambios desde la investigación del 2014:

En la investigación del 2014 estudiamos copias disponibles de la película del OVNI Tipo Péndulo. Una de esas copias era una imagen proyectada de un video publicado por FIGU en su sitio web en Suiza. Otro era de *"FULL Billy Meier-1985 Beamship - The Movie*

Footage" (Yaoi). Ahora, se puede acceder a más copias, como el documental de YouTube *"Pendulum UFO - Demonstrationsflüge / Demonstration vuelos (detalle FIGU)"* (noviembre de 2019) que muestra la secuencia de la película completa con mejor calidad y mayor detalle. En la siguiente sección, detallamos el origen de esta copia y brindamos información técnica sobre videos PAL y NTSC.

Este nuevo análisis proporciona información más precisa que confirma que este objeto volador es un disco grande, y revela más detalles previamente desconocidos. Los principales cambios introducidos con este nuevo análisis son:

- Hay tres saltos de esta nave espacial, no solo los dos que encontramos en la investigación anterior.
- La investigación del 2014 concluyó que los saltos toman alrededor de 1/10 de segundo, y que ocurrieron en una transición gradual indicada en tres cuadros consecutivos. Ahora sabemos que los saltos son más rápidos, cambiando de un cuadro a otro, en menos de 1/24 de segundo.
- Ahora sabemos que el video utilizado para nuestro análisis del 2014 fue una copia en formato VHS PAL del video original, combinado con una proyección y grabación en un video de 30 fps (30 fotogramas por segundo) que causó un efecto de "suavizado" y una banda blanca durante los saltos en al menos tres cuadros consecutivos. Ahora sabemos que solo hay una banda blanca durante cada salto.
- Un detalle como una distorsión de copia VHS, proyectada como una línea horizontal brillante que cruza la imagen de la nave, no es una distorsión, sino una manifestación genuinamente desconocida que ocurre cuatro veces. Llamamos a estas manifestaciones "pulsos" y creemos que no es casualidad que esta línea curva brillante siempre cruce las imágenes de la nave. Esto sugiere que la nave está emitiendo un pulso que afecta la superficie de la película, y no es un rasguño falso e intencional en el negativo.
- Un "vuelco" de la nave ocurre 16 segundos después del último salto. Este vuelco se produce casi instantáneamente, en menos de 1/24 de segundo, una maniobra

que ningún modelo o nave voladora conocida puede realizar.

- Se encuentran características adicionales como destellos brillantes que podrían ser causadas por descargas electrostáticas dentro de la cámara.
- La nave en esta película, como en otras grabadas por Meier, presenta un movimiento tambaleante incompatible con un modelo que cuelga de una cuerda o alambre. El punto o eje del balanceo debe estar cerca del punto donde el cordón se conecta a la parte superior del modelo. En la película, sin embargo, se centra dentro de la nave, muy cerca de su base, por debajo del centro geométrico o del centro de masa.

Evidencia en cuatro videos

Introducción

Se han realizado varias copias de la película original, principalmente en la década de 1970, cuando éstas pasaron de mano en mano de algunos investigadores, visitantes y familiares. Si bien algunos investigadores piensan que la película original es la única evidencia aceptable para trabajar, las varias copias existentes pueden considerarse un valioso material de investigación. Las películas viejas pueden durar de 20 a 50 años, si son mantenidas en condiciones ideales de temperatura y humedad. Meier filmó su película en 1975, hace 44 años. La película original debe haberse deteriorado severamente, a menos que se haya almacenado explícitamente a temperaturas y humedad óptimas. Las películas viejas pierden su color, se vuelven amarillentas, y la emulsión se encoge, se rompe la celulosa, transformando la película en polvo. ¿Cómo podemos preservar una película vieja lo más cerca posible de su estado original, si carecemos de un entorno perfecto? Nuestra mejor opción es la de hacer copias. Varias personas hicieron esto, y varias copias diferentes del video, grabadas en diferentes momentos, ahora proporcionan la evidencia del OVNI Tipo Péndulo.

Por supuesto, a todos nos gustaría ver la película original de las demostraciones de la nave. ¿Entonces dónde está? La respuesta corta es: nadie lo sabe. Ni siquiera Meier sabe dónde está. Donde sea que esté, esperaríamos que al menos se haya archivado de forma segura en una bóveda, o en algún laboratorio secreto de ciencias. A estas alturas ya debe haberse deteriorado gravemente, o incluso haber sido destruida. En esta sección presentamos lo que sabemos actualmente sobre la historia que rodea la película.

La mejor evidencia son las varias copias que encontramos que muestran detalles originales, y la evolución del deterioro de la película. Por ejemplo, la película *Contact* de Stevens and Elders muestra un segmento corto de la película del OVNI Tipo Péndulo, que incluye la fase final a medida que la nave asciende hacia el cielo (*Contact...* 1982). En esta copia, no vemos los pocos cuadros quemados presentes en copias posteriores. Además, este breve clip no muestra los arañazos o las partículas de polvo asociados con copias posteriores. Adicionalmente, las imágenes de la casa, el movimiento de la copa del árbol y la nave se ven más claramente en esta copia.

La Figura 79 muestra diferentes aspectos del deterioro en la película, marcados de 1 a 4. El número 1 es el más común: polvo. Las partículas de polvo se acumulan generosamente en los cuadros de algunas películas. El número 2 son rasguños verticales oblicuos presentes en una película antigua. Durante la proyección de la película, las partículas de polvo quedan atrapadas en el proyector, rayando la superficie de emulsión de la película mientras se mueve a través del proyector. Como resultado, vemos varias líneas verticales onduladas a lo largo de la película. El número 3 muestra fibras. Al igual que el polvo, las microfibras también flotan en el aire, y eventualmente caen sobre la superficie de la película y permanecen allí. El número 4 es el más crítico, y es sobre la emulsión de película que contiene las imágenes, que se pela o se desprende del acetato.

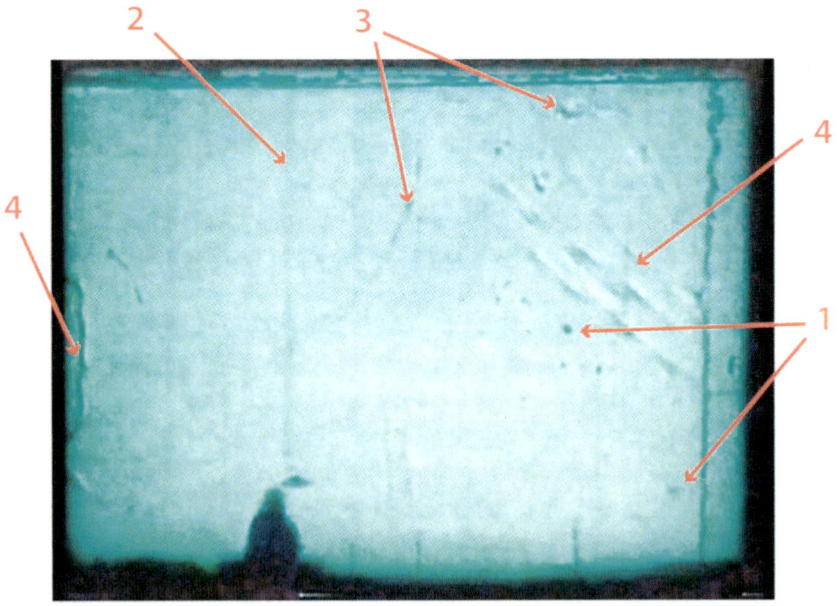

Figura 79 - Tipos de deterioro en la película: **1** polvo, **2** rayones verticales, **3** microfibras, **4** desprendimiento o daño en la emulsión.

Hay más daños no indicados en esta figura, como rasguños no verticales y fotogramas quemados. Durante la proyección de la película, si el camarógrafo la detiene antes del final, la bombilla puede estar apagada, pero aún está tan caliente que quema el fotograma frente a ella. Durante la proyección continua y normal de la película, la emulsión no se quema, pero si la película se detiene, se quema un cuadro.

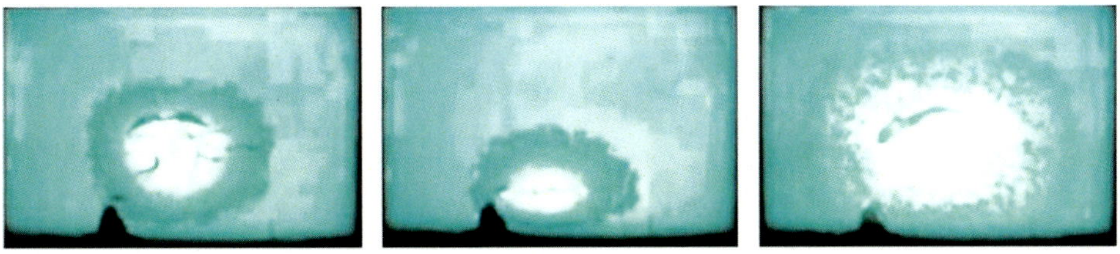

Figura 80 - Fotogramas quemados en la película.

Se puede sacar provecho de estos daños. Ellos Ayudan a diferenciar cada fotograma en la película original, e indican si la copia es una versión anterior o posterior. Por ejemplo, como se detalla más adelante, una película en formato PAL produce dos imágenes entrelazadas. Ver el mismo pedazo de polvo en dos cuadros consecutivos en la copia en formato PAL (dos imágenes entrelazadas) muestra no un cuadro a la vez de la película original, sino una superposición de imágenes. Conocer el formato de la copia es esencial para determinar la naturaleza de la película original.

Historia y evolución de esta película.

¿Qué pasó con la película original y sus copias? Encontramos algunas respuestas leyendo el Prólogo del documental *"Demonstrationsflüge/Demonstration flights (IFOs, not UFOs)"* en el canal de YouTube de FIGU:

Vorwort

Diese Edition des Films ‹Demonstrationsflüge› ist neu geschnitten und zusammengestellt und unterscheidet sich im Wesentlichen von der bis jetzt (April 2005) von der FIGU zum Verkauf angebotenen Vorgängerversion auf VHS-Kassette.

Leider wurde der im Original zwei Stunden dauernde 8mm-Film von Billys Ex-Frau entwendet und aus Verleumdungs- und Profitgründen an einen Mann in Deutschland verkauft.

Der Film wurde von diesem total verschnitten und verschandelt, so dass Teile rückwärts liefen und die Ausschnitte nicht mehr in der Reihenfolge stimmten.

In mühsamer Recherche wurde der verschnittene Film von Michael Hesemann, Chefredaktor des Magazin 2000, wieder aufgetrieben und auf VHS-Kassette kopiert.

Von dieser Kopie ist das Material aufbereitet und mit Billys Hilfe und Einverständnis neu geordnet, geschnitten und vertont worden.

Bei der Verschandelung des Films wurden auch die Kommentare von Billy verstümmelt und sind zum Teil abgeschnitten und unvollständig.

Das Neubesprechen würde aber viel zu viel Zeit in Anspruch nehmen, so dass darauf verzichtet wurde.

Diese neue Version dauert leider nur noch ca. eine Stunde, ist aber hoffentlich für die Zuschauer trotzdem noch interessant und aufschlussreich.

Wir bitten um Verständnis und verbleiben mit freundlichen Grüssen.

FIGU

Prólogo

Esta versión de la película „Demonstrationsflüge“ (vuelos de demostración) ha sido recientemente cortada y ensamblada, y difiere sustancialmente de la versión anterior en un casete VHS, que se había ofrecido hasta ahora (abril de 2005).

Desafortunadamente, la película original de 8 mm de dos horas de duración fue robada por la ex-esposa de Billy y, por razones de difamación y con fines económicos, la vendió a un hombre en Alemania.

Él cortó y mutiló totalmente la película, y como resultado algunas partes se estaban ejecutando al revés, y ya no estaban en el orden correcto.

Después de una ardua investigación, Michael Hesemann, el editor en jefe de *Magazin 2000*, encontró y copió la película mutilada, y la copió en un cassette VHS.

Con base en esta copia, el material ha sido editado y con la asistencia y permiso de Billy, recientemente los fragmentos han sido cortados y ordenados.

A través de la mutilación de la película, los comentarios resultantes de Billy en ella son confusos, porque están en fragmentos, e incompletos.

Como una nueva narración requeriría demasiado tiempo, esto se omitió.

Desafortunadamente, esta nueva versión solo dura aproximadamente una hora, pero es de esperar que siga siendo interesante e instructiva para el espectador.

Gracias por su comprensión. Cordialmente,

FIGU

Los detalles de la película, luego corroborados por Meier, también se encuentran en el libro *UFO Contact from the Pleiades – A supplementary investigation report* (página 237). También le preguntamos personalmente a Meier, a través de Christian Frehner, sobre la evolución y los acontecimientos que rodean esta película. Gracias a sus respuestas, hemos podido reconstruir su historia de la siguiente manera:

- Inicialmente, las diversas películas de 8 mm que Meier tomó de las naves estaban en diferentes rollos de película. Estos fueron recopilados en un solo rollo por un profesor, cuyo nombre Meier no recuerda en este momento, y que visitó a Meier varias veces en Hinwil. Meier no tenía un laboratorio cinematográfico, un cuarto oscuro o habilidad para editar o desarrollar fotos o videos, por lo que presumiblemente recibió ayuda de expertos cercanos.
- Más tarde, la película fue recibida por el Sr. Schmid y otro hombre que se encargó de las fotos de Meier, quienes ofrecieron su ayuda profesional y enviaron los negativos al laboratorio.
- Esta recopilación de los videos en 8 mm se utilizó como el original para pedir copias, también en 8 mm, que posteriormente se vendieron en el SSSC a personas interesadas. Lo más probable es que Wendelle Stevens obtuviera una de esas copias descritas en su segundo libro (*UFO Contact... A supplementary...*). Y la usó cuando los periodistas de Denver lo visitaron en su casa, que a pesar de todos los intentos de grabar el video, no pudieron hacerlo (página 536). También podríamos suponer que el segmento visto en la película *Contact* es de Wendelle, u otra copia adquirida por Lee y Brit Elders.
- Stevens describió en su libro cómo los reporteros de la estación de televisión de Munich visitaron a Meier para hacer un programa "especial" para la televisión austriaca. Convencieron a Meier para que les diera su película (el rollo compuesto de varias tomas), para hacer una copia del video. Se llevaron la película original con ellos, prometiendo devolverla pronto.
- Meier y FIGU tardaron mucho en recuperar la película. Cuando recibieron la película recopilada, en su carrete original, la pusieron en un lugar seguro, sin realizar una verificación detallada para verificar el estado de ella.

Asumieron que habían recibido la película original porque venía en el carrete original.

- En 1979, el personal de Nippon TV visitó a Meier y produjo un documental especial sobre el caso de Meier. Meier les estaba mostrando la película larga que había guardado en un lugar seguro, cuando notó que faltaban algunos fragmentos. Después de revisar toda la película, descubrieron que no solo se perdieron algunos clips, sino que los existentes estaban en una secuencia diferente, algunos incluso en orden inverso. No había marcas de empalme en la película original que deberían haber estado allí, entre cada clip. Se dio cuenta de que la película en su carrete original era una copia, no el original. Algunos segmentos empalmados estaban fuera de secuencia, y algunos segmentos corriendo hacia atrás. Presumiblemente, alguien había copiado esta película editada, y Meier recibió la copia en el carrete original. Nippon TV entrevistó a Meier y grabó una cinta de video de 3/4" en formato NTSC, de la copia proyectada de la película de Meier. El video del OVNI Tipo Péndulo que ahora vemos en el documental de Nippon TV es, por lo tanto, una grabación de una proyección de una copia de la película de Meier, no de la original.
- La estación de televisión austriaca afirmó que le devolvieron la película original a Meier, no una copia.
- Hoy, no está claro si Meier recibió la película original de los reporteros austriacos como lo afirman ellos, o una copia, o si alguien reemplazó la película original con una copia durante el tránsito entre Austria y Suiza.
- Algunos años después, Meier descubrió que "Desafortunadamente, la película original de 8 mm de dos horas de duración fue robada por la ex-esposa de Billy y, por razones de difamación y con fines económicos, la vendió a un hombre en Alemania" (FIGU, Prólogo, *Demonstrationsflüge / Demonstration flights*).
- El documental *Demonstrationsflüge / Demonstration flights* fue otra copia creada a partir de una copia recuperada (¿del original?), por alguien en Alemania.

- Actualmente, deben existir varias copias de la película en manos de varios coleccionistas, y, como se dijo anteriormente, la ubicación de la película original sigue siendo desconocida, incluso para los miembros de FIGU y para Meier. Sin embargo, dado que ha pasado tanto tiempo, el deterioro posterior de la película es inevitable. Debe estar en mal estado. En este momento, la mejor evidencia disponible está en los aspectos que se diferencian, y los aspectos comunes, dentro de las copias que podemos identificar y analizar para ver qué revelan.

Los cuatro videos usados en la investigación

Usamos cuatro videos que están disponibles para esta investigación. Quizás, y con suerte, más videos o buenas copias del original aparecerán en el futuro. Cada vez que observamos nuevos videos que aparecen, se revelan detalles sorprendentes. Como ya se mencionó, varias copias tomadas en diferentes momentos es posiblemente mejor que tener la película original, debido al grave deterioro que podría tener en estos momentos.

1. De la película *Contact*

Fuente: *Contact – 'Billy' Eduard A. Meier Documentary by Wendelle Stevens* (1982). El famoso documental producido por Brit y Lee Elders.

Formato: MP4, a 25 fps. Baja resolución.

Enlace: https://youtu.be/gGCuLIVxxQw

Figura 81 - Fotograma tomado de la película *Contact.*

El documental *Contact* tiene este pequeño fragmento. Aunque no es de buena de calidad, muestra muy claramente cómo la nave mueve el árbol sin tocarlo. El clip parece ser de una copia temprana de la película original. Notablemente, no hay fotogramas quemados durante la última fase cuando la nave asciende en un movimiento de péndulo espiral. Las copias de películas posteriores muestran cuadros quemados en esta fase, sin embargo, los detalles de la nave, la casa y el árbol son comparativamente útiles. La desventaja de este corto video es que no es ni una copia de fotograma completo, ni una copia completa de la demostración. Sin embargo, una imagen ampliada brinda excelentes detalles del movimiento del árbol.

2. Video en el sitio web de FIGU

Fuente: Es una copia hecha con una herramienta de captura de pantalla de un video previamente disponible en el sitio web de FIGU; es el video utilizado en nuestra primera investigación sobre el OVNI Tipo Péndulo, en el 2014.

Formato: MP4, a 24 fps. Baja resolución.

Enlace: https://youtu.be/K_HnDz4KY6k

Este video tiene la ventaja de estar en fotograma completo y revela varios detalles en la imagen, pero carece de zoom. La calidad no es particularmente buena, quizás por haber sido objeto de varias transformaciones previas, desde el paso de la película Súper8 a un formato PAL, y luego a un video en 30 fps. Sin embargo, muestra la mayoría de las fases de movimiento de manera excelente, permitiendo mediciones de período de péndulo y sus comparaciones con otras versiones de este video. Una desventaja de este video es que no muestra la parte final de la película que incluye el tercer salto, el abrupto vuelco de la nave y su movimiento espiral ascendente final.

A modo de comparación, la Figura 82 es una instantánea de este video en un momento similar al de la película *Contact* (Figura 81).

Figura 82 - Una toma del video *Hinwil* que estuvo disponible en el sitio web de FIGU.

3. Documental de Nippon TV

Fuente: Grabado por Nippon TV, en el documental sobre el caso de Billy Meier en 1975.

Formato: MP4 desde NTSC, a 30 fps.

Enlace: https://youtu.be/WkQgwlPPLZM

Este video en formato NTSC tiene cuadros entrelazados. Para comprender el proceso de capturar o copiar las imágenes de video originales, explicaremos las características relevantes del formato PAL y NTSC. La ventaja de este video es que amplía detalles como los "saltos". Según la descripción de Stevens en su libro *UFO Contact from the Pleiades: A Supplementary Investigation Report* (páginas 237 ~ 238), podemos concluir que el video proyectado es la copia que recibió Meier. Encontramos algunos cuadros al comienzo del video del *OVNI Tipo Péndulo* recortados, junto con algunos cuadros al final del clip anterior donde Meier muestra la misma ubicación, 2 años más tarde, con las casas, pero sin el gran árbol. Entonces, esta copia muestra las mismas escenas, pero con algunos cuadros recortados. Tal vez el comienzo del video *OVNI Tipo Péndulo* se recortó para omitir los fotogramas iniciales que muestran el patrón ovalado que sugiere el inicio del rollo de la película. (Se muestra en los detalles del video 4).

Figura 83 - Un recuadro del video en formato NTSC del documental de Nippon TV.

Otra característica de este video es que cuando vemos que se hace una repetición, la imagen marcha hacia atrás, donde aparece una banda brillante en la parte inferior. Esta banda brillante resultó del movimiento de la cinta VHS en la dirección opuesta. Entonces, en lugar de que la repetición muestre la secuencia del evento del giro a la derecha, luego primer salto, y luego segundo salto, muestra la secuencia: primero el segundo salto, luego el primer salto y al final el giro, con la nave moviéndose hacia atrás. El operador detiene el proyector varias veces durante el proceso de proyección de la película, y esto pudo haber causado que algunos fotogramas al final de esta versión del OVNI Tipo Péndulo se hayan quemado.

Una desventaja significativa de este video es que carece de una toma del fotograma completo (los camarógrafos de Nippon TV hacen zoom del video proyectado), por lo que algunos detalles, como las bandas blancas en los saltos, no se pueden ver y comparar con otros videos.

Por alguna razón, el cronómetro que vemos en este video, nos indica que el video se ejecuta 8.5% más rápido que los otros videos.

La Figura 83 muestra una imagen en un momento similar al de las Figuras 81 y 82, de la nave cuando está más allá del árbol.

4. Documental de FIGU:

"Pendulum UFO - Demonstrationsflüge / Demonstration flights" (video de referencia)

Fuente: Secuencia completa del video del *OVNI Tipo Péndulo* sacado del documental de FIGU.

Formato: MP4 del video en formato PAL, a 25 fps.

Enlace: https://youtu.be/Gzr3BRUhfy8

Figura 84 - Fotograma tomado del video en formato PAL, del documental de FIGU.

Este video (que llamaremos *video de referencia*) es el que hemos utilizado en esta investigación. Es una copia de un video VHS en formato PAL y tiene cuadros entrelazados al igual que el video de Nippon TV. Contiene la secuencia completa con todos los eventos. Las referencias a tiempos específicos de este video están en el formato:

MM-SS-FF

Dónde:

MM se refiere a los minutos desde el inicio. (0 a 59)

SS segundos después de los minutos referidos (0 a 59)

FF los fotogramas desde 00 a 24 (video es de 25 fps)

Por ejemplo, en la Figura 90, que enumera visualmente todos los eventos importantes de la película, el "Segundo pulso" ocurre en 02-13-08, es decir, a los 2 minutos, 13 segundos y en el octavo cuadro después de ese tiempo. Más tarde discutimos en detalle los pulsos misteriosos encontrados en la película.

Finalmente, esta copia de la película tiene más escenas, más cuadros y más detalles que la película que analizó Nippon TV. Por ejemplo, en esta película en el documental de FIGU, algunos cuadros curiosos muestran una marca ovalada que podría relacionarse con el inicio de un cartucho de película de 8 mm que Meier cargó en su cámara. La Figura 85 muestra dos de estos cuadros.

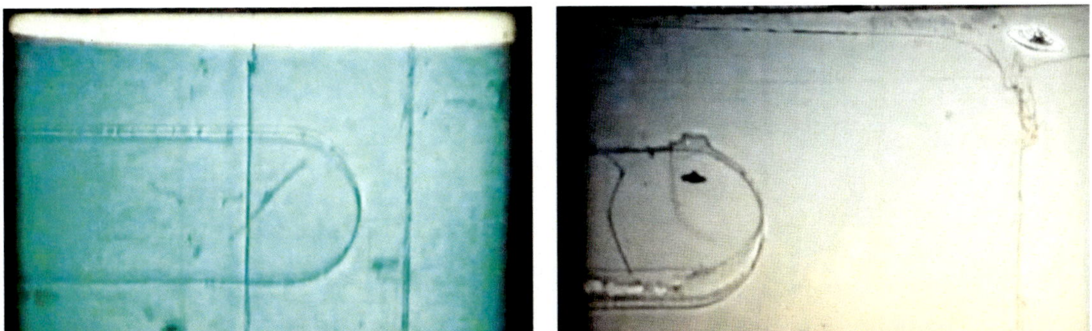

Figura 85 - Ejemplos de "cuadros iniciales" en la película. Las marcas ovales pueden prevalecer al comienzo de cada rollo de película. Unos pocos empalmes mal hechos, de dos rollos en la película en el documental de FIGU, producen una banda blanca rectangular en la parte superior de la imagen, como en la imagen del lado izquierdo. Algunas marcas blancas también están presentes durante los "saltos" de la nave, pero son muy diferentes.

La imagen del lado derecho muestra la marca ovalada claramente en el marco contra un fondo rosado del atardecer mientras Meier estaba filmando la nave que emitía destellos misteriosos. Está claro que su rollo terminó y que cargó uno nuevo para continuar grabando la demostración. El cuadro de inicio del lado izquierdo en la película *OVNI Tipo Péndulo* muestra la misma marca ovalada. La banda blanca en la parte superior se debe al empalme mal realizado de dos clips. Encontramos la misma banda blanca en algunos, pero no en todos los empalmes del rollo completo. Veremos más adelante, otra banda blanca presente durante los "saltos" de la nave, pero es muy diferente. Esta banda blanca se discute en detalle en la sección sobre "saltos" de la nave.

Formatos PAL y NTSC en la película OVNI Tipo Péndulo

Dos de los videos disponibles del *OVNI Tipo Péndulo* más notables, provienen de grabaciones del original, o de una copia, de la película en Súper8. Uno es el documental de Nippon TV y el otro es el video del documental de FIGU en YouTube (*Demonstrationsflüge / Demonstration flights*). Nippon TV grabó el video en formato NTSC que produce 30 fotogramas por segundo (fps). El documental FIGU está en formato PAL a 25 fotogramas por segundo (fps). Ambos presentan ejemplos claros de lo que se llama el efecto de video entrelazado.

Es crucial comprender los detalles técnicos de estos formatos para verificar lo que estaba en la película original en Súper8. Por ejemplo, podemos ver dos imágenes en el video PAL, pero son de un solo cuadro en la película original. O podemos ver un efecto de cortina veneciana relacionado con el efecto de entrelazado en formato PAL o NTSC, que no existe en la película original.

Entrelazado

Los televisores antiguos mostraban imágenes a 30 fps (fotogramas por segundo) en lugares donde la electricidad era de 60 hertzios, y en 25 fps donde la electricidad era de 50 hertzios. Alguien que observa una película de televisión en un televisor de 25 fps, por ejemplo, ve el movimiento de un objeto como intermitente.

Crear fotogramas entrelazados minimiza este efecto (ver *Interlaced Video,* Wikipedia).

Un *video entrelazado* significa, por ejemplo, que una cámara VHS en formato PAL toma dos imágenes de video a 50 fps que se combinan en un solo cuadro en un video final, producido a 25 fps. Internamente, la cámara produce dos imágenes separadas a 1/50 de segundo y luego las combina en una sola toma, presentada cada 1/25 de segundo. Cada imagen creada está en un patrón de *cortina veneciana* que combinada permite a nuestro cerebro percibir un movimiento suave. (Ver ilustración en Figura 86,).

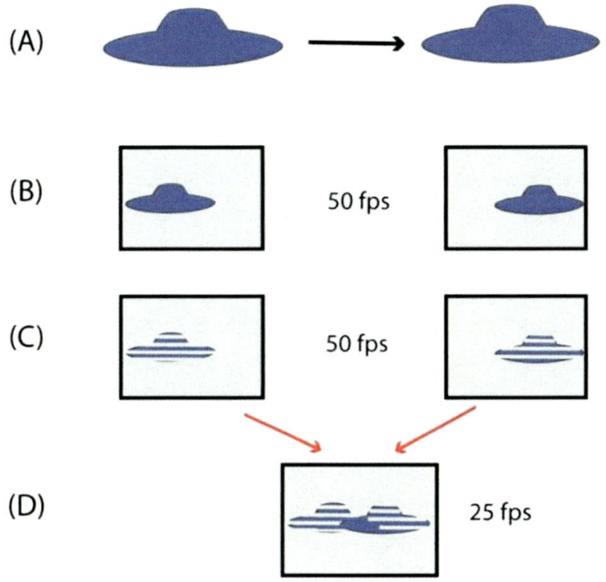

Figura 86 - Imágenes entrelazadas en formato PAL. Dos imágenes tomadas a 50 fps se combinan en una imagen compuesta a 25 fps, mostrando el efecto de *cortina veneciana.*

Supongamos que un objeto se mueve rápidamente de izquierda a derecha (Figura 86 A). La cámara VHS, que utiliza un formato PAL, captura dos cuadros diferentes a 50 fps, cada 1/50 de segundo (Figura 86 B). Para combinarlos en una sola imagen a 25 fps (Figura 86 D), crea un efecto de *cortina veneciana* al tener las líneas horizontales pares en una imagen y las líneas horizontales impares en la otra (Figura 86 C). El formato PAL produce 625 líneas horizontales.

El formato NTSC también produce el mismo efecto de entrelazado, pero la velocidad de los cuadros es de 60 fps produciendo un video a 30 fps con 525 líneas horizontales.

Meier no filmó las naves voladoras con una cámara VHS de formato PAL o NTSC. Utilizó una cámara de película Nalcom FTL 1000 Súper 8 mm. El VHS se utilizó para grabar una proyección de la película original o una proyección de una copia de película de 8 mm bastante buena, como se ve en el documental de Nippon TV.

Nuestro *video de referencia,* utilizado en esta investigación, está en formato PAL, localizado aquí:

https://youtu.be/Gzr3BRUhfy8

Algunos sistemas de conversión de video digital son capaces de des-entrelazar una película VHS. Parece que al transferir el video FIGU a formato digital, la capacidad de des-entrelazado funcionó solo parcialmente, por lo que vemos líneas de cortina venecianas más anchas. Vea el ejemplo en la Figura 87.

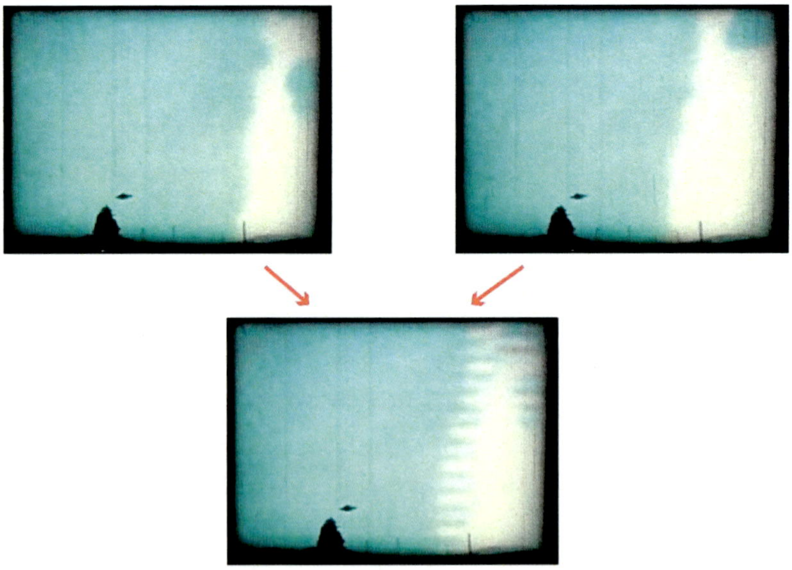

Figura 87 - Arriba: dos fotogramas de la grabación entrelazados en formato PAL en la película, producidos probablemente por una carga electrostática dentro de la cámara. Abajo: un marco entrelazado que muestra líneas de *cortina veneciana.*

El video PAL, como se mencionó, captura dos tomas cada 1/50 de segundo y las entrelaza en una sola. ¿Cuál podría ser el resultado de grabar un video PAL de una película Súper8 proyectada? Encontramos un patrón fascinante confirmado por las partículas de polvo encontradas en el rollo de película. La Figura 88 muestra la combinación de una grabación de video PAL de una película Súper8 de 24 fps. La fila superior (a) muestra 24 fotogramas de la película Súper8 original. La cámara de Meier puede grabar a 18, 24 o 36 cuadros por segundo. Suponemos que usó el estándar de 24 fps durante toda la grabación. Si esta velocidad fuera diferente, el patrón resultante sería muy similar. La fila inferior (c) muestra los 25 fps en un video PAL. Cada rectángulo en (a) representa un fotograma de la película original, y en (c) vemos la copia PAL resultante.

En la fila (c), la copia PAL en la Figura 88, se muestra cómo los dos cuadros a 1/50 de segundo se combinan en un efecto de cortina veneciana (entrelazado). Cada cuadro en el video PAL combina dos tomas de la película original. El patrón resultante crea tres combinaciones diferentes. La combinación (e) da como resultado un cuadro PAL que muestra un solo cuadro de la película Súper8 original; algunos cuadros de este tipo están tanto en el video PAL (documental FIGU) como en el video NTSC (documental Nippon TV). El formato NTSC produce el mismo resultado en un patrón que se repite cada 30 fps en lugar de 25 fps. Esta combinación (e) es poco frecuente, o de menor probabilidad en los videos VHS que la combinación (f). En combinación (f), el cuadro PAL muestra dos imágenes entrelazadas de dos cuadros diferentes en la película Súper8 original. Los porcentajes de combinación varían. Podría, por ejemplo, tener una intensidad del 10% de un fotograma de la película Súper8 combinada con una intensidad del 90% de la siguiente imagen de fotograma de la película Súper8. La combinación (d) es la misma que la combinación (f), pero el porcentaje es 50% con 50% en lugar de 10% con 90%.

Lo que generalmente resulta de esto es una combinación creada de dos cuadros o imágenes de la película Súper8. Es fácil ver que este efecto “combina” las partículas de polvo presentes de la película original en las grabaciones de video PAL y NTSC. La Figura 89 ilustra el proceso. Las partículas de polvo, o cualquier detalle en la película original, se representan con letras mayúsculas.

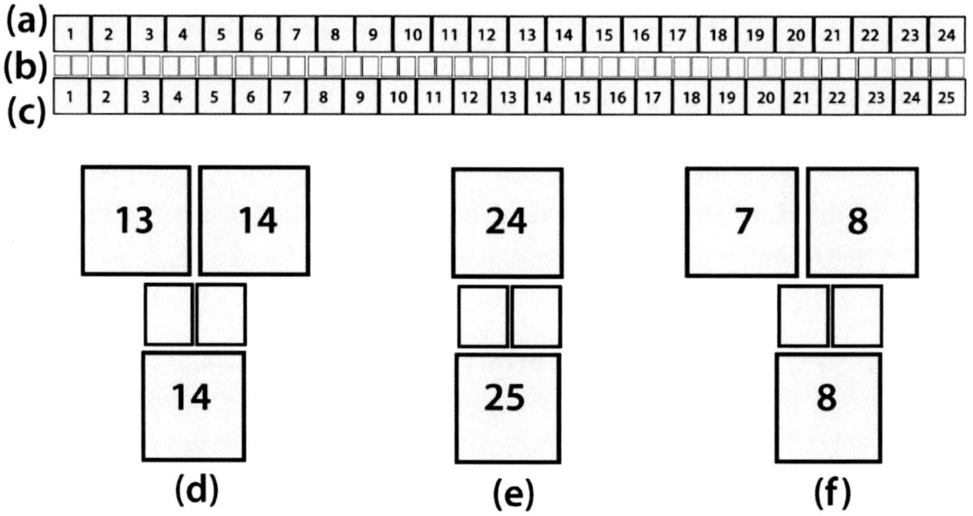

Figura 88 - La fila (a) muestra 24 fotogramas por segundo de película Súper8. La fila (b) muestra dos cuadros entrelazados a 1/50 que se combinan en pares para crear los cuadros PAL en la fila (c). La fila (c) muestra cuadros grabados en un video PAL a 25 fps.

En la Figura 89, el diagrama ilustra cómo la mayoría de los fotogramas de formato PAL y NTSC muestran una combinación de dos imágenes. Por ejemplo, las partículas de polvo marcadas con C y D son únicas en diferentes fotogramas de la película original, pero el formato PAL o NTSC muestra C junto con D que se ve poco intensa en este ejemplo.

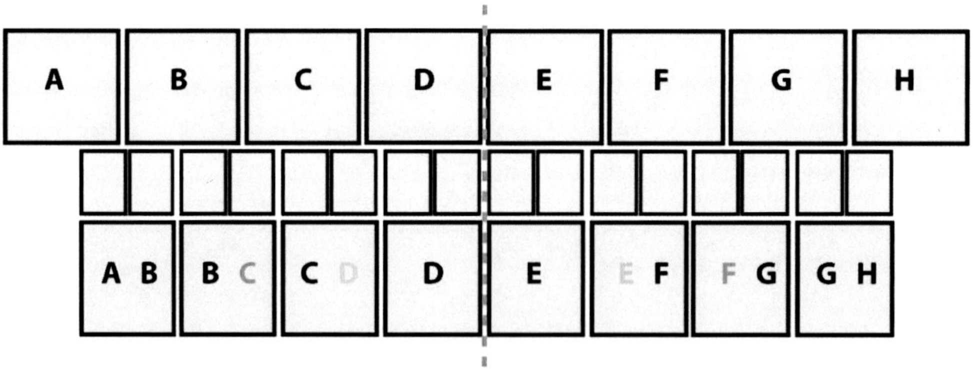

Figura 89 - El patrón de imágenes entrelazadas que "combinan" imágenes de partículas de polvo de la película original. Fila superior: cada letra representa una partícula de polvo o un detalle en un único cuadro. Fila inferior: la combinación resultante en formato PAL o NTSC.

Podemos concluir que en los videos PAL y NTSC:

- La mayoría de los cuadros PAL o NTSC son una combinación de dos cuadros.
- La duplicación de detalles únicos en un solo cuadro de la película original ocurre con alta probabilidad. En casos raros, solo se produce una imagen única sin imagen duplicada (imágenes no entrelazadas).
- Mostraremos adelante cómo el "salto" de la nave se produjo muy rápidamente, en menos de 1/24 de segundo. Los formatos PAL y NTSC muestran estos "saltos" en dos cuadros, pero ocurrieron en un solo cuadro original.
- Este patrón es fácil de confirmar en el video Nippon TV NTSC pero no en el formato documental FIGU PAL porque este último fue parcialmente des-entrelazado, lo que amplió las líneas de efecto de *cortina veneciana.* Por lo tanto, es difícil detectar pequeñas partículas de polvo en algunos cuadros en el video PAL.

Como se señaló anteriormente, es vital saber qué videos estamos viendo y las leyes que rigen sus imágenes. Quizás en el futuro, debido a que el video original en formato Súper8 saldrá a la luz, suponiendo que todavía exista, o al menos una buena copia, será posible un análisis cuadro por cuadro. Sin embargo, incluso sin la película original, hay evidencia de alta calidad disponible en las diferentes copias realizadas en diferentes momentos; y juntas pueden ser mejores que la película original que hoy puede estar en mal estado.

Como se discutió en la Introducción de este libro, la *Controversia Mundial del Fenómeno OVNI* permite que los escépticos continúen presentando todos los motivos posibles para rechazar la evidencia y las pruebas de que las naves extraterrestres están aquí, sin importar la prueba o cuán convincente sea la evidencia. "No podemos saber nada porque no tenemos la película original para analizar", dicen. Después de una observación superficial, afirman: "Sabemos que hizo modelos porque nosotros hemos hecho modelos que se parecen a sus objetos fotografiados". Sin embargo, siempre habrá personas curiosas que quieran encontrar detalles ocultos disponibles en diferentes copias de la película, y personas que quieran ver la verdad, y la verdad finalmente siempre triunfa. Ahora compartimos nuestros hallazgos detallados que muestran de manera concluyente que este es un gran disco volador que realiza movimientos pendulares, no un pequeño modelo, o cualquier aparato volador conocido actualmente en nuestra civilización.

Demostración de la Nave

Introducción

Como se explicó, el caso Meier ha contribuido dramáticamente a la Controversia Mundial del Fenómeno OVNI, de hecho, más que cualquier otro caso de OVNIS. La película del *OVNI Tipo Péndulo* es un componente crucial de esta controversia.

Billy Meier dice que el 18 de marzo de 1975, en una tarde fría y nublada, o con una nieve suave, en su contacto con Semjase, una mujer Pleyaren, ella hizo una demostración a bordo de su nave. Meier, colocó su cámara de cine en un trípode en un lugar no lejos de Hinwil, en medio de un campo abierto a la vista de un par de casas con un árbol grande de 20 a 25 metros de altura cerca de ellas. Esta nave, como también sucede con el WCUFO, tenía un dispositivo de ocultación que creaba un campo invisible a su alrededor, que bloqueaba la luz que salía o se reflejaba en ella, haciéndola invisible para todos, excepto para él, a través de una pequeña ventana de visión hacia la cámara. Otras personas no pudieron ver las manifestaciones, solo Meier y su cámara. Mucha gente tal vez escuchó un sonido extraño, tal vez algunos vieron el árbol moviéndose, pero nadie vio la nave, solo Meier y su cámara. Lo más probable es que la nave se haya programado previamente para realizar movimientos específicos que imitarían las oscilaciones de un péndulo, pero con variaciones, como saltos, pulsos de energía, bamboleo, efectos de giro y rotación.

La nave estuvo girando alrededor del árbol, y en un momento dado dio un giro a la derecha que movió su copa sin tocarlo. Después de tres minutos y 20 segundos de demostración continua, la nave se elevó y la película se detuvo. Unos días después, el árbol desapareció.

La similitud de movimiento en esta demostración con un pequeño modelo colgado de un cordón ha sido parte de una controversia de varias décadas. ¿Por qué los Pleyaren realizaron esta demostración? ¿Fue para mostrar evidencia real de su presencia en la Tierra? Si es así, ¿por qué imitar un péndulo y por qué hacerlo invisible para cualquier otra persona que se haya estado allí en ese momento? Algunas personas piensan que estos extraterrestres hacen demostraciones para confirmarnos su existencia. Hemos descubierto que realizaron deliberadamente esta demostración para crear una controversia. Y como se explicó en la introducción de este libro, esto es parte de un proceso de transformación que nos involucra a todos, para permitirnos gradualmente darnos cuenta de que no estamos solos en el universo, y decirnos: Ellos Están Aquí. En la década de 1970, quizás no estábamos preparados para entender esto; ahora, en el 2020 si lo estamos.

¿Cómo podemos estar seguros de que el OVNI Tipo Péndulo era una nave espacial, real, y no un truco ejecutado por Meier con la participación de algunos ayudantes? La siguiente sección describe los resultados de esta, nuestra segunda investigación, y presenta evidencia que demuestra que fue real.

La secuencia de la demostración

En esta investigación nos referimos al *video de referencia* que tiene la secuencia completa de la película, disponible aquí:

https://youtu.be/Gzr3BRUhfy8

Este video tiene una mejor resolución que la demostración de FIGU en el canal de YouTube de FIGU, y proviene de la misma versión de la película original.

La Figura 90 muestra la línea de tiempo de los diferentes eventos en la demostración, indicando nuevamente el tiempo en minutos, segundos y cuadros o fotogramas (MM-SS-FF). Los cuadros van de 0 a 24 (25 cuadros en un video en formato PAL). Por ejemplo, el "vuelco" de la nave se produce a los dos minutos, 45 segundos, y en el cuadro 24.

En las siguientes secciones, nos referiremos a estos eventos y los compararemos con los contenidos en las otras copias de la película.

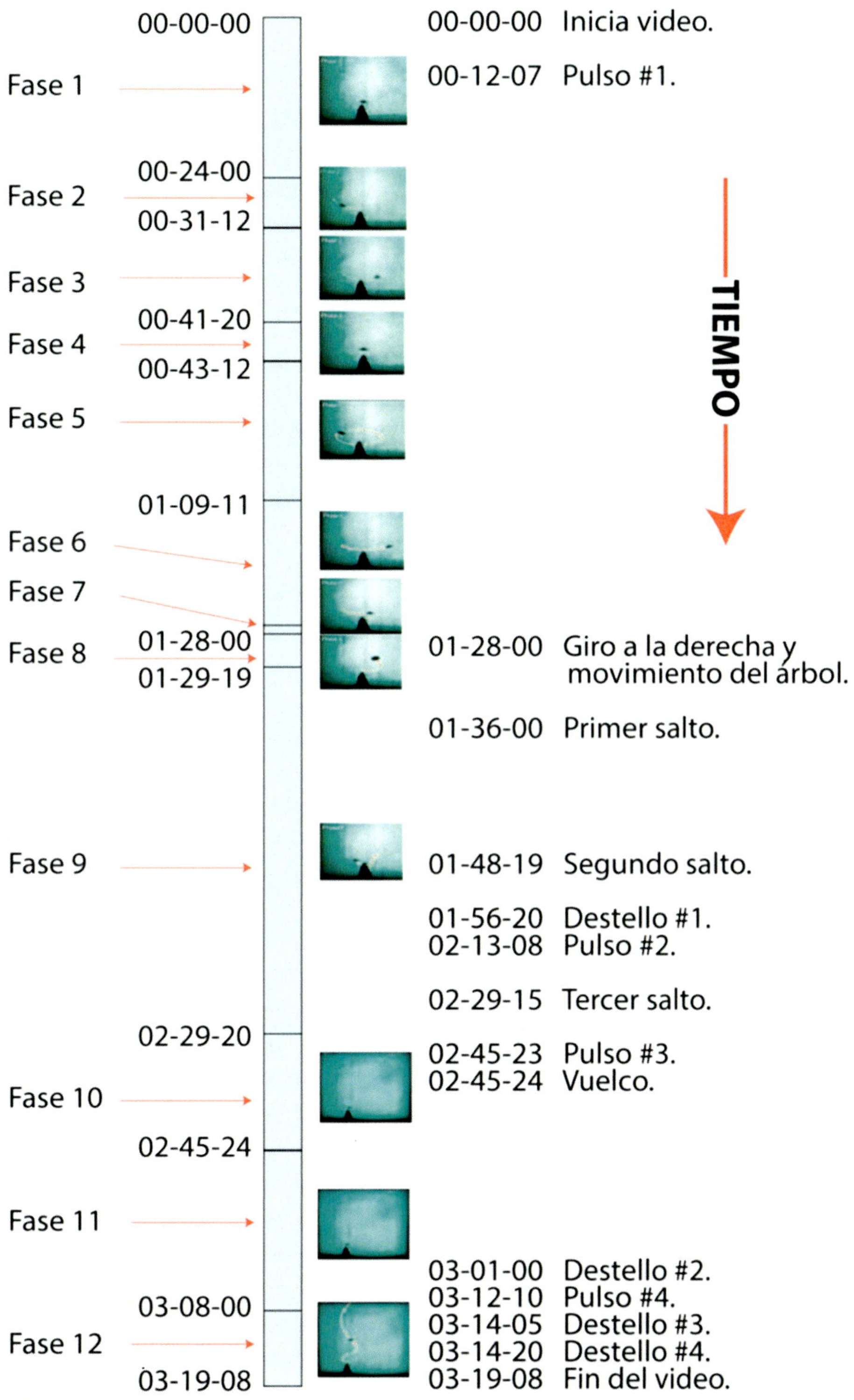

Figura 90 - Secuencia de eventos en la demostración.

Detalles intrigantes

Hay ocho detalles intrigantes en la película del OVNI Tipo Péndulo que no se pueden explicar simplemente afirmando que Meier usó un modelo a escala colgado de una cuerda. Estos detalles señalan la inevitable conclusión que en la película vemos una demostración de un sofisticado dispositivo volador grande. En esta segunda investigación cubrimos estos ocho detalles que son:

1. **Péndulo forzado:** el movimiento de este OVNI es similar a un péndulo, pero no es un péndulo.
2. **Un gran árbol y un OVNI**: el árbol, la casa y el OVNI están cerca uno del otro, a unos 385 metros de la cámara. El objeto volador no es un modelo a escala.
3. **Un giro repentino y agudo:** el OVNI hace un giro brusco mientras sacude la copa del árbol.
4. **Los "saltos":** el OVNI realiza tres "saltos" cerca de la copa del árbol. En el tercer "salto" se detiene y permanece estacionario durante 16 segundos.
5. **El rápido "vuelco" del OVNI:** mientras está detenido, gira cinco grados en menos de 1/24 de segundo.
6. **Bamboleo del OVNI:** se tambalea como si estuviera sostenido desde un punto cerca de la base, no de un cordón desde arriba.
7. **Los "pulsos":** el OVNI parece emitir cuatro pulsos que crean un amplio arco brillante en un solo cuadro (1/24 de segundo). Estos arcos siempre cruzan la imagen del OVNI.
8. **Destellos electrostáticos:** la cámara tiene o recibe cargas electrostáticas que iluminan la película varias veces.

1- Péndulo forzado

El movimiento de este objeto es similar pero diferente al de un péndulo. No sigue las leyes de la física del péndulo. Teniendo en cuenta los aspectos físicos de los movimientos del objeto, ahora realizamos pruebas con un péndulo de un modelo a escala, en varias configuraciones, para verificar la viabilidad de usar un modelo para crear lo que muestra el video. Presentamos los resultados del análisis del video realizado con herramientas informáticas simples, actualmente disponibles, y discutimos algunos aspectos que demuestran que la propuesta de modelo no puede explicar lo que muestra esta película.

Cubrimos algunos hallazgos del físico estadounidense Bruce Maccabee y las pruebas realizadas por Phil Langdon, dos escépticos del caso de Billy Meier. Presentamos un modelo sofisticado que explica mejor lo que vemos en la película de Meier. Nuestros hallazgos llevan a la conclusión de que la hipótesis del modelo no explica ni puede explicar el objeto volador en el video.

Varios escépticos, además de Maccabee y Langdon, han intentado reproducir el patrón de vuelo, o dar algunas explicaciones, pero en sus intentos han ignorado algunos de los detalles esenciales de la película. Al igual que con el análisis del WCUFO, las pistas revelan que el caso del OVNI Tipo Péndulo no es tan simple como uno podría pensar al principio. La demostración aquí mostrada, como en otras piezas de la evidencia del caso de Meier, deja lugar a dudas en cualquier evaluación inicial simplista. Sin embargo, después de mirar con más detalle, surgen pistas ocultas que indican que esto no es un truco, sino más bien un esfuerzo sofisticado para crear una controversia en torno a los OVNIS.

Dividimos las actividades de la demostración de la nave en 12 fases, explicadas a continuación, e ilustramos su secuencia de tiempo a la izquierda de la Figura 90 y en la Tabla 5.

El objeto se mueve como un péndulo del tipo plano, circular o cónico, y espiral (ver Figura 91), pero su período de oscilación cambia continuamente. El período del péndulo es el tiempo requerido para hacer un ciclo completo, por ejemplo, balancearse de izquierda a derecha y regresar a la izquierda, o completar un círculo. Estos cambios en el período en el video de Meier son significativos; indican que la longitud del péndulo cambia continuamente.

La Tabla 5 ilustra las doce fases y las variaciones de periodo del péndulo.

En nuestra investigación, medimos la mayoría de las oscilaciones durante las diferentes fases en los videos disponibles, y realizamos pruebas con diferentes modelos a escala colgados de un hilo, que es lo que los escépticos sugieren que Meier usó para realizar la demostración de este OVNI.

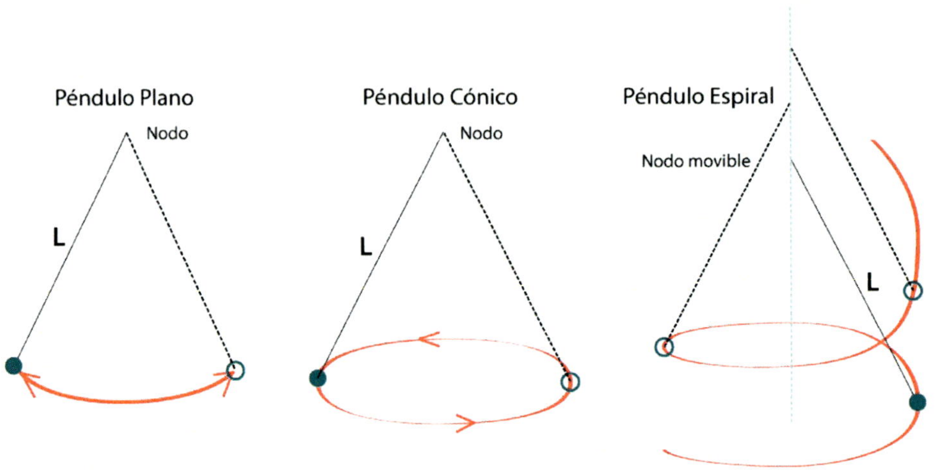

Figura 91 - Tipos de movimientos pendulares encontrados en la película de Meier. El período en cada uno sigue la misma ley física dictada por la longitud del péndulo y la gravedad de la Tierra.

Péndulo plano: el modelo se mueve de izquierda a derecha y de regreso a la izquierda en un plano vertical. Este es el típico movimiento pendular de los relojes de péndulo antiguos.

Péndulo cónico: el modelo se mueve en círculos y el cordón describe una figura cónica.

Péndulo espiral: es como el péndulo cónico, pero el punto nodal del soporte del cordón se mueve hacia arriba a una velocidad uniforme.

Fase	Descripción	Imagen	Periodo del péndulo (segundos)	Longitud pendular (m/pies)
1	El OVNI permanece estático por 24 segundos.			
2	Se desplaza hacia la izquierda como si alguien tirara de un cordón.	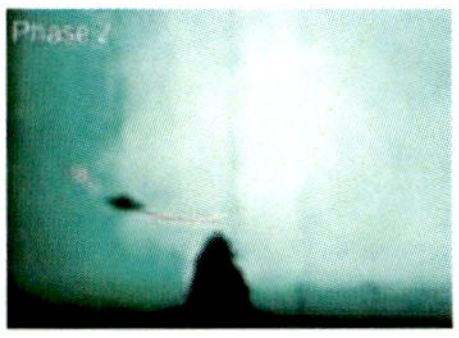		
3	Oscila dos veces de izquierda a derecha en un movimiento de *péndulo plano.*		5.6 5.2	7.8/25.5 6.7/22.0
4	Reduce abruptamente su velocidad, como si alguien lo halara desde la derecha, y permanece estático.			
5	Da giros circulares alrededor del árbol, en sentido contrario a las manecillas del reloj, ampliando poco a poco el diámetro, en un movimiento de *péndulo cónico.*		4.9 5.0 4.4 5.1 4.3	6.0/19.6 6.2/20.4 4.8/15.8 6.5/21.3 4.6/15.1

Fase	Descripción	Imagen	Periodo del péndulo (segundos)	Longitud pendular (m/pies)
6	Gradualmente pasa de nuevo a un movimiento de péndulo plano, como en la fase 3.	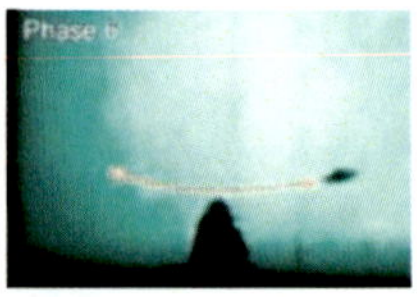	4.5 5.0 5.2	5.0/16.5 6.2/20.4 6.7/22.0
7	El OVNI mueve la copa del árbol sin tocarla.			
8	Justo después de mover el árbol, gira suave y rápidamente, y ahora oscila de adelante hacia atrás.			
9	Continúa oscilando de adelante hacia atrás. Ejecuta tres "saltos" cuando pasa sobre el árbol. Parece como un corte en la película. En el tercer salto se detiene sobre el árbol.		5.0 5.2 5.3 4.9 5.4 5.5	6.2/20.4 6.7/22.0 7.0/23.0 6.0/19.6 7.2/23.8 7.5/24.7

Fase	Descripción	Imagen	Periodo del péndulo (segundos)	Longitud pendular (m/pies)
10	EL OVNI permanece estático sobre el árbol por 16 segundos.			
11	Hace un "vuelco" repentino, girando cinco grados y reinicia su movimiento de adelante hacia atrás.		5.5 5.5 5.6 5.4	7.5/24.7 7.5/24.7 7.8/25.5 7.2/23.8
12	Se eleva alejándose y ascendiendo en un movimiento de *péndulo espiral.*		5.5 5.2	7.5/24.7 6.7/22.0

Tabla 5 - Las fases en la película de Billy Meier con sus períodos pendulares y la longitud del péndulo.

Midiendo el periodo de oscilación

Para medir con precisión estos períodos, utilizamos la herramienta de edición de video "Pinnacle Studio, Ultimate Collection", pero cualquier herramienta similar, fácilmente disponible, por ejemplo Adobe Premier da los mismos resultados. Si la herramienta puede hacer una revisión cuadro por cuadro, eso ayuda a confirmar los detalles del video.

Definimos los puntos de control observando cada cuadro para determinar el momento exacto, o cuadro, cuando el OVNI está al comienzo del ciclo (la posición más a la izquierda o más a la derecha), y luego todo el movimiento hasta que el OVNI vuelve a la posición inicial. Nuestro análisis calculó que el error al medir estos períodos es de alrededor de 0.1 de segundo. En el peor de los casos, donde fue difícil determinar el punto de control, el error fue de 0.2 segundos.

Existe una relación entre la gravedad de la Tierra, el período del péndulo y su longitud. Una fórmula simple para calcular la longitud del péndulo basada en el período está fácilmente disponible en los libros de física, pero para facilitar su cálculo, esta fórmula simple está disponible:

$$L = 0.2482\ T^2$$

Donde L es la longitud del péndulo en metros (la longitud del cordón) y T es el período de oscilación del péndulo medido en segundos.

Por ejemplo, si T es de 5 segundos, esta fórmula proporciona 6.2 metros de longitud. Con un error de 0.1 segundos en la medición del péndulo, el error en el cálculo de la longitud es de 25 centímetros. Sin embargo, hay variaciones de hasta 3.2 metros o más en la película de Meier, lo que significa 13 veces el error aceptado. Entonces estas variaciones son reales y significativas.

Las oscilaciones del péndulo siempre siguen esta relación porque se relaciona con la fuerza gravitacional de la Tierra; la precisión de este movimiento es la razón por la cual los relojes antiguos usaban péndulos.

Es esencial tener en cuenta aquí que cada período medido en segundos corresponde a un valor único de longitud del péndulo en metros, como se indica en la fórmula anterior, y los resultados se presentan en la Tabla 5. Entonces, si tenemos un objeto colgado de un cordón, podemos conocer la longitud del cable midiendo el período, que es el tiempo para completar un ciclo completo.

Entonces, los valores en la tabla son precisos y muestran variaciones notables que hacen que los movimientos de péndulo hipotéticos esenciales del "modelo" tengan variaciones importantes en su longitud. La distancia más larga fue de 7.8 metros (25.5 pies), y la más corta de 4.6 metros (15.1 pies). Se produce una diferencia en la longitud del péndulo de más de tres metros (10 pies). Este valor significativo crea una dificultad singular para la teoría del "modelo".

Tres Modelos de péndulos:

Las tres posibles simulaciones del modelo del péndulo, que podrían explican lo que muestra la película de Meier son:

- El modelo de *caña de pescar.*
- El modelo *colgado desde la rama de un árbol.*
- El *modelo sofisticado.*

El modelo de *caña de pescar* consiste en colgar un modelo a escala de un OVNI, de alrededor de 30 centímetros de diámetro, de una cuerda delgada unida a una barra larga y flexible, como una caña de pescar. Al mover la barra larga se logran los diferentes movimientos. Al tirar del cordón, o elevar la caña de pescar, al final de la demostración, esto eleva el OVNI, como se muestra en la película de Meier.

El modelo *colgado desde la rama de un árbol* sugiere el uso del mismo modelo a escala, colgado de un cordón que se pasa sobre una rama de árbol, arriba y fuera del campo de visión de la cámara. Otro cable está conectado a un extremo del modelo, lo que permite que un operador lo tire para oscilar el modelo en los tres movimientos pendulares diferentes, de péndulo plano, cónico y espiral. Es necesario tirar del cable cuando finaliza la sesión de filmación para simular correctamente cómo asciende el modelo al final de la película de Meier.

Creemos que nuestro *modelo sofisticado* es la posibilidad más cercana para duplicar lo que vemos en la película. Requiere una coordinación muy complicada entre varios asistentes, como si fuera en un estudio de grabación de Hollywood. Explicaremos este modelo en detalle.

El modelo de caña de pescar

La primera impresión que se lleva cualquier persona al ver la película del OVNI Tipo Péndulo es que parece un modelo colgado de una caña de pescar o similar. La Figura 92 ilustra tres variaciones de este modelo.

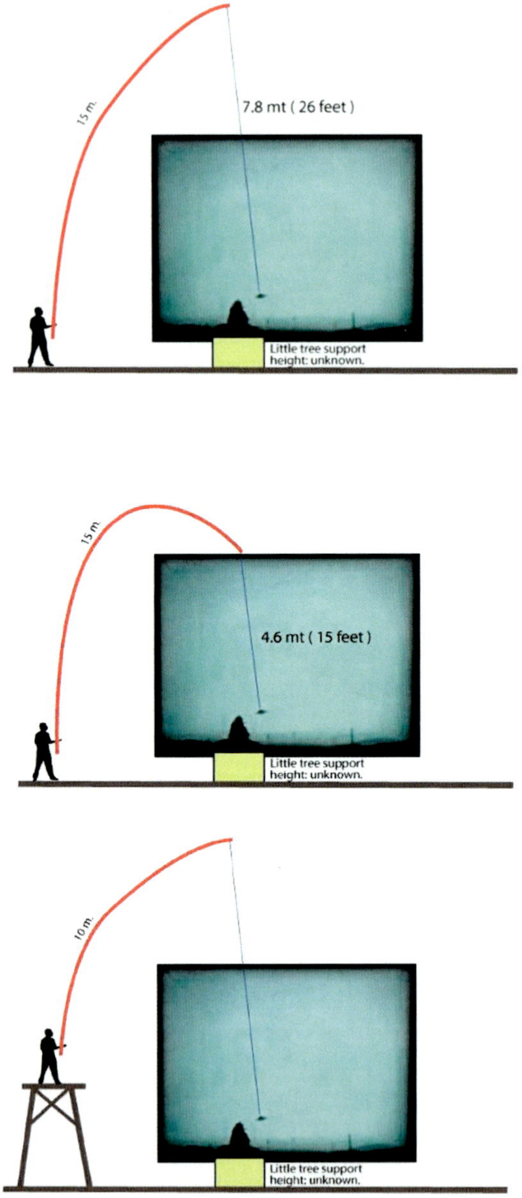

Figura 92 - Variaciones del modelo de *caña de pescar.*

Maccabee, en su artículo "Movimiento similar a un péndulo de un objeto no identificado (UO) filmado por Billy Meier (*Pendulum-like Motion of an Unidentified Object (UO) Filmed by Billy Meier*)", señala las diferencias de los períodos del péndulo en su investigación, que, al leerla, da la impresión de que asume que Meier utilizó una vara, como una caña de pescar, de la que colgó el modelo. Las variaciones en los periodos pendulares, explica, se deben al punto de soporte (nodo del péndulo) que se mueve continuamente, o al tirar de un cordón. Sin embargo, se descubrió que el método de la caña de pescar no explica cada movimiento visto en el video de Meier. Nuestro estudio encontró diferencias en algunos valores de tiempo indicados por Maccabee. Suponemos que no lo analizó con una herramienta informática como lo hacemos en esta investigación, sino que se refirió a algunas variaciones de período hechas al mirar el contador de tiempo de los investigadores japoneses en el documental de Yaoi.

Notablemente, en la Fase 12, cuando la nave asciende en un movimiento de péndulo en espiral, el período de péndulo no se reduce. En esta fase final, si el operador de la caña de pescar tira del cable para elevar el modelo, la longitud del cable se reduce, lo que acorta el período del péndulo. En la película de Meier, sin embargo, sigue siendo la misma y es incluso más larga que en otras fases. Por lo tanto, el operador de la caña de pescar debe mover la caña o el poste hacia arriba sin tirar del cordón, y esto crea una dificultad porque el poste debe tener al menos 15 metros de largo (Figura 92, arriba). La Figura 95 muestra una caja en una mesa para un arbolito que es necesaria porque el suelo cerca de su cámara es más bajo que la casa en el fondo visto desde la cámara. La altura extra del arbolito crea un problema adicional a la longitud de la caña de pescar.

Además, en las Fases 5 y 6 de la película (Tabla 5), el cable debe medir alrededor de 4,6 metros o menos, lo que presenta otra complicación: el operador debe bajar la barra o el poste sin que entre en el campo de visión de la cámara (Figura 92, medio).

Manejar una caña de 15 metros de largo es extraordinariamente difícil. En la actualidad, las cañas de pescar de carbono de grafito más largas alcanzan esta longitud, pero estas no estaban disponibles para Meier a mediados de la década de 1970 (Allfishingbuy.com). Otra opción podría ser usar un poste de 10 metros de largo con el operador en una plataforma elevada a cinco metros del suelo (vea la Figura 92). Pero incluso un poste de 10 metros de largo es muy complicado de manejar, y Meier debe construir y erigir en el sitio el soporte de cinco metros de altura sin que nadie lo sepa ni lo vea. Por supuesto, no hay evidencia de ningún esfuerzo de este tipo por parte de Meier.

Maccabee no consideró las variaciones en la longitud, o las variaciones significativas en los periodos del péndulo. Hasta donde sabemos, al usar un modelo de caña de pescar, también le faltó una prueba práctica para confirmar si los períodos del péndulo cambian en esta magnitud, similar a los mostrados en la película. Es muy importante entender que en cada ciclo circular del "objeto" alrededor del árbol en el péndulo cónico no debería cambiar el período en absoluto. Sin embargo, cambia dramáticamente en la película real, resultando en un cambio significativo de 1.6 metros en la longitud del péndulo. El OVNI también parece ser tirado desde la izquierda en la Fase 2, desde la derecha en la Fase 4, desde la ubicación de la cámara frontal en la Fase 8 cuando gira a la derecha y mueve la copa del árbol sin tocarlo, y desde la parte posterior después del vuelco, en la Fase 11, cuando reinicia el movimiento de adelante hacia atrás. Por lo tanto, parece que debe haber cuatro cables adicionales conectados a cualquier modelo a escala para lograr esto. Cabe destacar que Maccabee analizó la grabación de Nippon TV que no muestra todas las fases de la película.

Con algunos asistentes, intentamos un experimento práctico para probar el modelo de caña de pescar usando un péndulo para replicar cada fase que se muestra en el video de Meier. Las fases se enumeran e ilustran en la Tabla 5. Las pruebas detalladas y las pruebas y hallazgos adicionales se muestran en el video en este enlace:

www.youtube.com/watch?v=IKeutVKFbG0

Una tapa de una olla nos sirvió como modelo sustituto del modelo del OVNI. El modelo elegido fue de 25 cm en lugar de 30 cm, pero esta pequeña diferencia es indiferente. En nuestro experimento utilizamos una vara como "caña de pescar" (pruebas 1a y 1b). La tapa se colgó de un cordón delgado de nylon. Luego lo colgamos de la rama de un árbol (prueba 2). En las pruebas 1a y 1b (Tabla 6), la longitud del péndulo era de dos metros (6.6 pies), y cuando se colgaba de la rama, era de 3.8 metros (12.5 pies). Estas pruebas se hicieron para verificar la viabilidad propuesta por los escépticos de una persona solitaria que reproduce todas las fases mientras simula el video de Meier. No intentamos una réplica exacta de todo lo que muestra la película de Meier porque hubiera sido demasiado complicado de realizar.

Consulte los resultados en la Tabla 6 y las mediciones de período registradas. Se hicieron videos y se revisaron los resultados con el mismo software de edición de video, y métodos utilizados con el video de Meier.

En las pruebas 1a y 1b (Tabla 6), el modelo fue fácil de mover. Resulta interesante que, independientemente de cómo movimos el nodo (la parte superior del poste donde está conectado el cable), los períodos fueron los mismos en todos los ciclos. El error de medición del tiempo es el mismo que el encontrado en el video de Meier, alrededor de 0.1 de segundo, y no más de 0.2 de segundo. Concluimos que con este método, si la longitud del cable no cambia, el período no cambia más de 0.1 de segundo. Se evitó una prueba de poste de 15 metros (49 pies) (Figura 92, arriba), que sería necesaria para confirmar el modelo de los escépticos, porque encontrar y maniobrar un poste o una barra tan larga resultó ser un ejercicio imposible de ejecutar.

Una caña de pescar actual, que sea muy larga, es de "solo" seis metros de longitud cuando está completamente extendida (Hey Skipper). Decimos que en este modelo de caña de pescar, Meier debe usar una caña de al menos 10 metros de largo, lo cual es absurdo probar. Como se mencionó anteriormente, hay barras especiales de carbono de grafito de 14 metros ~ 20 metros de largo ahora, pero, por supuesto, no estaban disponibles en la década de 1970; y cuestan $ 200 ~ $ 300 cada una, mucho más allá de los medios escasos de Meier, en dificultades financieras que tenía en ese momento (Allfishingbuy.com).

Llegamos a la conclusión de que el modelo de caña de pescar no puede explicar lo que vemos en la película del *OVNI Tipo Péndulo.*

Prueba	Descripción	Imagen	Periodo Pendular	Longitud Pendular

			(segundos)	**(m/pies)**
1a	Usando una vara, con una tapa de una olla como modelo. Movimiento de péndulo plano en dirección izquierda-derecha.		2.9 2.9 2.8 2.9 3.0	2.1 /6.9 2.1 /6.9 1.9 /6.2 2.1 /6.9 2.2/7.2
1b	La misma “caña de pescar” de la prueba 1a, pero en un movimiento pendular cónico, en dirección circular.		2.9 2.9 3.0 2.9	2.1 /6.9 2.1 /6.9 2.2/7.2 2.1 /6.9

Tabla 6 - Pruebas 1a y 1b con la “caña de pescar”.

Modelo “colgado desde la rama de un árbol”

En este escenario, el modelo a través de un cordón cuelga de una rama de un árbol, que está fuera del campo de visión de la cámara (Figura 93).

Phil Langdon hizo una simulación interesante al construir un modelo colgado de un árbol, mostrando cómo puede aproximarse a la película de Meier. La simulación publicada en su canal público de YouTube muestra un modelo muy similar al de la película de Meier. Sin embargo, Langdon no analizó los aspectos físicos, ni proporcionó el análisis matemático que hizo Maccabee. Además, ignoró algunos detalles cruciales, como por qué el período de péndulo de Meier cambia continuamente, pero en su modelo que cuelga de una demostración de la rama de un árbol sigue siendo el mismo de 3.7 segundos, que no es lo que muestra la película de Meier.[10]

Figura 93 - El modelo *colgado desde la rama de un árbol.*

Además, en sus pruebas, Langdon hizo tomas parciales, no una película continua de más de tres minutos, ni simuló las 12 fases, lo que le habría costado mucho esfuerzo. Tampoco mostró cómo mover la copa de un árbol pequeño sin que el modelo toque el árbol, ni que el modelo permanezca en un movimiento suave después de mover el arbolito; en algunas de sus demostraciones, el modelo toca el árbol y se sacude violentamente. También cuando hace un giro hacia la derecha su modelo del OVNI se sacude, pero en la película de Meier se muestra un movimiento suave que es extraordinariamente difícil de replicar, tan desafiante que nadie lo ha replicado con éxito hasta la fecha. El audaz intento de Langdon, aunque aparenta ser similar, realmente demuestra claramente que Meier no usó este modelo colgándolo desde la rama de un árbol para filmar su película.

Finalmente, es esencial tener en cuenta que no había árboles útiles disponibles en el lugar donde Meier filmó su película. Aun así, le deseamos a Langdon lo mejor para cualquier posible prueba futura que intente.

Algunas dificultades significativas con este modelo, y por qué no puede explicar lo que vemos en la película de Meier son:

- El nodo está en una posición fija en la rama del árbol, arriba. En la película de Meier, el nodo, donde se conecta el cable al mecanismo de soporte (rama o vara), siempre está cambiando de posición. Vea la composición de diferentes localizaciones del OVNI en la Figura 94. La dirección del cordón se proyecta perpendicularmente al eje principal de la elipse que vemos de la imagen del OVNI. No hay una ubicación única para el nodo, y algunas direcciones del cable divergen y nunca se cruzan. Entonces en la película de Meier vemos que el nodo se mueve todo el tiempo.
- Los períodos del péndulo están cambiando a lo largo de la demostración, lo que indica que la longitud del péndulo está cambiando. Sin embargo, en el modelo *colgado desde la rama de un árbol* la longitud es constante.
- En la Fase 12 final, cuando el modelo OVNI debe ascender, es necesario tirar del cordón, lo que reduce su longitud, por lo que el período del péndulo debe disminuir. La película de Meier no muestra esto: el período del péndulo sigue siendo el mismo. Entonces, con este modelo, en lugar de tirar del cordón, la rama del árbol debe elevarse, lo cual es imposible.
- Como señalamos en el modelo de caña de pescar, debe haber cuatro cables adicionales para detener o mover el modelo desde las cuatro direcciones de izquierda, derecha, adelante y atrás. Sin embargo, con operadores adicionales que usan estos cables, aún en este modelo, encontramos que los cables se enredan fácilmente en el arbolito.

Figura 94 - Composición de varias imágenes del OVNI tomadas del video original, con su cable hipotético. Estas líneas no convergen en un único punto.

Figura 95 - Una composición simulada a partir de fotos reales para el modelo *colgado desde la rama de un árbol.* Este arreglo no puede replicar la longitud variable del péndulo que se encuentra en todas las fases.

También simulamos este modelo (Prueba 2). Vea los resultados en el video "*OVNI Danzante – Dancing UFO*", Investigación detallada en YouTube (Zahi).

En nuestra segunda prueba, utilizamos una rama de árbol flexible capaz de producir bamboleo del modelo como se ve en el video de Meier. Sin embargo, la oscilación no se produjo naturalmente en la prueba, lo que demuestra que alguien debe tirar de la rama hacia abajo para crear este efecto mientras que otra persona crea los otros movimientos. Usando una forma de soporte para reemplazar la rama blanda, alguien debe tirar y soltar el cable donde cuelga el modelo. La Tabla 7 muestra que la duración del período no cambia en la mayoría de los casos. Cambia al final, en la Fase 12, ya que tirar del cordón de nylon, se reduce la longitud del péndulo haciendo que el período sea más pequeño a medida que el modelo asciende. En la Fase 12 de la película de Meier, esto no sucede; el período permanece aproximadamente igual, o aumenta ligeramente.

Fases en Prueba 2	Descripción	Imagen	Periodo pendular (segundos)	Longitud pendular (m/pies)
1	El modelo permanece estacionario durante 23 segundos. Se usó un poste de madera fijo en lugar de un árbol pequeño ya que los cordones de nylon se enredaban en un árbol.			
2	Tiramos del modelo lentamente desde la izquierda con otra cuerda.			
3	El operador suelta el cable y corre hacia el otro lado, por detrás de la cámara. El modelo se balancea dos veces, como un péndulo plano libre.		3.9 4.0	3.8/12.4 4.0/13.0
4	El modelo desacelera rápidamente y permanece encima del árbol. Al tirar de la cuerda derecha, desde la derecha, lo detiene.			

Fases en Prueba 2	Descripción	Imagen	Periodo pendular (segundos)	Longitud pendular (m/pies)
5	El modelo se mueve en círculos en sentido anti horario, vista desde arriba Es difícil mover el modelo de esta manera con solo un operador tirando de él.		3.9 3.9 3.9 3.8	3.8/12.4 3.8/12.4 3.8/12.4 3.6/11.8
6	El modelo cambia gradualmente a un movimiento de péndulo plano, de izquierda a derecha, similar a la Fase 3.		3.8 3.9 3.8	3.6/11.8 3.8/12.4 3.6/11.8
7	El modelo debería mover la copa del arbolito sin tocarla.	En la prueba 1a, **no simulada aquí**, tratamos de mover un arbusto sin éxito.		
8	Tan pronto el modelo mueve la copa del árbol, cambia rápidamente de dirección. Esta parte es muy difícil de replicar. Si se tira, el modelo oscila violentamente.			

Fases en Prueba 2	Descripción	Imagen	Periodo pendular (segundos)	Longitud pendular (m/pies)
9	Mientras se mueve continuamente de un lado a otro, la nave "salta" tres veces al pasar por encima del árbol. Cortando el rollo de película es posible la simulación de los saltos.		3.8 3.9 3.7 3.7	3.6/11.8 3.8/12.4 3.4/11.1 3.4/11.1
10	La nave permanece inmóvil sobre la copa del árbol durante 16 segundos.	**No simulado aquí.**		
11	La nave estática, de repente gira cinco grados. Luego reinicia el movimiento hacia atrás, moviéndose hacia adelante y hacia atrás nuevamente.	**No simulado aquí.**		
12	El modelo se aleja, moviéndose en forma de péndulo espiral mientras asciende. El período disminuye al acortarse la longitud del péndulo, a diferencia de la película de Meier donde el período permanece constante.		3.8 3.4 3.0	3.6/11.8 2.9/9.4 2.2/7.3

Tabla 7 – Simulación de las fases 1 ~ 12 en la Prueba 2, con un hilo de nylon colgado de la rama de un árbol.

Cuando realizamos esta prueba, el video completo no estaba disponible para nosotros, por lo que no se observó el tercer salto, la parada repentina del OVNI, el giro y los pulsos, por lo que no intentamos simularlos.

En conclusión, ni las investigaciones de Langdon, ni las de Maccabee ofrecieron buenas explicaciones de cómo la hipótesis del modelo podría ser consistente con las variaciones en los períodos del péndulo y los cambios en la longitud del cordel. También, como se indicó anteriormente, no demuestran que el "modelo" mueva la copa del árbol pequeño sin tocarlo, y no explican otros detalles notables encontrados en esta segunda investigación.

El Modelo Sofisticado

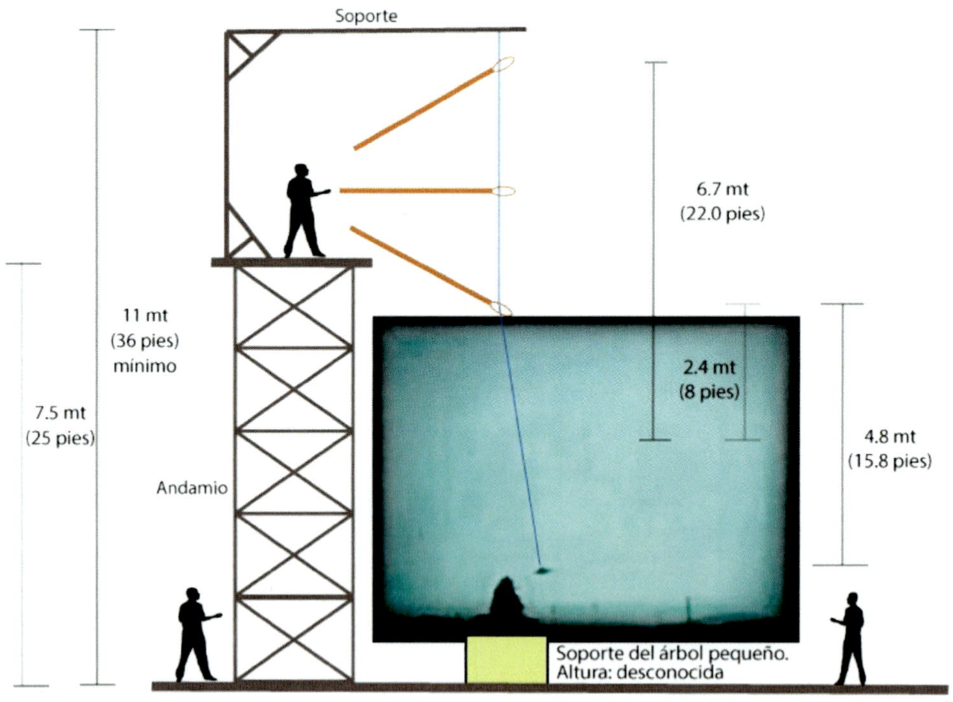

Figura 96 - Dibujo a escala del *Modelo Sofisticado* para simular lo que vemos en la película del *OVNI Tipo Péndulo.*

Creamos un modelo sofisticado que demuestra cómo incluir varios aspectos vitales del movimiento pendular del OVNI. El enfoque es teórico, difícil de lograr, costoso, lento de construir y, en última instancia, es poco probable que produzca resultados que coincidan exactamente con lo que muestra la película de Meier.

El modelo tiene un soporte superior para el cordón de péndulo controlado por un operador que se encuentra en la parte superior de una plataforma alta. Este modelo sofisticado requiere varios operadores, un andamio y varios cables adicionales, como se muestra en la Figura 96. El mecanismo primario consiste en una barra horizontal larga con un anillo en un extremo (Figura 97). Un operador parado en una plataforma del andamio de 11 metros de altura controla la mayoría de los movimientos del modelo del OVNI con la barra. A medida que la barra se mueve hacia arriba o hacia abajo, el anillo, que es el nodo del cordón que sostiene el modelo, reduce o aumenta la longitud del péndulo. Tal operación podría demostrar las variaciones de los períodos del péndulo, y cómo el nodo cambia su posición (Figura 94).

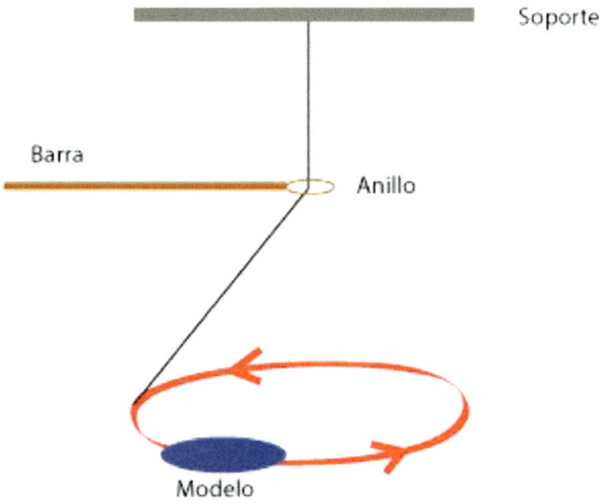

Figura 97 - Barra auxiliar que cambia la longitud del péndulo en el *Modelo Sofisticado.*

Entonces, ¿podría Meier haber operado esto con un ayudante, en el suelo y el otro en la plataforma? Desafortunadamente, no, se requieren más participantes. En la Fase 4, el modelo se detiene abruptamente como si alguien lo tirara desde la derecha. La simulación de Langdon detuvo el modelo en esta fase desde la izquierda, no desde la derecha. Entonces, el operador en el terreno necesita a alguien que lo ayude desde el otro lado. O el operador en tierra podría correr detrás de la cámara de izquierda a derecha en 10 segundos para sostener otro cable allí, a la derecha. En este modelo sofisticado, lo llamaremos *el corredor*. Entonces, el modelo podría tener solo un operador de plataforma y un *corredor*.

Nuestro experimento requirió tres cables de nylon, uno desde la rama superior hacia el modelo, uno desde el modelo hacia la izquierda y otro desde el modelo hacia la derecha. Fue muy difícil evitar enredar todos los cables del árbol en miniatura debajo del modelo en movimiento. Fue tan problemático que en nuestra prueba, cambiamos el arbolito por un poste de madera vertical. Nuestra prueba de campo simuló las fases encontradas en la evidencia disponible del momento. Con una versión completa de la película, notamos que otro cable es necesario en la parte posterior, y otro operador posiblemente acostado para evitar ser captado por la cámara. Este operador tira del modelo desde la parte posterior, como se ve en la Fase 11. Entonces se necesitan cinco cables: hacia la parte superior, la izquierda, la derecha, la parte frontal y la parte posterior. Hay un operador de plataforma y cuatro operadores en el suelo, asegurando que los cables no se aflojen y se enreden en el arbolito. Todos deben coordinarse con precisión. Si uno de los cables está demasiado apretado, detiene el modelo y, si está demasiado suelto, se enreda en el arbolito, arruinando la sesión de grabación.

Ahora, en la Fase 7, el OVNI pasa por encima del árbol, y la copa del árbol se mueve sin que el OVNI toque el árbol. ¿Por qué se mueve la copa del árbol? ¿El modelo del OVNI golpea un poste extendido transparente e invisible desde la pequeña copa del árbol? Si es así, la modelo se tambaleará después del golpe, pero el árbol se mueve y el OVNI no se tambalea en el video de Meier. Maccabee reconoce esta parte del video de Meier pero omite explicar cómo sucede. La simulación de Langdon muestra el modelo golpeando la copa del árbol, lo que no ocurre en el video original. Observamos el movimiento de la copa del árbol después de que el OVNI lo ha sobrepasado una distancia equivalente a un diámetro del modelo o del OVNI. Todo el árbol también tiembla, como se muestra en el clip de película *Contact*. Los resultados de esta investigación podrían sugerir que la copa del árbol se movió debido a la turbulencia del aire por el OVNI que pasa cerca, o una fuerza no convencional, como un campo de fuerza del OVNI. Sin embargo, el modelo de OVNI que probamos, y cualquier modelo en el escenario sofisticado es demasiado pequeño para crear turbulencia, mientras que un objeto más significativo como un OVNI de 7 metros podría hacerlo.

Un escéptico podría intentar explicar esto afirmando: un ayudante a la derecha tira de otro cable conectado a la parte superior del árbol en miniatura en el momento preciso en que el objeto pasa sobre él. Sin embargo, probablemente se requeriría otro cable firme, unido a la parte media del árbol en miniatura desde la izquierda para evitar que se caiga al tirar del cable a la derecha, a menos que el árbol esté asegurado a una base masiva. Al aceptar esta posibilidad, tenemos a otra persona involucrada: un "asistente para tirar del arbolito", que podría ser uno de los cuatro operadores terrestres. Así que ahora al menos cinco personas participan en una simulación muy complicada; Sin embargo, es una posibilidad teórica.

Ahora, ¿cómo se puede lograr el bamboleo? El modelo se mueve hacia arriba y hacia abajo mientras se desplaza de izquierda a derecha. Puede hacerlo otro asistente tirando de un cable adicional conectado al soporte superior que debe ser flexible. Alternativamente, tal vez cualquiera de los operadores en tierra podría hacerlo.

La Figura 96 muestra la reconstrucción de un posible arreglo que Meier teóricamente podría haber usado para grabar su video. Tres operadores están presentes, pero se necesitan cinco. En la Tabla 5, tenemos la longitud mínima del péndulo de 4.8 metros (15.8 pies) en la fase 5. Esta distancia ayuda a localizar la altura más baja posible del anillo al final del poste del "operador de la plataforma". Además, notablemente en la fase 12, la longitud del péndulo era de 6.7 metros (22,0 pies) mientras el modelo ascendía, asumiendo una ubicación representativa a mitad del movimiento a 2.4 metros (8 pies) debajo de la posición inferior del anillo del operador de la plataforma. Por lo tanto, encontramos la posición del anillo en la posición más elevada requerida.

En esta disposición, el operador de la plataforma, sosteniendo un poste de 4 metros de largo (13 pies), debe ubicarse a unos 7.5 metros de altura (25 pies), y el soporte del cable superior que sostiene el modelo debe estar a la altura de 11 metros (25 pies). Las fotos de la ubicación de la película muestran que el árbol en miniatura necesita elevarse del suelo (ver la disposición de la Figura 95 simulada a partir de fotos reales). O bien, el trípode o la cámara de cine deben organizarse a una elevación muy baja. De cualquier manera es factible. El modelo OVNI debe tener alrededor de 30 cm de ancho (1 pie), y el árbol en miniatura debe tener 1.3 metros de alto (4.3 pies) aproximadamente.

El operador de la plataforma realiza algunos roles críticos. Pueden mover el poste en círculos, por lo que el modelo también se mueve en círculos, como en la Fase 5, a veces bajando el poste y otras subiéndolo para tener en cuenta las diferencias en la longitud del péndulo, medida desde el modelo hasta el anillo al final de la barra. Además, hacia el final de la demostración, en la Fase 12, mientras uno de los operadores en el suelo tira lentamente del cable para levantar el modelo, el operador debe elevar el anillo del poste para evitar que se reduzca la longitud del péndulo. Elevar el anillo se realiza más fácilmente que mover el soporte superior hacia arriba mecánicamente. Todo esto suena bastante complicado, y lo es, pero en nuestra investigación, demostró ser la forma más fácil y precisa de hacer coincidir los movimientos observados en la película del OVNI Tipo Péndulo. Cualquier recreación debe ser precisa en todos los detalles.

Este arreglo lo hace factible, incluso si parece un escenario de película de Hollywood. Sin embargo, hacerlo en una sola toma en escena parece muy poco probable debido a las dificultades y complejidades de la operación. Cualquiera, naturalmente, preguntaría: ¿Por qué Meier no hizo algo más simple? ¿Es razonable suponer que Meier construyó esta plataforma alta y voluminosa durante solo un día o dos, con ayuda de algunos cómplices que juraron mantener el secreto, y más allá de cualquier observación externa independiente en medio de una granja, con visitantes que siempre pasan y algunos edificios cercanos con una vista clara de su lugar en un día frío y nevado? Recuerde, la ubicación de esta demostración estaba a solo 200 metros de Hinwil, por lo que no es un área aislada o discreta para tal construcción. La gente alrededor de Meier lo habría observado, lo que hace imposible construir tal set de producción, hacer la película y luego desbaratar el aparato con un puñado de ayudantes sin que nadie vea la complicada operación.

En resumen, este complicado escenario para grabar el video, permite explicar los cambios continuos en la longitud del péndulo.

Ni el modelo de "caña de pescar" ni el modelo "colgado desde la rama de un árbol" explican estas variaciones en la longitud del péndulo. El hecho de que al final de la demostración (fase 12) cuando el modelo asciende, no reduce la duración del período, significa que el nodo pendular también está elevándose en cualquier escenario de modelo.

Además, si Billy Meier hubiera empleado a cinco falsificadores asistentes, durante los 40 años transcurridos desde la filmación, esperaríamos que al menos alguien hubiera revelado la verdad a sus amigos, críticos del caso Meier o investigadores. O haberse jactado de engañar a muchos partidarios del caso de Meier, o por el dinero de una entrevista. Por lo tanto, debemos suponer que los falsificadores asistentes permanecen en silencio, suponiendo que alguna vez hayan existido realmente, lo que, considerando la falta de evidencia, consideramos que es poco probable.

Una animación por computadora que simula este modelo sofisticado propuesto está disponible en el video de investigación de YouTube: *OVNI Danzante - Dancing UFO* (Zahi). En el momento de realizar esta simulación, no sabíamos del tercer "salto", o del repentino vuelco del OVNI, ni de los pulsos probables que emite el OVNI cuatro veces que dejan un arco de luz en la película en una fracción de segundo.

Este modelo sofisticado se acerca a explicar lo que vemos en la película de Meier. Sin embargo, otros aspectos de la demostración siguen siendo imposibles de explicar, incluso con este arreglo costoso, complicado y que consume mucho tiempo. Por lo tanto, debemos concluir que el movimiento del péndulo que vemos en la película de Meier no es simple, sino un movimiento de péndulo forzado que no puede explicarse por afirmaciones no comprobadas y no probadas de que Meier colgó un pequeño modelo de una cuerda.

Si cree que podríamos estar yendo un poco lejos con nuestro modelo sofisticado, deberíamos señalar que nuestros hallazgos hacen eco de las palabras de las principales personas de efectos especiales de Hollywood. Aquí hay una cita (proporcionada por Michael Horn) de los ganadores del Premio de la Academia de Efectos Especiales para la película *Independence Day*, Engel y Weigert, sobre el OVNI Tipo Péndulo:

> Pero, para reflexionar sobre la declaración que está en la película, también recuerdo haber visto una toma de video en Super8 que mostraba un OVNI dando vueltas alrededor de un árbol bastante alto. Según esta toma, dijimos que no podemos decir de manera concluyente si es real o no, pero parecía imposible organizar ese tipo de toma de un modelo (tendría que estar colgando de una grúa muy alta, con cables... pero incluso, entonces, los movimientos serían difíciles de lograr.) Entonces, sí, con respecto a esta toma, mencionamos que definitivamente podríamos hacerlo hoy con CG, pero en el momento en que supuestamente se filmaron, habría sido muy difícil, probablemente incluso imposible, fingir este tipo de escenas (Engel y Weigert, Uncharted Territory 2006).

También podemos agregar a estos comentarios que el uso de un modelo a gran escala, de siete metros de diámetro, sostenido por una grúa muy alta, mostrará un movimiento pendular de unos 20 a 28 segundos, no de 5 a 6 segundos. En otras palabras, el movimiento de un modelo gigante sería extremadamente lento, y esto no es lo que vemos en la película de Meier.

2- Un gran árbol y un OVNI

Después de ver todas las versiones de los videos disponibles, notamos que el árbol, la casa y el OVNI están muy lejos. El OVNI mueve la copa del árbol, demostrando una interacción entre los dos y confirmando su proximidad. Con el árbol de más de 20 metros de altura, en comparación, vemos que el OVNI tiene alrededor de siete metros de diámetro.

La atenuación de la atmósfera en forma de dispersión de luz de *Rayleigh* provoca borrosidad, tonos más suaves y pérdida de colores vivos en objetos más distantes. La dispersión de la luz, discutida con más detalle a continuación, confirma que el árbol, la casa y el OVNI están lejos de la cámara.

Un gran árbol cerca de la casa:

Figura 98 - Esta imagen realsada muestra los efectos de dispersión de luz de Rayleigh y Mie. **A:** El cielo de fondo. **B:** La casa lejana, el árbol y la nave en tonos gris-azulado claros. **C:** colores más vivos del prado en primer plano, más cercano que A o B.

Al observar detalladamente los mejores videos de la película, pronto se confirma que árbol es grande y real. La Figura 98 es una imagen de captura de pantalla ampliada y mejorada por computadora, que muestra los efectos de dispersión de luz de *Rayleigh* y *Mie*. Vemos un fondo transparente del cielo **A**: con torres lejanas y difusas muy distantes en la parte inferior derecha. **B:** Muestra la casa, el árbol y el OVNI compartiendo el mismo grado de borrosidad y densidad de tono de luz gris-azulado, lo que los hace casi equidistantes de la cámara. La ligera lluvia o nieve en este momento aumenta la dispersión *Mie* de luz a la atenuación atmosférica de *Rayleigh*. Estos efectos explican en gran medida la borrosa notoria y la densidad de tono azul-gris claro de los objetos distantes. Tenga en cuenta las diferentes cualidades tonales en esta película. En comparación con el horizonte de tonos más claros, el OVNI, el árbol y la casa, tienen aproximadamente la misma calidad tonal clara. Un objeto mucho más cercano, como la hierba circundante en **C**, o un árbol pequeño o un modelo de un OVNI cercano a la cámara, será aún más oscuro o de color más vivo para una película en color. El procesamiento de la imagen en la Figura 98, sin cambiarle el color, revela detalles ocultos en la hierba en primer plano de la película, con colores más vivos que en **A** o **B**, lo que demuestra la gran distancia hacia el OVNI, el árbol y la casa.

Estos son hechos dictados por la naturaleza de la dispersión de luz de *Rayleigh* y *Mie*, que explican cómo la claridad, la densidad y la calidad del tono, o la vitalidad se deterioran con la distancia.[11] Aunque la película es de una calidad relativamente pobre, existe suficiente diferencia en la calidad del tono y el color, y saber esto nos dice que la casa, el árbol y el OVNI están aproximadamente a la misma distancia de la cámara.

La Figura 99, a la izquierda, muestra una simulación de un árbol en miniatura y un modelo OVNI cerca de la cámara. Su cercanía a la cámara hace que sus imágenes sean más nítidas y más vívidas en color y tono, aunque exageradas aquí para ilustrar este efecto. A esta distancia corta de la cámara, el nivel de desenfoque y tono del modelo del OVNI y del pequeño árbol no deberían ser el mismo que el de la casa del fondo, que está sujeta a la atenuación atmosférica en esta tarde tenuemente iluminada, con nieve o lluvia ligera. Sin embargo, en la película de Meier (Figura 99, derecha), el OVNI, la casa y el árbol tienen aproximadamente el mismo grado de desenfoque, tono y degradación del color.

Figura 99 - Izquierda: una simulación que ilustra cómo se vería un pequeño árbol y un modelo a escala cerca de la cámara. Derecha: imagen real de la película de Meier mejorada al aumentar el contraste y el brillo, y sin cambios de color o tonalidad.

Este simple hecho desecha la afirmación de que Meier podría haber enfocado deliberadamente su cámara hacia el infinito, para hacer que el árbol y el OVNI cercanos se vieran borrosos. Si lo hubiera hecho, ¿por qué la casa está tan borrosa? Debería estar en foco. Esta aseveración no es válida, porque la casa, el árbol y el OVNI comparten las mismas cualidades. Por el contrario, si Meier se hubiera centrado en un árbol en miniatura en primer plano, el árbol seguiría siendo mucho más oscuro y revelaría más color oculto con la mejora, y la casa estaría más desenfocada que el árbol, lo que no es el caso aquí.

Además, en la misma figura, en el lado derecho, no vemos evidencia de ningún dispositivo de soporte para el árbol como una mesa o maceta, y parte de la casa es visible debajo de las ramas inferiores del árbol en algunas versiones de la película. La Figura 99, a la derecha, muestra la imagen real de la película de Meier mejorada solo al aumentar el brillo y el contraste, sin ningún cambio en color. Inténtelo usted mismo.

Hoy podemos ver las casas, las torres distantes y un bosque a la izquierda, pero falta el gran árbol. La Figura 100, a la izquierda, muestra una imagen del documental de Nippon TV en comparación con la imagen de la película del *OVNI Tipo Péndulo* a la derecha. Las simulaciones hechas por escépticos como Langdon no simularon una casa borrosa distante en el fondo durante una tarde lluviosa o nevada, con un pequeño árbol y un pequeño modelo de un OVNI cerca de la cámara, que mostraran un grado similar de borrosidad y pérdida de color, y de tono, debido al efecto de dispersión de *Rayleigh* y *Mie*. Una demostración usando un árbol en miniatura y un modelo cerca de la cámara en una tarde como esa, produciría algo más parecido a lo que se ve en la Figura 99, lado izquierdo.

La única conclusión es que esta película no muestra un árbol en miniatura, ni un modelo de un OVNI cerca de la cámara, con una casa distante.

Figura 100 - Izquierda: Imagen de la película de los investigadores japoneses que muestra la casa distante sin el árbol. Derecha: imagen mejorada de la película de Meier. El OVNI, y el árbol sin dispositivo de soporte, parecen estar cerca o incluso detrás de la casa Algunas paredes de la casa son parcialmente visibles debajo de las ramas más bajas del árbol.

La copa del árbol que se mueve

En la Fase 7 el OVNI mueve la copa del árbol sin tocarlo. Los dos interactúan, mostrando que el árbol y el objeto volador están a la misma distancia de la cámara. Maccabee reconoce esto pero no explica más el asunto. Todos los videos disponibles muestran el árbol temblando después de que el OVNI ejecuta el giro a la derecha. El que lo muestra más claramente es el clip del documental *Contact*. No solo vemos que la parte superior del árbol se mueve, sino que también todo el árbol está temblando de la misma manera que un árbol grande lo haría, Esto no es un bonsái. Véalo en este clip:

https://youtu.be/gGCuLIVxxQw

Una de las simulaciones de Langdon muestra a su modelo golpeando la parte superior de su árbol en miniatura para moverlo, que no es lo que sucede en la película de Meier.

Realizamos pruebas con un arbusto pequeño y flexible. A medida que nuestro modelo se movía muy cerca y por encima del arbusto, cualquier ligera turbulencia creada por el modelo no movía una sola hoja de árbol. Un objeto pequeño como un modelo no puede generar suficiente turbulencia para moverlo. Sin embargo, un objeto significativo puede producir más fácilmente esta turbulencia debido a una mayor cantidad de aire que desplaza.

Imagínese usando un sombrero y un pequeño avión a escala, a control remoto, pasa sobre su cabeza. El sombrero se queda en su cabeza porque la turbulencia no es lo suficientemente fuerte como para desprenderlo. Sin embargo, imagine que está en una pista de aterrizaje en un aeropuerto, y un avión pasa sobre usted, o incluso sobre alguien dos o tres veces su altura. No solo pierde el sombrero, sino que la turbulencia también lo mueve a usted. Alternativamente, es probable que haya tenido la difícil experiencia de estar de pie junto a la carretera mientras un enorme camión pasa y su turbulencia le quita el sombrero o destroza su paraguas, y lo desequilibra. Se necesitan objetos grandes para crear turbulencias; un modelo puede mover algunas motas de polvo ligero, pero nada de peso; Un modelo pequeño no puede arrastrar suficiente aire y crear viento.

Al ver la película de Meier en cámara lenta, se nota que el árbol se mueve después, solo hasta que pasa el OVNI, como muestra el cuadro de la película en la Figura 101, cuando la copa del árbol comienza a moverse. El movimiento del árbol es consistente con la turbulencia causada por un gran objeto. El OVNI empuja el aire que luego mueve el árbol. Por lo tanto, se puede esperar un retraso en el movimiento del árbol. Una posible distancia entre el árbol y el OVNI considerable podría explicar el retraso de tiempo a medida que el aire viaja al árbol para causar su movimiento.

Sin embargo, no es imposible simular este efecto en un árbol en miniatura. Tirar de un cable conectado a la parte superior de un árbol podría imitarlo, como se explicó en el escenario del modelo sofisticado. Quizás podría hacerse, pero es tan complicado que nadie lo ha hecho hasta la fecha, y no se esperaría que los resultados fueran tan buenos como la película original por las razones mencionadas anteriormente. Sincronizar este movimiento en el momento adecuado es muy difícil. Si Meier lo hiciera, como en teoría lo indicamos en el modelo sofisticado, habría perdido muchos rollos de película antes de atrapar el modelo y la copa del árbol en el momento correcto, y recuerde que esta fase no es el único detalle particular en la película. Por supuesto, la teoría del modelo sofisticado requiere otro operador con un cable ubicado a la derecha del árbol esperando el momento preciso para mover la pequeña copa del árbol. Como hemos demostrado, un hombre con un solo brazo no puede realizar todo este procedimiento por sí solo.

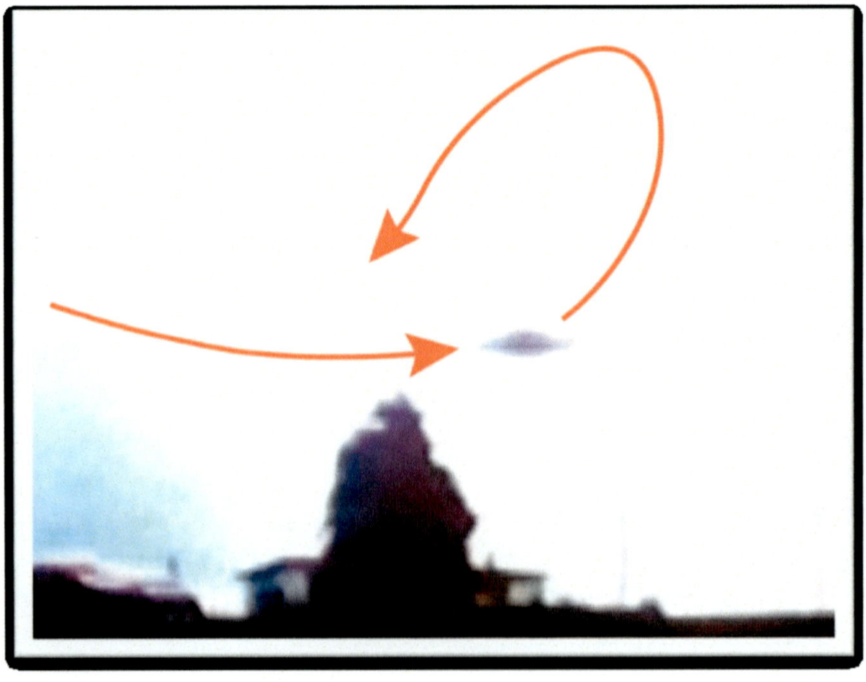

Figura 101 - La copa del árbol se mueve luego que el OVNI pasa sobre ella.

Algunos investigadores partidarios de la teoría de que esto es un OVNI, no un modelo, no están totalmente de acuerdo con la explicación de la "turbulencia". Dicen que puede haber otro mecanismo de una nave espacial extraterrestre capaz de mover un objeto sin tocarlo, como un campo de fuerza, dispersión de energía o algo similar, pero completamente desconocido. Parece que solo uno de los pases de este OVNI fue lo de demasiado cerca para mover la copa del árbol, lo suficientemente cerca como para producir turbulencia para moverlo, suponiendo que la causa fuera la turbulencia.

Según Meier y la hipótesis del OVNI, el árbol fue expuesto accidentalmente a alguna forma de radiación cuando el OVNI se acercó demasiado. Meier dice que esta fue la razón de su eliminación; la radiación daba evidencia o prueba de que los extraterrestres estuvieron allí, y esto iba en contra de sus planes o directivas. Incapaces de erradicar la radiación, eliminaron el árbol para borrar su "huella" de radiación. Si esto sucediera, entonces el OVNI realmente interactuó con el árbol al menos de una manera radiactiva energética de algún tipo que podría haber producido resultados tangibles como el movimiento del árbol. Tenga esto en cuenta, ya que podría resultar significativo cuando más tarde hablemos de los "saltos" que realiza el OVNI, y la marca dejada en al menos uno de los fotogramas de la película durante cada "salto". Más adelante también hablaremos de los "pulsos" que producen un arco de luz, y la evidencia que sugiere cargas electrostáticas dentro de la cámara.

La desaparición de los árboles en el caso Meier es un misterio perdurable. Guido Moosbrugger en el documental *La Revolución Silenciosa de la Verdad* (Horn), describe cómo fue testigo de una demostración de un gran árbol que Semjase desapareció. Esta actividad de los Pleyaren, por supuesto, ha contribuido a la Controversia Mundial del Fenómeno OVNI, en la que escépticos afirman que Meier usó árboles pequeños y modelos de OVNIS. Sin embargo, la evidencia de que el gran árbol está cerca de la casa es innegable.

Para concluir esta sección, la turbulencia de un gran objeto, no un modelo a escala, es la explicación más plausible aquí. Sin embargo, dado que un OVNI puede volar sin perturbar el aire, posiblemente la turbulencia aérea propuesta no es lo que sucedió, y otras fuerzas desconocidas del OVNI están trabajando. Cuando se trata de tecnología más allá de nuestra comprensión, hay muchas explicaciones posibles más allá de nuestra capacidad para describirla o comprenderla.

Este OVNI no es un modelo a escala

Como se demostró anteriormente, el OVNI, el árbol y la casa están aproximadamente a la misma distancia de la cámara, lo que solo puede significar que el OVNI es un objeto grande, no un modelo pequeño cerca de la cámara; sin embargo, ahora realizamos una doble verificación.

Meier informó que estaba nevando ligeramente el día que hizo su película. El video muestra que, a pesar de un poco de claridad en el aire, cierta neblina causada por la nieve o la lluvia resulta en la dispersión de la luz tipo *Mie*, que además de la dispersión de la luz de *Rayleigh* causa un deterioro en la calidad visual o de la imagen debido a la dispersión por la lluvia, la niebla o nieve (Wiki). La Figura 102 muestra una comparación de la casa y las colinas distantes en un día despejado de una película grabada por investigadores japoneses (Yaoi), en el mismo lugar donde Meier grabó su video. Las colinas a la derecha están notablemente borrosas en la película de Meier. El aire estaba menos claro debido a la dispersión de *Mie* causada por las inclemencias del tiempo, lo que explica en parte las imágenes considerablemente borrosas en la película de Meier, que también filmó al final de la tarde cuando la luz comienza a desvanecerse.

Por lo tanto, es poco probable, y no hay evidencia que sugiera que la cámara estaba desenfocada a propósito, como afirman algunos posibles desacreditadores. Entonces tenemos poca visibilidad debido a un cielo nublado al final del día, exacerbado por la dispersión de la luz debido a las inclemencias del tiempo, más la distancia del OVNI, las casas y el árbol desde la cámara.

El nivel de desenfoque o nitidez de los objetos visibles en la película nos da una idea si los objetos están distantes o cercanos. Notamos anteriormente que el OVNI, la casa y el árbol muestran un nivel similar de desenfoque y tonalidad gris, lo que indica su relativa proximidad entre sí, y la gran distancia desde la cámara. Además, observamos los cambios en la nitidez del OVNI debido a la atenuación atmosférica y la dispersión de la luz, dependiendo de si está más cerca o más lejos. La hierba aún más oscura y más verde en la parte inferior de la película (Figura 102, arriba), debido a la menor dispersión de luz de *Rayleigh*, demuestra ser lo más cercano a la cámara.

Figura 102 - Comparación del fondo borroso en el sitio.

Maccabee utilizó una fórmula para calcular la distancia y el tamaño del Objeto no identificado (ONI) basado en su suposición de que es un modelo en un péndulo. Su cálculo mostró que el objeto estaba muy cerca de la cámara. Calculó que la distancia entre los puntos más distantes y más cercanos del OVNI en su movimiento circular alrededor del árbol es diez veces el diámetro de este círculo. Calculó este valor basándose en la aparente diferencia en el tamaño del OVNI / ONI cuando está cerca, comparado como se ve cuando está lejos. Sin embargo, todos estos cálculos se pueden aplicar por igual a un modelo cercano (ONI) o a un OVNI distante, mucho más grande.

La geometría muestra que ambos escenarios producen los mismos resultados, lo que significa que las proporciones son las mismas para el OVNI y para el modelo, al comparar sus posiciones más cercanas y más distantes. La Figura 103 ilustra ambas posibilidades: un OVNI distante y un modelo cercano. El pequeño punto **O** en el extremo izquierdo representa la cámara de Meier. Dos pequeños círculos a su derecha representan el modelo del OVNI a escala, con el arbolito entre ellos **T1**; y los dos círculos a la derecha representan el OVNI de gran tamaño con el gran árbol distante **T2** entre ellos. El tamaño aparente del modelo o del OVNI cuando está cerca (círculos de la izquierda) es el ángulo **P-O-S**, y cuando está lejos (círculos de la derecha) es el ángulo **Q-O-R**. Los ángulos geométricos son los mismos en ambos casos, haciendo que las relaciones entre los tamaños aparentes sean iguales para el modelo pequeño que para un OVNI grande.

Maccabee estimó la distancia **A1** en 10 pies (tres metros), dos veces el radio de cinco pies, y la distancia al punto más cercano 50 pies (15.2 metros). La distancia más larga en su cálculo sería 50 más 10, o sea 60 pies (18,3 metros). Basó su cálculo en una proporción de 1.2 del tamaño aparente del objeto cuando está cerca en comparación con cuando está lejos. Deardorff estima que esta proporción es 1.3, no 1.2.

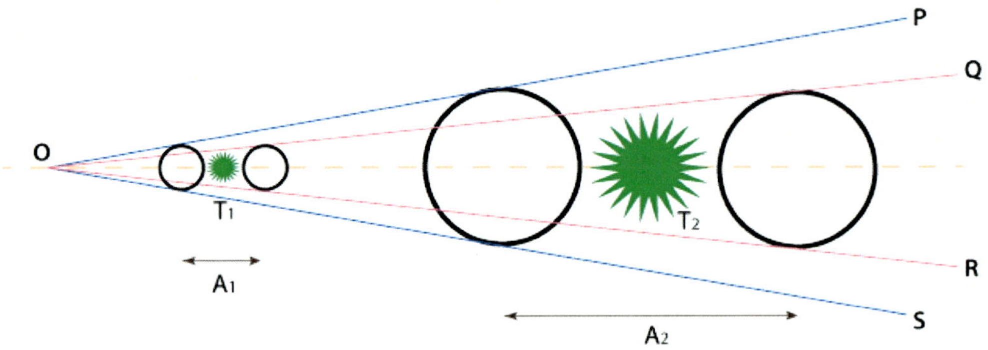

Figura 103 - Izquierda: geometría de un modelo cercano. Derecha: geometría de un OVNI distante. Los ángulos son idénticos.

Suponiendo que 1.2 es correcto, haciendo el mismo cálculo para un OVNI distante, simplemente tenemos valores proporcionalmente más grandes. Podemos estimar el radio del movimiento circular del OVNI a 35 metros (115 pies), dando los valores en cada caso que se muestran en la Tabla 8:

Objeto	Distancia cercana	Distancia lejana	Distancias al Arbolito o al Gran Árbol
Modelo (30cm/1 pie)	15.2m (50 ft.)	18.3m (60 ft.)	16.8m (55 ft.)
OVNI (7m/23 pies)	350m (1150 ft.)	420m (1380 ft.)	385m (1265 ft.)

Tabla 8 – Distancias al modelo o al OVNI.

Entonces:

A1 = 3m (10 pies)

A2 = 70m (230 pies)

¿Cómo podemos saber si estamos mirando un modelo pequeño o un gran OVNI, cuando la geometría nos indica que cualquiera podría ser la respuesta correcta? Maccabee usa la fórmula del péndulo de la ley de Newton. Si asumimos que la teoría del modelo es correcta y que vemos un movimiento pendular, entonces las distancias son las del modelo en la Tabla 8.

Por otro lado, si consideramos que la teoría del OVNI es correcta con esta nave simulando un movimiento pendular, las distancias son las del OVNI en la Tabla 8. La ley de Newton no contribuye en nada a encontrar la respuesta correcta. Cualquiera de las teorías aún podría ser correcta. Sin embargo, el nivel de desenfoque y atenuación atmosférica de las imágenes pone fin a esta controversia.

La Figura 104 (izquierda) muestra las imágenes del OVNI cuando está cerca y cuando está lejos, la casa y el árbol se ven a la derecha en la figura. Los bordes del OVNI están notablemente mucho menos enfocados cuando está lejos (arriba) que cuando está cerca (abajo). La diferencia entre las dos imágenes es innegable. La imagen superior del OVNI es más pequeña, menos clara y con un tono ligeramente más claro.

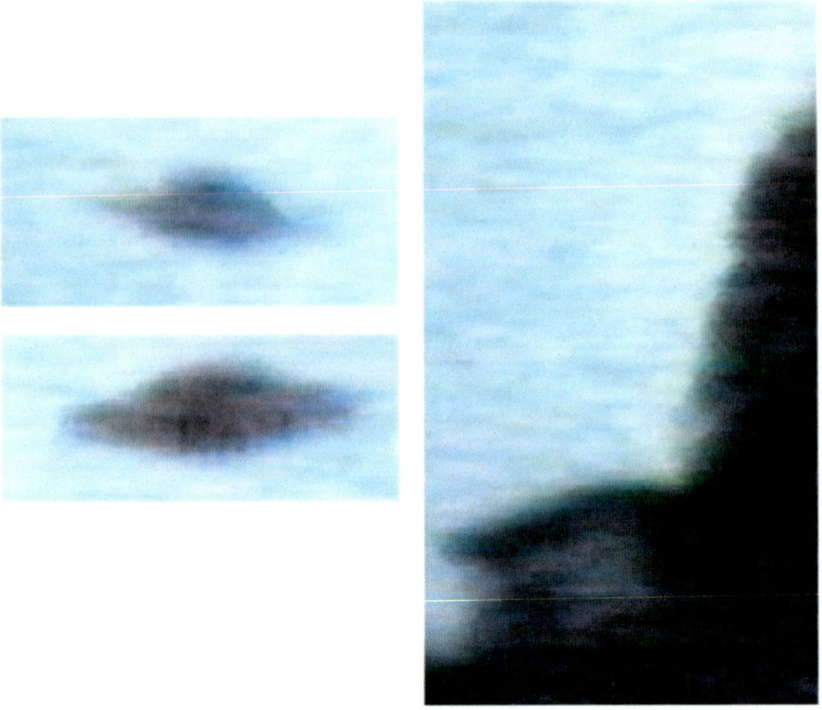

Figura 104 - Diferentes niveles de desenfoque del OVNI debido a la dispersión de luz de Rayleigh y Mie. Arriba a la izquierda: OVNI lejos. Abajo a la izquierda: OVNI cerca. Tenga en cuenta las diferencias en tamaño, tono y atenuación. Derecha: la casa, el árbol y la vegetación más oscura en la parte inferior.

Ahora, para un modelo que no está muy lejos de la cámara, una diferencia en la distancia **A1** de solo tres metros (10 pies) no crea tal diferencia en el desenfoque o la atenuación de una imagen tomada con la cámara de cine que utilizó Meier. La única manera de que eso suceda es con una niebla o humo muy denso en el ambiente, y si ese fuera el caso aquí, no podríamos ver la casa o las colinas distantes. En la Figura 106 mostramos una simulación con el ambiente lleno de neblina.

Sin embargo, para un objeto grande de siete metros, dado que la diferencia en la distancia **A2** ahora es de 70 metros (230 pies), encontraríamos una diferencia de desenfoque similar a la de las imágenes en una tarde opaca y ligeramente nevada como esta, tal como lo muestra la película de Meier.

El aumento de la falta de definición en la imagen superior en comparación con la imagen inferior en la Figura 104, es evidencia innegable de atenuación atmosférica y dispersión de la luz. Visualmente, la atenuación atmosférica es la pérdida de claridad o degradación de la imagen que se produce a lo largo de la distancia a medida que la luz se dispersa por la atmósfera: la dispersión de la luz de *Rayleigh.* Mientras más atmósfera atraviese la luz, mayor atenuación o pérdida de calidad de imagen, a menudo denominada turbidez.

La cantidad de atenuación de dispersión de luz de *Rayleigh* para un modelo a escala en primer plano es insignificante, incluso a partir de la dispersión de luz de *Rie*, cuando la atmósfera está relativamente llena de partículas como la lluvia o la niebla. Es a una distancia significativa que vemos que la atenuación atmosférica tiene efecto. De nuevo, sabemos que la atenuación atmosférica que vemos en la Figura 104 de la película de Meier no es de un modelo en primer plano. Tiene que estar lejos. Aquí, un rango de alrededor de 350 ~ 400 metros con una distancia de aproximadamente 70 metros entre los dos posiciones del OVNI, como lo vemos en las imágenes en este día nublado, con una ligera lluvia o nieve, parecería consistente con el grado de atenuación atmosférica observado.

Quizás sea apropiado aquí mencionar por un momento el famoso OVNI de Hasenbol, fotografiado en 1976 por Meier, que muestra evidencia inequívoca de la dispersión de la luz de *Mie.* (Ver Figura 105.) En esta foto, vemos un corredor atmosférico profundo desde la cámara hasta el OVNI, con niebla vespertina que ocupa una distancia considerable, y concentrada en el efecto visual en el extremo más alejado de la capa atmosférica, donde está el OVNI. La iluminación de las partículas de niebla distantes sobre y frente al OVNI es típica de una hermosa y brumosa dispersión de luz de *Mie* al atardecer.

La dispersión de la luz de *Mie* es causada por la luz que pasa a través de partículas más grandes que las partículas elementales de oxígeno y nitrógeno de la atmósfera: partículas como niebla, humo, polvo, lluvia o nieve en la atmósfera presente en ese momento. Aquí, por supuesto, la luz del Sol se dispersa a través de la niebla de la tarde.

Esta niebla, en la Figura 105, es difusa y ligera, como vemos desde las colinas distantes. Y no se vería en un modelo a solo un metro de la cámara esta dispersión de luz brumosa dorada que demuestra que este OVNI está a cierta distancia, lo suficientemente lejos como para que la ligera niebla atenúe nitidez de la imagen, y disperse la luz después de pasar a través de un corredor suficiente largo de niebla entre la cámara y el objeto.

Figura 105 - La foto #174 de Meier, con el OVNI de Hasenbol en esta imagen recortada para mostrar la dispersión *Mie* de luz dorada en su frente.

De manera similar, la lluvia ligera y la nieve, junto con la dispersión de la luz de *Rayleigh*, causan la pérdida de definición de las imágenes en la Figura 104, y la pérdida más significativa ocurre en la imagen distante (arriba a la izquierda).

Volviendo a la película, y a las Figuras 104 y 106: el OVNI en la parte superior en la Figura 104, a unos 70 metros más lejos que el OVNI en la parte inferior, muestra la atenuación atmosférica más la dispersión de la luz de *Mie* en esta tarde con lluvia ligera o nieve vespertina. La ligera lluvia o nieve aumenta la degradación de la calidad de la imagen causada por la dispersión de la luz de *Rayleigh*. El grado de atenuación que se muestra en las dos imágenes no se produce en una distancia de tres metros sin algo muy denso en la atmósfera, por ejemplo, humo espeso o niebla muy densa. La Figura 104 muestra un OVNI distante a dos distancias significativamente diferentes.[12]

Puede hacer una prueba simple en la que se puede confirmar esto por sí mismo: salga al aire libre, ubique un objeto a las distancias indicadas en la Tabla 8, y encontrará que un objeto cercano con poca variación en su distancia no crea tanta diferencia en el desenfoque o la agudeza de la imagen como un objeto distante. La atenuación atmosférica notable ocurre en momentos de baja visibilidad o turbidez en la atmósfera, como en una tarde muy nublada, y con atmósfera turbia, como cuando Meier filmó su película.

Figura 106 - La diferencia en el nivel de borrosidad de la imagen entre el OVNI cercano y el lejano solo se explica en la teoría del Modelo con un entorno de niebla muy denso. Sin embargo, en esta situacion la casa distante sería invisible. La hipótesis del pequeño Modelo no explica la diferencia en la nitidez, y la similitud en el tono gris oscuro de la casa, el árbol con el OVNI presente en el video de Meier. Un modelo más cercano debe ser más oscuro y aún más vívido, como la vegetación en primer plano

En conclusión, este objeto es de un gran tamaño, y la teoría OVNI sobre una gran nave es la única hipótesis que está de acuerdo con todos los datos disponibles, por lo que solo podemos suponer que es correcta.

3- Un giro repentino y agudo

En la fase 8, después de que el OVNI mueve la copa del árbol, vemos que realiza un giro agudo hacia la cámara (ver Figura 101). Si se usa un modelo con un cable atado a él para halarlo, este puede ser visible, ya que el cable que tira del modelo está muy cerca de la cámara; y nos resultó imposible simular este movimiento suave con un modelo. Además, al ver la simulación de Langdon en su video de YouTube, vemos que el modelo tiembla después de este giro, y parece que recibe un tirón violento. En la película de Meier este movimiento es característicamente suave (Figura 107).

Figura 107 - Composición de varias imágenes durante el giro suave del OVNI. Figura tomada del sitio web de Deardorff.

Deardorff, en su sitio web, ofrece más argumentos para demostrar que este movimiento no puede ejecutarlo un modelo a escala. Es fácil de comprobar esto, ya que lo probamos varias veces, y resultó excesivamente difícil de duplicar, o imposible de realizar. El modelo siempre se inclina y se sacude después de este giro. No hemos podido reproducir este movimiento suave y nunca hemos visto a nadie hacerlo con éxito.

Taro hace una análisis detallado en su canal de YouTube (Istok 2018; 2019) en el que compara el movimiento durante el giro a la derecha que se muestra en la película de Meier con una prueba con un modelo pequeño creado por Langdon. El modelo tiembla dramáticamente en el giro brusco.

Algunos escépticos han sugerido que el modelo podría tener un giroscopio, eliminando cualquier sacudida en este giro brusco. Suena extraordinariamente sofisticado para un modelo pequeño de la década de 1970. Hacer un modelo de un OVNI pequeño convincente es complicado pero no imposible, pero es muy complicado incluir uno o dos giroscopios en la década de 1970. Sin embargo, supongamos que alguien hizo uno y lo instaló en un modelo pequeño de un OVNI. En este caso, el modelo estaría apuntando en la misma dirección la mayor parte del tiempo, por ejemplo su eje central apuntando hacia arriba. No vemos esto en la película de Meier. La mayoría de las veces, el eje central apunta hacia un nodo central, el nodo hipotético del péndulo, donde el cordón hipotético se une a una rama de árbol hipotética o caña de pescar.

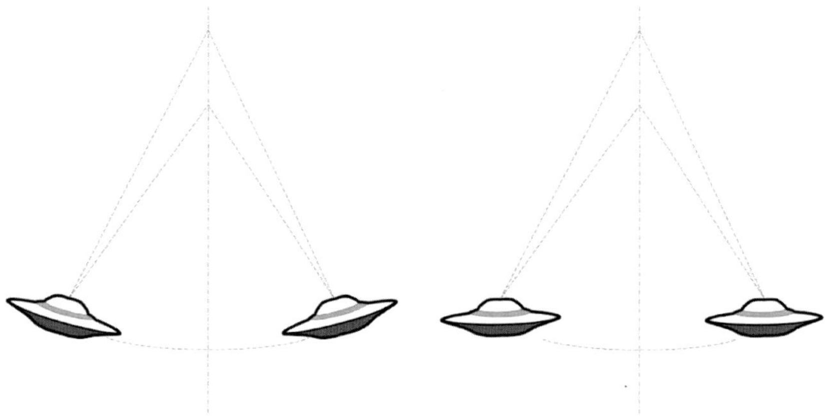

Figura 108 - Izquierda: Modelo Simple de un OVNI. Derecha: Modelo Complejo del OVNI con uno o dos giroscopios. La película de Meier muestra un movimiento similar al modelo de la izquierda.

La Figura 108 muestra un modelo simple de un OVNI en un péndulo (izquierda), y un modelo sofisticado del OVNI con dos giroscopios internos (derecha). La mayoría de las veces el eje vertical del modelo sofisticado del OVNI apuntaría en la misma dirección debido al giroscopio, hacia arriba, por ejemplo. La película de Meier, sin embargo, muestra el eje del OVNI siempre cambiando su dirección.

4- Los "saltos"

Los "saltos" del OVNI en el espacio son un aspecto fascinante en la demostración, y son evidencia de que el OVNI se mueve extremadamente rápido de un lugar a otro. Esta característica también ha creado una gran controversia. Ellos solos no prueban que el video de este OVNI no sea un modelo pequeño; los escépticos consideran que los saltos son el resultado de cortar el rollo de la película. Desafortunadamente, no tenemos acceso a la película original para verificar si hay empalmes en los fotogramas en cada "salto". Si tuviéramos la suerte de encontrar el rollo original, en lugar de una copia, y si no encontramos evidencia de un corte en la película, podríamos concluir que los saltos son reales. Por otro lado, incluso si encontramos la película original cortada en los cuadros de los "saltos", no podríamos concluir que Meier o cualquier persona específica cortó el rollo de película, porque cualquiera podría haberla alterado. Sin embargo, es interesante verificar los detalles de estos "saltos" en el espacio.

Se producen tres "saltos" del OVNI en la fase 9, cubriendo una corta distancia, por encima del árbol, desplazándose alrededor de 10 a 15 metros según los estimativos de que la nave mide siete metros. El primer "salto" ocurre en 1 minuto y 36 segundos, el segundo en 1 minuto y 48 segundos, y el tercero en 2 minutos y 29 segundos en la película. El primero y segundo salto ocurren en un movimiento continuo de ida y vuelta del OVNI. El tercero termina con el OVNI estacionario sobre la copa del árbol.

En nuestra primera investigación, encontramos solo los dos primeros saltos, porque la copia disponible de la película en ese momento no era de un video completo. También descubrimos, con base en ese video, que los saltos ocurrieron durante tres o cuatro fotogramas en una transición gradual. Sin embargo, con nueva evidencia, parece que los saltos ocurren en un solo cuadro, en menos de 1/24 de segundo, y ahora sabemos que este video fue una conversión a uno en 30 fps desde un video PAL que produce un efecto entrelazado descrito anteriormente en este libro.

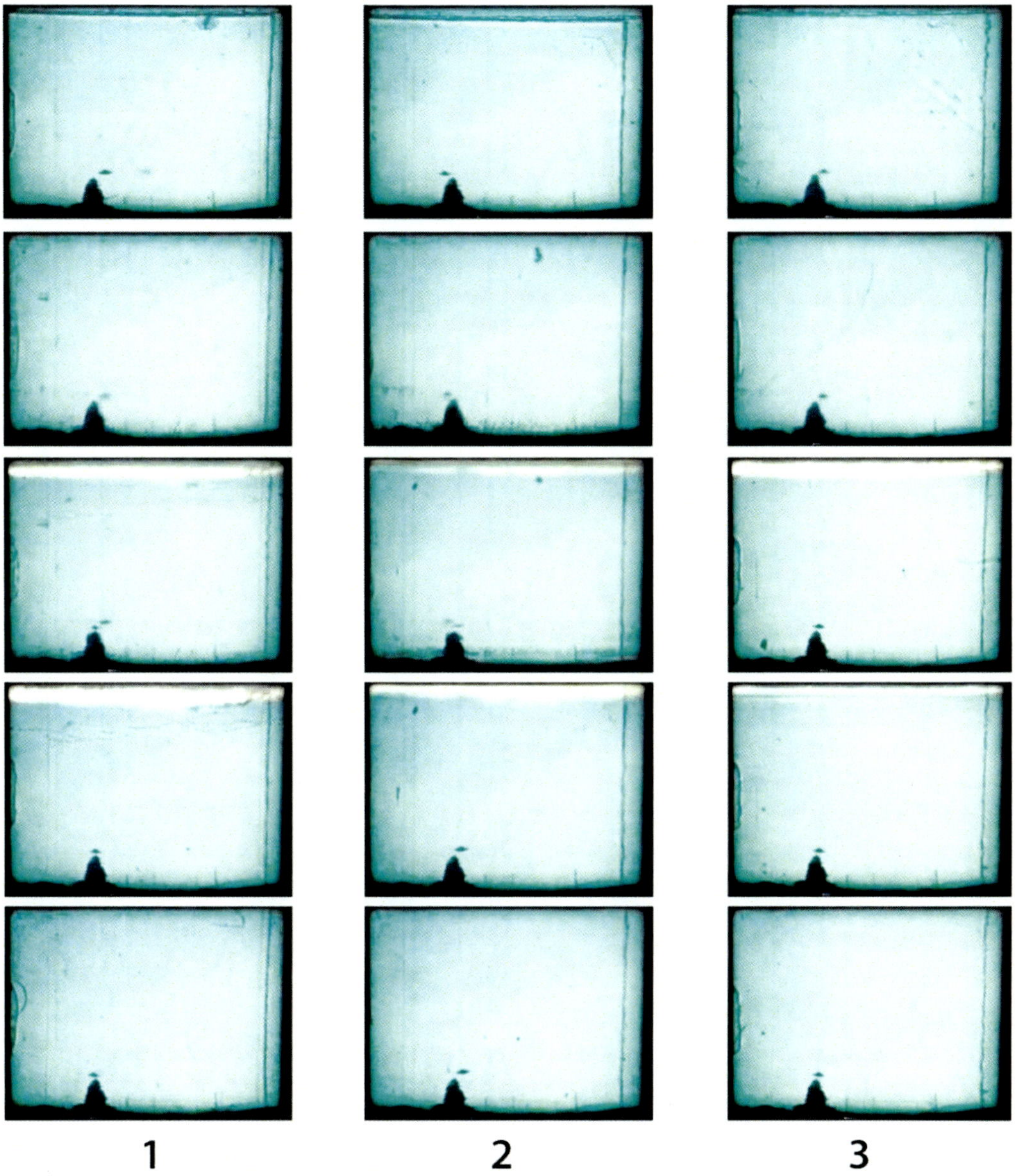

Figura 109 - Las tres secuencias de los "saltos", de arriba a abajo, tomadas del video PAL Demonstrationsflüge / Demonstration flights.

Maccabee consideró estos "saltos" como un truco causado por cortar la película, lo que significa cortar algunos fotogramas intermedios en el rollo y descartarlos. Él dice que la cámara salta en el área de corte en la película, y lo hace. Él postula que la película cortada no estaba bien alineada, y esta es la razón por la cual la imagen salta. Creemos que Maccabee no está mirando la imagen completa. El análisis de estos eventos cuadro por cuadro en zoom y en la vista completa (la imagen completa) revela que este "salto" es un evento muy inusual. Además, el documental de larga duración muestra varios empalmes entre escenas sin ninguna imagen que salte en los cortes. La cámara saltó durante los tres saltos, pero no sabemos la razón por la cual sucede esto.

La Figura 109 muestra la secuencia de los tres saltos del video PAL del canal de YouTube de FIGU. Una copia de mayor resolución está disponible aquí: https://youtu.be/Gzr3BRUhfy8.

Encontramos una banda blanca en dos cuadros consecutivos (Figura 109) en cada salto. En cada uno de ellos, la película original debe tener solo un cuadro con esta banda blanca, no dos. Vemos dos debido al efecto entrelazado descrito anteriormente.

¿Estas bandas blancas son el resultado de empalmar el rollo de la película? Existe una clara diferencia entre una banda blanca causada por un empalme de rollo "malo" y lo que vemos en la película (compare las figuras 109 y 85 al lado izquierdo). Adicionalmente, ¿podrían las cargas electrostáticas dentro de la cámara haber producido esta banda blanca? Encontramos evidencia de varios flashes de estas descargas eléctricas, que mostramos y discutimos en una sección más adelante.

En el clásico documental *Contact* (Stevens and Elders), cuando Meier describió esta capacidad de salto de la nave, dice que sintió una descarga eléctrica cuando esto sucedió. Quizás estas naves producen un pulso electromagnético (EMP), o un pulso eléctrico que de alguna manera afecta a la cámara, sobreexponiendo o quemando el área superior de unos pocos cuadros (que corresponde a la parte inferior de la cámara ya que la imagen está invertida). Este pulso también podría mover o alterar el movimiento normal del rollo a través de una onda de descarga eléctrica, o quizás la cámara sostenida en el trípode salto momentáneamente. La cámara de cine tiene partes mecánicas metálicas que pueden verse afectadas por un EMP. Un arco eléctrico interno generado dentro de la parte inferior de la cámara podría explicar la banda brillante en la parte superior (la imagen se invierte).

Ahora discutiremos en detalle cada uno de los tres saltos.

Primer "salto"

El primer "salto" ocurre en la fase 9 cuando el OVNI se mueve de adelante hacia atrás en la posición 1 minuto y 36 segundos en la película. Vea las imágenes ampliadas en la Figura 110 de la secuencia de cuatro cuadros del video PAL (de izquierda a derecha y de arriba a abajo).

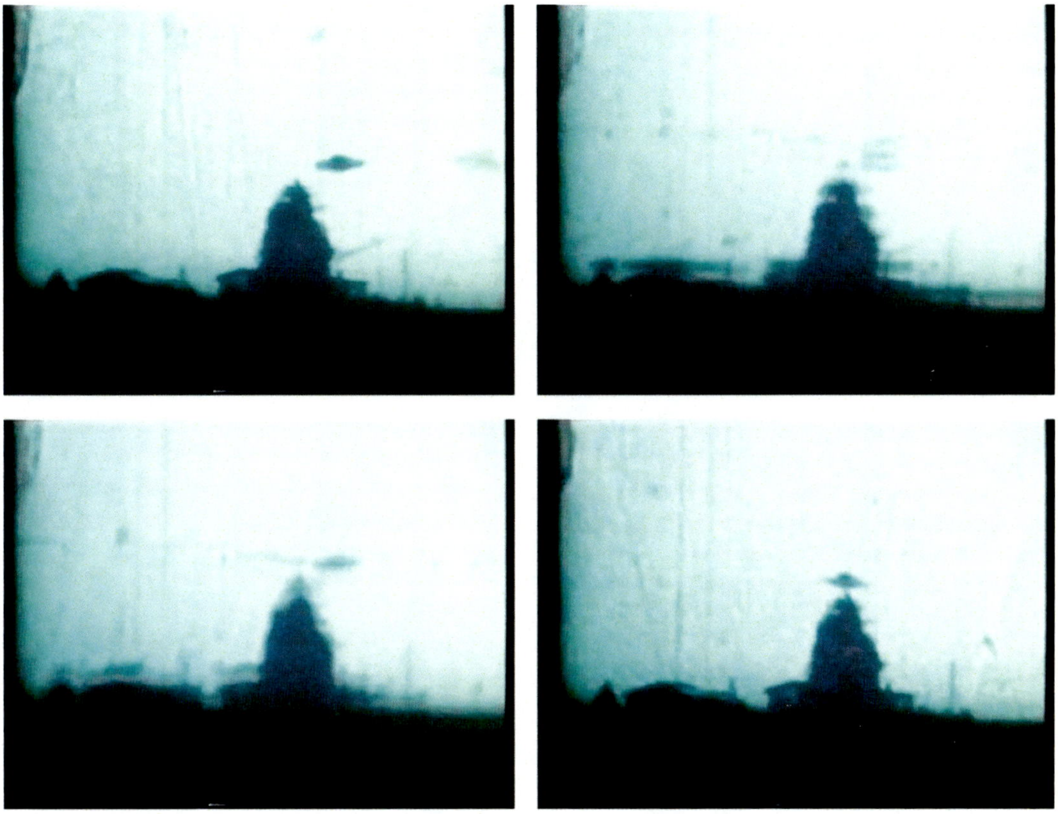

Figura 110 - La primera secuencia de "salto" en cuatro cuadros del video PAL. Toda la imagen salta en el segundo y tercer fotogramas donde vemos líneas entrelazadas.

La nave se está alejando de la cámara. Toda la imagen brinca durante el "salto" de la nave. Vemos las bandas entrelazadas en esta secuencia muy claramente en la Figura 110. El primer cuadro muestra un objeto oscuro del mismo tamaño y forma del OVNI a la derecha de la nave, que podría ser solo un pedazo de polvo en la película. En el segundo cuadro, la nave casi ha desaparecido. El efecto de entrelazado podría causar esto, por lo que se requieren más análisis de la película original, o al menos de una buena copia en formato Súper8. La nave se mueve alrededor de 10 metros de un punto a otro en menos de 1/10 de segundo, y tal vez menos de 1/24 de segundo.

Segundo "salto"

El segundo "salto" se produce unos segundos más tarde a los 1 min y 48 segundos.

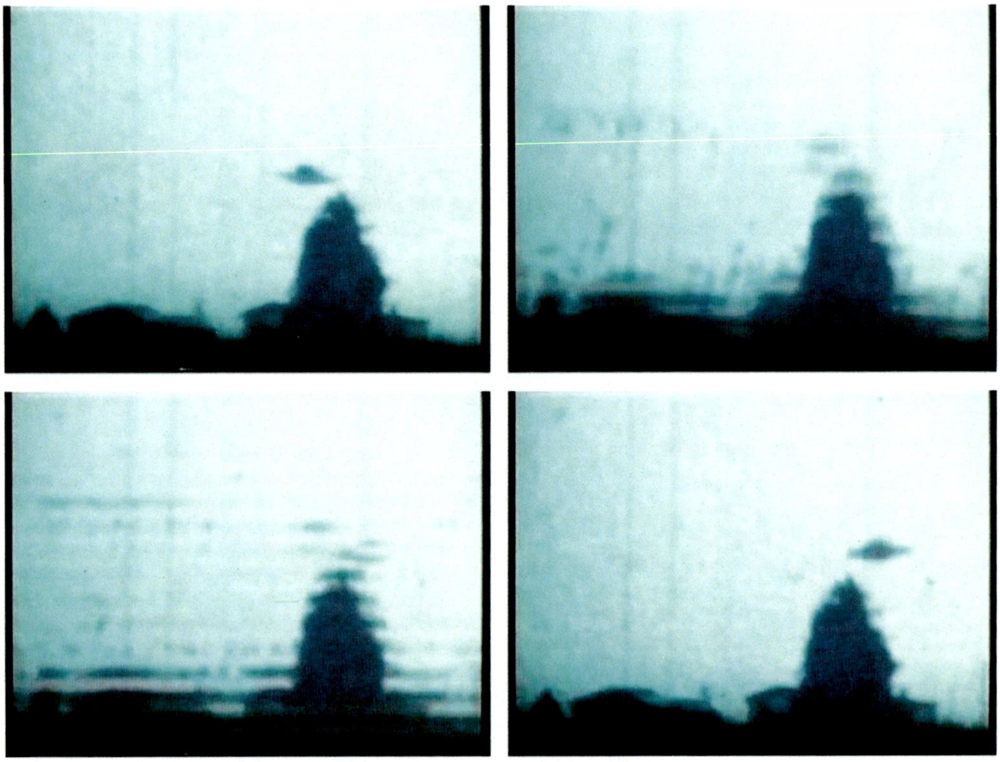

Figura 111 - Esta es la secuencia del segundo "salto" en cuatro cuadros del video PAL. Aquí las líneas entrelazadas son más evidentes.

Para este salto, el OVNI se mueve acercándose hacia la cámara y realiza un salto similar al primero. La Figura 111 muestra la secuencia de cuatro cuadros del video PAL. La nave comienza detrás del árbol, y tres cuadros más adelante aparece al frente, moviéndose 10 metros en 1/10 de segundo o menos, a una velocidad de más de 300 kph. Las bandas entrelazadas (cortina veneciana) son más evidentes aquí que en la Figura 110; toda la imagen salta.

Tercer "salto"

El tercer salto es diferente de los demás. La nave se aproxima a la copa del árbol y "salta" desapareciendo, pero al reaparecer adelante, ella se detiene.

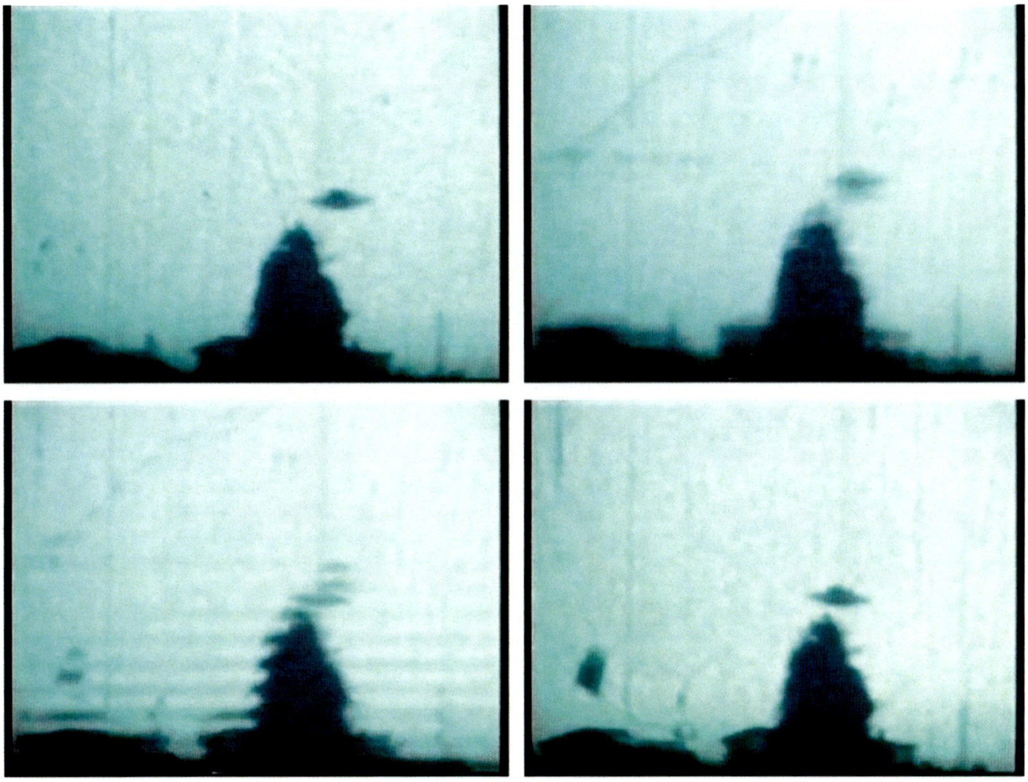

Figura 112 - Esta es la secuencia del tercer "salto" en cuatro cuadros del video PAL. Aquí también, las líneas entrelazadas son evidentes. El objeto en el último marco sobre la casa a la izquierda es un gran pedazo de polvo.

No se comporta como un vehículo normal, reduciendo gradualmente la velocidad hasta que se detiene; en este caso, la nave se detiene instantáneamente. Una vez más, los escépticos pueden decir que es el resultado de cortar el rollo de la película. Alternativamente, podemos decir que es el resultado de tecnología desconocida. Este salto ocurre a los 2 minutos y 29 segundos en la película. Después del salto, la nave permanece inmóvil durante 16 segundos y luego realiza "el vuelco" (descrito más adelante). La Figura 112 muestra cuatro cuadros del video PAL del salto 3.

Aquí nuevamente, la imagen completa salta y causa las líneas entrelazadas en el tercer cuadro. Esta vez, la distancia de salto parece ser más corta, tal vez cinco metros.

¿Cómo puede una nave espacial realizar estos "saltos" o detenerse instantáneamente? Sabemos que este no es un modelo a pequeña escala por las razones descritas anteriormente, así que si estos saltos son reales y no un truco, ¿cómo se logran? No sabemos. Nuestro conocimiento actual de las leyes de la física no nos da la respuesta. Meier dice que estas naves crean su propio campo gravitacional aislado. Funcionan como pequeños planetas autónomos con su campo gravitacional independiente del campo gravitacional externo de la Tierra. Este campo de gravedad separado les permite realizar giros bruscos, "saltos" de un lugar en el espacio a otro, o incluso detenerse abruptamente sin que el piloto sienta ningún efecto de inercia. Si saltan, no solo 10 metros, sino distancias significativas, por ejemplo, varios años luz, ¿están violando las leyes de Einstein? ¿Viajarían más rápido que la velocidad de la luz? Realmente no. Si "saltan" tales distancias, no están estrictamente recorriendo una distancia en su viaje. Estarían saltando a una ubicación diferente en el espacio-tiempo, para llegar allí, en un proceso que aún no conocemos.

5- El rápido "vuelco" del OVNI

Después del tercer "salto", luego de permanecer estacionaria unos 16 segundos, la nave se voltea cinco grados en sentido anti horario en menos de 1/24 de segundo. Lo hace precisamente cuando se produce un "pulso" en la película. Discutiremos en detalle más adelante los cuatro "pulsos" encontrados. La manifestación de cada pulso aparece en un solo cuadro como un amplio arco de luz brillante como una línea instantánea que siempre cruza la imagen de la nave.

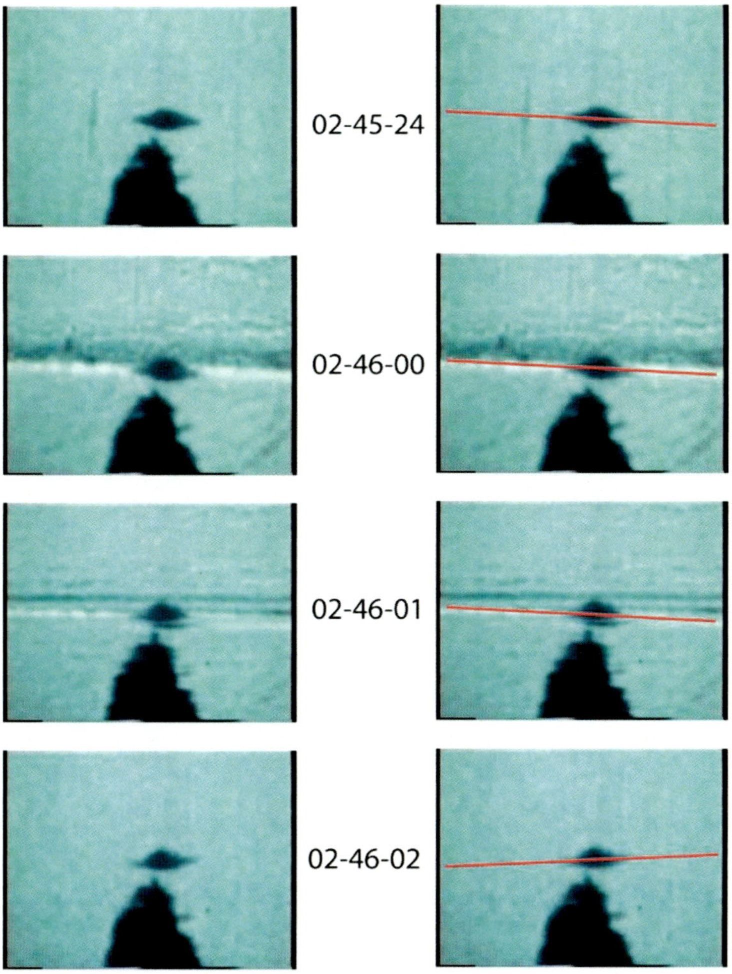

Figura 113 - Vuelco de la nave. Izquierda: fotogramas del video PAL. Derecha: una línea adicional indica el componente horizontal de la nave, que gira cinco grados en menos de 1/24 de segundo.

Es poco probable que sea una coincidencia que uno de los cuatro "pulsos" ocurriera precisamente en el momento del "vuelco". Después del giro o vuelco, la nave se mueve hacia atrás. Ningún objeto ordinario de cualquier tamaño, ya sea un modelo a escala o una gran nave se mueve de esta manera. Este objeto parece violar a las leyes de inercia. La Figura 114 muestra el movimiento esperado en comparación con lo que encontramos en la película de Meier.

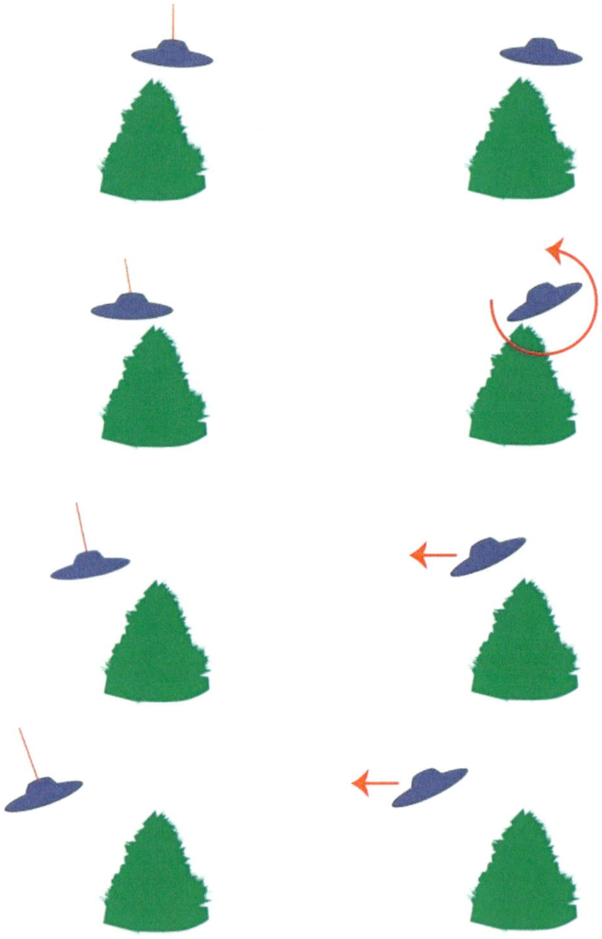

Figura 114 - Secuencia a la izquierda: movimiento normal de un modelo colgado de una cuerda. El modelo debe comenzar una rotación gradual mientras se inicia un movimiento lateral. Secuencia a la derecha: la nave en la película gira (se voltea) en menos de 1/24 de segundo y luego se mueve hacia atrás.

Ningún objeto conocido, desde pequeños modelos hasta grandes máquinas voladoras como helicópteros, puede voltearse tan rápido. Si se cuelga un modelo de un cordón y se tira o se mueve hacia atrás, la rotación ocurre gradualmente en el tiempo con la traslación horizontal gradual (Figura 114, izquierda). Lo que vemos en la película parece desafiar las leyes de inercia tal como las conocemos. Presumiblemente, la nave tiene una forma de superarlos porque se voltea en menos de 1/24 de segundo y retrocede horizontalmente alejándose de la cámara.

Los dos cuadros intermedios en la Figura 113 muestran el arco brillante del "pulso". Sabemos que es un solo arco de luz, pero el efecto de entrelazado de video PAL lo produce en dos cuadros consecutivos. (Consulte la Figura 89 para apreciar el efecto). Supongamos que el arco brillante del "pulso" se produce en un solo cuadro marcado "B" en la película original Súper8 (Figura 89, izquierda). Dos cuadros consecutivos en el video PAL tomado a 1/50 de segundo muestran este arco brillante (detalle “B” en la parte inferior) porque dos imágenes entrelazadas capturan el mismo cuadro en la película Súper8 cuando están en formato PAL.

El vuelco rápido del objeto es otro misterio para agregar a la lista de detalles sorprendentes y ocultos en la película.

6- Bamboleo del OVNI

Cualquiera que perciba pequeñas diferencias y características en un objeto en movimiento, pronto notará un bamboleo anormal en esta nave. Stevens describe la oscilación de este OVNI en su libro *UFO Contact from the Pleiades – A supplementary investigation report* (página 240). En la película del *OVNI Tipo Péndulo*, la nave se tambalea de una manera muy peculiar. El clip del documental *Contact* muestra cómo la nave se tambalea hacia adelante y hacia atrás después del giro a la derecha. Sin embargo, el bamboleo no natural no es algo exclusivo de este OVNI en particular. Es más fácil percibirlo en el desempeño de otras naves en el mismo documental de FIGU. Cualquiera puede ver una de las tres naves en el cielo tambaleándose de esta manera particular en el video de YouTube *Demonstrationsflüge / Demonstration flights (IFO, not UFO).* También se observa en la nave de Hasenbol en la que se aprecia detrás de ella un cielo rosado del atardecer, cuando la nave emite destellos de luz y se bambolea:

https://www.youtube.com/watch?v=EAHfOmvz6_s

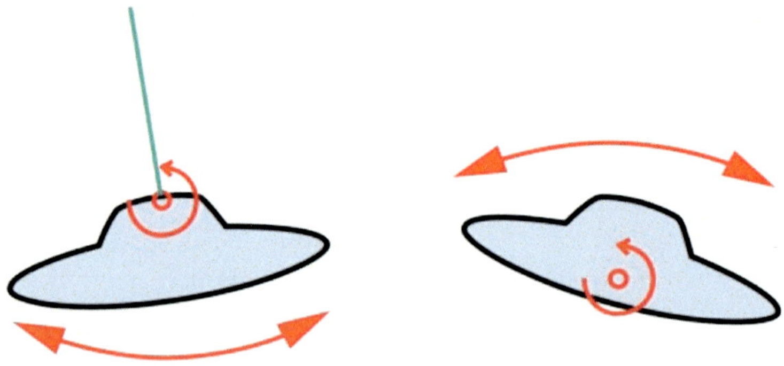

Figura 115 - Un modelo colgado de un cable normalmente se tambalea alrededor de su punto de contacto con la cuerda, o de su centro geométrico, pero la oscilación de la nave se centra explícitamente en un punto en la parte inferior de la nave.

La Figura 115 ilustra la oscilación de un modelo de un OVNI suspendido de un cordel. Un modelo colgado de un cable se tambalea naturalmente alrededor del punto de soporte donde el cable se fija a la parte superior del modelo, o de su centro de masa, generalmente en el centro geométrico. La oscilación de esta nave, sin embargo, se centra muy cerca de un punto en la parte inferior de la nave. Este posicionamiento podría plantear la cuestión de si el sistema de soporte tiene un motor anti gravitatorio ubicado dentro de la nave cerca de la base.

7- Los "pulsos"

Quizás de los detalles más extraordinarios ocultos en la película del OVNI Tipo Péndulo son los "pulsos". Los llamamos pulsos porque dan la impresión de que la nave emite pulsos de energía que la película captura en un solo cuadro. Hasta ahora, hemos detectado cuatro pulsos, pero quizás haya más.

Figura 116 - Primer "pulso". Arriba: El video PAL. Abajo: el documental de Nippon TV.

Es posible simular un "salto" cortando el rollo de película. Sin embargo, explicar los "pulsos" como un truco requiere el uso de una herramienta como Adobe-After Effects, que no estaba disponible en la década de 1970. Tratar de rayar o imprimir el arco brillante para los "pulsos" en diminutos cuadros de película es excepcionalmente complicado. Y no es trazar una sola línea, hay varias líneas impresas. Además, el video fue entregado a espectadores independientes, especialmente al equipo de televisión austriaco, y nunca se ha mencionado ninguna línea que haya sido intencionadamente trazada en la película.

¿Qué son los "pulsos"? Uno de ellos lo vemos en el documental de Nippon TV y en el video utilizado en nuestra primera investigación (Figura 116). Anteriormente no los notamos, pero después de encontrar más y darnos cuenta de que se correlacionan con la posición de la nave, son demasiado evidentes. La Figura 117 muestra los cuatro "pulsos" que hemos encontrado hasta la fecha.

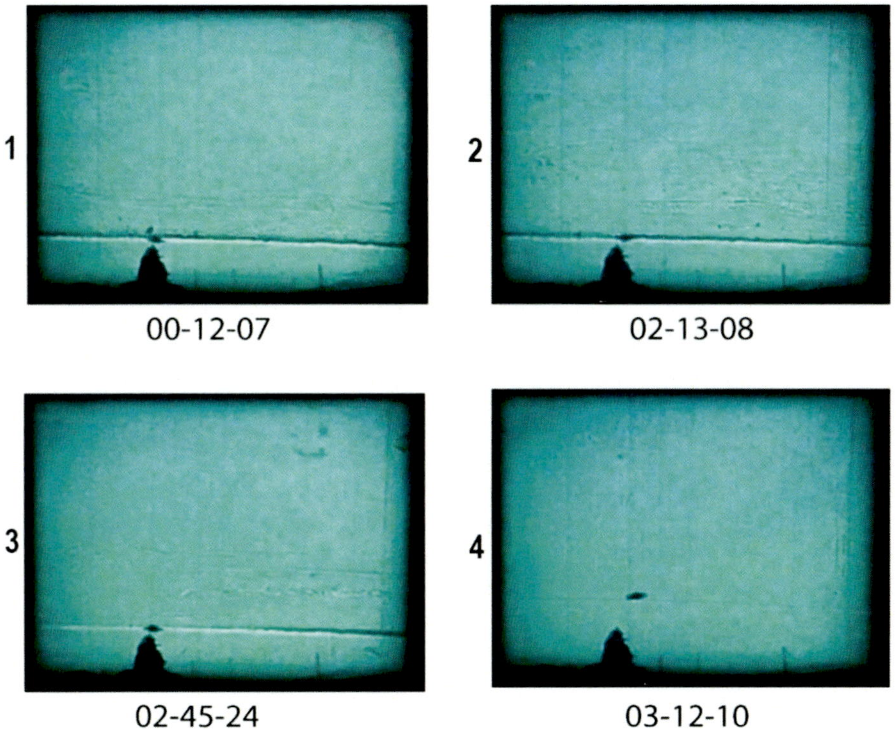

Figura 117 - Los cuatro “pulsos” con su localización en el tiempo dentro de la película.

El primer "pulso" ocurre cuando la nave está inmóvil sobre el árbol al comienzo de la película. Notablemente, el arco brillante está acompañado por un arco oscuro que cruza la imagen de la nave, y hay líneas distorsionadas por encima que siguen la misma dirección. Un pedazo de polvo yace en la película muy cerca de la nave, y este también es visible en el documental de Nippon TV.

El segundo "pulso" ocurre cuando la nave se mueve hacia adelante y hacia atrás entre el segundo y el tercer salto. Nuevamente, un arco brillante y uno oscuro son visibles juntos, y de nuevo, aparecen arcos de distorsión sobre ellos. Estas características son visibles en un solo cuadro en la película original. Lo que sea que lo produce es muy rápido, en 1/24 de segundo o menos. Los arcos vuelven a cruzar la imagen de la nave cuando está en una posición similar a la de "pulso" 1, pero el OVNI se está moviendo.

El tercer "pulso" ocurre en el momento preciso en que la nave hace un “vuelco” rápido, como se explicó anteriormente. Nuevamente, el mismo arco de luz que cruza la imagen de la nave está presente junto con líneas de distorsión similares por encima.

El cuarto arco de luz es leve. Lo llamamos el "pequeño pulso". Es más difícil de encontrar, y puede haber más pulsos como este de intensidad leve en la película. Muestra las mismas características, solo que menos intensas, y nuevamente, cruza la imagen de la nave.

Figura 118 - Detalle del cuarto "pulso" o "pulso pequeño". La línea arqueada de menor intensidad también cruza la imagen de la nave.

Si la película tuviera solo uno de estos "pulsos", podría ser una distorsión aleatoria de la película. Pero no se puede decir de los cuatro que sean aleatorios, todos mostrando el mismo arco, siempre cruzando la imagen de la nave, incluso cuando el OVNI está a mayor altura. No es casualidad que precisamente justo cuando se produce uno de los "pulsos" la nave se voltee (el vuelco). Quizás algo está sucediendo dentro de la nave que produce este efecto. ¿Podría un dispositivo emitir estos pulsos, como destellos que se alejan en la dirección del plano proyectado de la base del OVNI, y los pulsos afectan la imagen de la película en solo 1/24 de segundo? Si es así, en el cuarto "pulso" la nave está a una elevación mayor, por lo que este plano proyectado también debe ser más alto. ¿Podría esto, a su vez, hacer que este cuarto "pulso" sea menos intenso?

¿Podrían los arcos de la película ser rayones hechos a propósito en el negativo, y la línea oscura sea el producto de un rasguño que levantó la película que se encuentra al lado? Primero, es poco probable que un falsificador rasque deliberadamente una línea a través del OVNI sin llamar la atención sobre la línea; y una simple prueba desmiente esta posibilidad.

Nuestra modesta línea rayada realizada a propósito a manera de prueba en un negativo de película de cámara de 35 mm, en la Figura 119, no muestra ningún residuo lineal superior que cree ningún arco oscuro acompañante. Si bien este negativo de prueba de 35 mm es un poco diferente a la película, es muy poco probable que sea tan diferente como para tener en cuenta una línea oscura que acompaña a un rasguño. Cualquiera puede probar un rayón en una película de 35 mm por sí mismo.

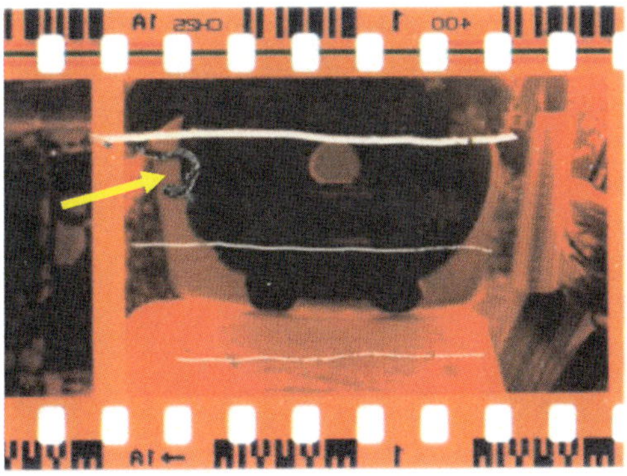

Figura 119 - El negativo rasguñado a propósito de los autores no muestra una línea oscura acompañante, probando rasguños grandes o pequeños, y ambos sacaron la emulsión del negativo. Ninguna forma de rayón produce una línea oscura acompañante.

Nuestros rasguños más profundos y amplios levantaron la emulsión de la película directamente de la superficie y la agruparon debajo del extremo del rasguño profundo. Vea, por ejemplo, el gran paquete gris con flechas que cuelga hacia abajo de la línea en el lado izquierdo de la Figura 119. Los rasguños grandes extraen la emulsión de la película, y también ocurre con algunas líneas finas rayadas en la película. La emulsión de película gelatinosa se desprende y no se eleva sobre el borde del rasguño para crear una línea oscura, sino que arranca la película. Con rasguños más finos, la emulsión se agrupa en pequeñas bolas que se encuentran a intervalos a lo largo de la línea del rasguño blanco (ver Figura 119, rayón inferior). Por supuesto, estos no se parecen en nada a los pulsos en el video de Meier.

Algunas de las líneas oscuras del "pulso" en la película están incluso claramente separadas linealmente de las líneas claras, como dos líneas paralelas, una oscura y otra clara. La emulsión elevada se enrosca hacia arriba y hacia afuera en nuestro negativo de prueba, revelando algo muy diferente de lo que muestra la película original.

También es sorprendentemente difícil hacer una línea rayada muy recta como en la película (o en forma de arco), incluso cuando se usa una regla o guía.

Finalmente, incluso si esta línea oscura fuera la emulsión elevada que se extiende a lo largo de un rasguño, su tono aquí es demasiado oscuro. La pieza de emulsión elevada proviene del cielo "claro" y, al no duplicarse, se espera que sea solo dos veces más oscura que el cielo claro, mientras que generalmente es de un orden de magnitud más oscuro a lo largo de toda la longitud. Aquí está sucediendo algo decididamente diferente a rayar el negativo de la película.

8- Destellos electrostáticos

Hemos encontrado una banda blanca en la parte superior en los cuadros de película cuando salta la nave. También encontramos arcos de luz durante los "pulsos", y la cámara también brincó durante los "saltos" del OVNI. Debe haber algo de electricidad inducida dentro de la cámara, tal vez creada por la nave. Mostramos aquí más evidencia de cargas electrostáticas.

Es bien sabido que las cargas electrostáticas dentro de una cámara pueden imprimir una marca en fotos y videos. Para completar la lista de características interesantes y a veces inexplicables en la película del *OVNI Tipo Péndulo*, aquí tenemos algunas cargas electrostáticas que hemos encontrado.

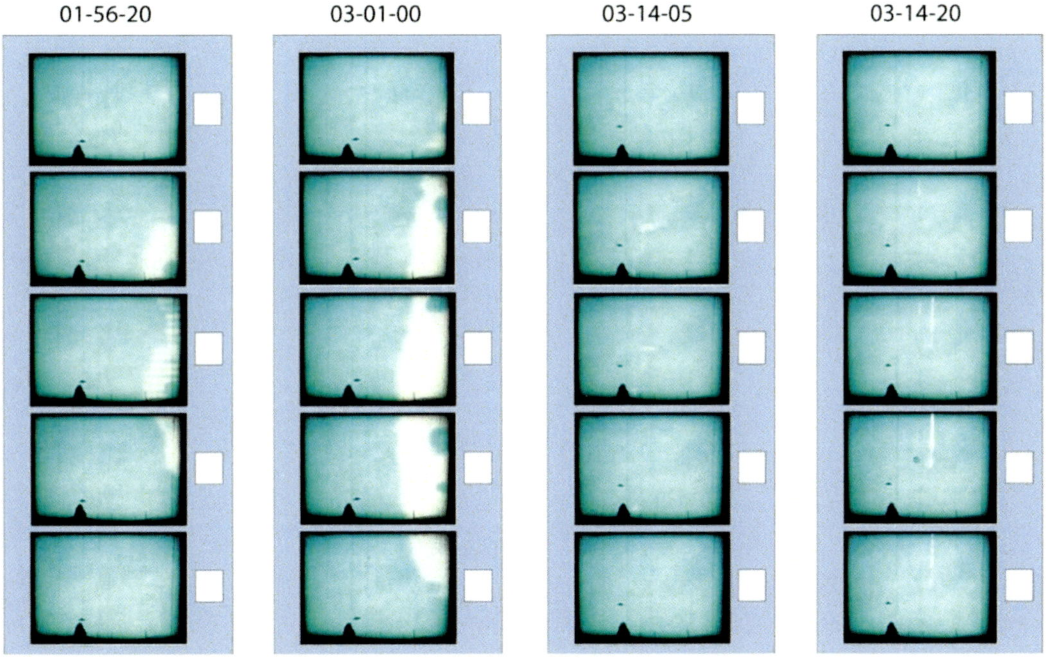

Figura 120 - Una composición de cuatro ejemplos de cargas de luz interna dentro de la cámara, con los tiempos en que suceden en la película.

La Figura 120 es una composición de cuatro cuadros contiguos que presentan este evento de "iluminación" en la película, cuatro veces. Excluimos algunos cuadros entrelazados en el segundo de ellos, para que no sean más de cinco cuadros del video PAL.

Vemos la continuidad en algunos de ellos, como el segundo evento, que duró varios fotogramas.

¿Qué pasó en esta tarde nublada? La evidencia indica una demostración bien preparada por un misterioso dispositivo volador, realizada de una manera que imitó un péndulo, pero que dejó pistas ocultas para ser descubiertas después de años de prolongado debate, y demostrar que este no es solo un modelo simple colgado de una cuerda. La evidencia en este video de demostración de la nave, grabado por Billy Meier, contribuye a la Controversia Mundial del Fenómeno OVNI. Sin embargo, también es una herramienta útil para introducir un cambio gradual en las antiguas creencias anacrónicas, y despertar el "conocimiento", para darnos cuenta de que *Ellos Están Aquí.*

Conclusiones

- Incluso sin la película original, las varias copias disponibles nos brindan información suficiente sobre lo que sucedió en este lugar cerca de Hinwil, en una tarde de marzo de 1975. La película original en este momento podría haber sufrido daños graves, pero las copias conservan la naturaleza de esta demostración. Sería excelente encontrar y estudiar al menos una buena copia de la película en formato Súper8 para continuar investigándola, y tal vez encontrar más detalles ocultos. Cada vez que aparece una nueva copia, surgen detalles más fascinantes.

- Es esencial conocer el sistema de grabación utilizado en algunas de las copias, ya sea en formato PAL o NTSC, y cómo funciona.

- Dado que las mediciones de tiempo en la película de video de Meier muestran que cualquier longitud hipotética del péndulo debe cambiar en muchos puntos de la película, concluimos que el mejor arreglo de un modelo colgado de un hilo, como un péndulo, requeriría una construcción "sofisticada" de 11 metros de altura para explicar la mayoría de los eventos que ocurren en el video de este OVNI. Sin embargo, incluso con este modelo "sofisticado" difícil de lograr, todavía no podemos explicar varias características interesantes que se encuentran en la película.

- Ninguna hipótesis basada en un modelo a escala de un OVNI colgado de un péndulo puede explicar todos los eventos y características de la película. Observamos, por ahora, ocho características críticas:

    1. El OVNI se mueve en un movimiento de péndulo forzado, pero no sigue las leyes simples de la física del péndulo. Varios intentos de replicar los movimientos han fallado porque, aunque muestran algo similar a la película original, carecen de representaciones precisas y explicaciones de todos es-

tos detalles ocultos. Las variaciones reales en el periodo del péndulo nunca se han replicado.

2. Las imágenes muestran que el árbol es grande, y está cerca de la casa. Sabemos que no es un arbolito. La evidencia muestra que el árbol existió, aunque ahora no. Un arbolito cerca de la cámara se vería completamente diferente de lo que vemos en el video

3. El OVNI realiza un giro suave y único, que no se puede simular con un modelo, porque éste siempre se sacude. La nave mueve la copa del árbol sin tocarla, algo que un pequeño modelo no puede hacer.

4. El OVNI realiza tres "saltos" en el espacio que quemaron una banda brillante en la parte superior de la película y de alguna manera hizo que la cámara saltara, lo que es mucho más indicativo de una interacción de una energía desconocida.

5. La nave ejecuta un vuelco en menos de 1/24 de segundo, lo que es imposible para un modelo o cualquier nave convencional.

6. Esta nave se tambalea como si estuviera apoyada desde un punto en su base, no como un modelo soportado por un cable superior.

7. La nave parece emitir cuatro "pulsos" captados en cuadros individuales (cuatro veces), y el pulso aparece como un arco continuo, amplio y brillante, acompañado de un arco oscuro continuo que siempre cruza la imagen del OVNI, incluso cuando el OVNI está a una mayor elevación.

8. Existe amplia evidencia de que la cámara estuvo sujeta a cargas electrostáticas, lo que abre la pregunta de si la nave las produjo.

- Al igual que con otras pruebas en el caso de Billy Meier, un patrón familiar emerge a primera vista. Parece natural concluir a la ligera que la demostración podría ser un engaño. Sin embargo, tras una investigación detallada, surgen pistas ocultas que indican lo contrario, y que la película es muy probablemente lo que Meier dice que es: una película que muestra una nave extraterrestre.

- Esta demostración invita al debate, logrando así una controversia sobre los OVNI en todo el mundo. Para nosotros, sin embargo, ya no hay controversia: la película del *OVNI Tipo Péndulo* muestra una nave voladora de unos siete metros, que se desempeña tecnológicamente de una manera desconocida para nosotros, inclusive dando saltos en el espacio.

- Los ganadores del premio de efectos especiales de la película *El día de la Independencia*, Engel y Weigert, coinciden en que "hubiera sido muy difícil, incluso imposible, fingir este tipo de tomas".

Experimentos prácticos sobre el OVNI Tipo Péndulo

Introducción

El OVNI Tipo Péndulo muestra un objeto con una dinámica compleja. No importa que parezca un juguete colgado de una cuerda, es un objeto grande que imita las oscilaciones de un péndulo. En el capítulo anterior, demostramos lo difícil que es para un equipo de personas reproducir esta película de Meier. También discutimos varias características peculiares que hemos encontrado, no comunes en cualquier máquina habitual en la Tierra, como los tres "saltos", el “vuelco”, los "pulsos" y otros.

El video del OVNI Tipo Péndulo, como se indicó anteriormente, está disponible en Internet. Incluso los documentales antiguos contienen la película. Estamos seguros de que la película no ha sido alterada para cambiar la velocidad del objeto porque vemos la misma variación de período del péndulo en cada copia de la película, tomada en diferentes momentos. Estas variaciones son reales e indican que la duración de un péndulo hipotético debe estar cambiando continuamente, que como discutimos, es extraordinariamente complejo de emular. Tanto que nadie lo ha hecho nunca.

En este capítulo, sugerimos una forma práctica de experimentar con péndulos. Primero, sin embargo, como introducción a cualquier prueba de este tipo, alentamos a ver el video de YouTube de Zahi (Francisco) OVNI Danzante - Dancing UFO que incluye los detalles de la investigación. El enlace es:

www.youtube.com/watch?v=IKeutVKFbG0

Usando una herramienta de computador

Para medir con precisión el período de péndulo, se recomienda grabarlo en una película y verificarlo con una herramienta que permita verlo cuadro por cuadro. Experimentar con péndulos, simulando la película de Meier y verificando las variaciones del período.

Varias herramientas de edición de video están disponibles. La herramienta seleccionada debe permitir ver imágenes de cada cuadro en la película. Adobe Premier, Adobe After Effects, Pinnacle Studio, Final Cut, Media Composer, entre otros, son suficientes. El video incluso se puede cargar y ver en Windows Movie Maker. La Figura 121 muestra la pantalla de esta aplicación.

Lo que sigue es una explicación de cómo usar el Windows Movie Maker, que es gratuito y está disponible para PC. Existen herramientas similares para MAC.

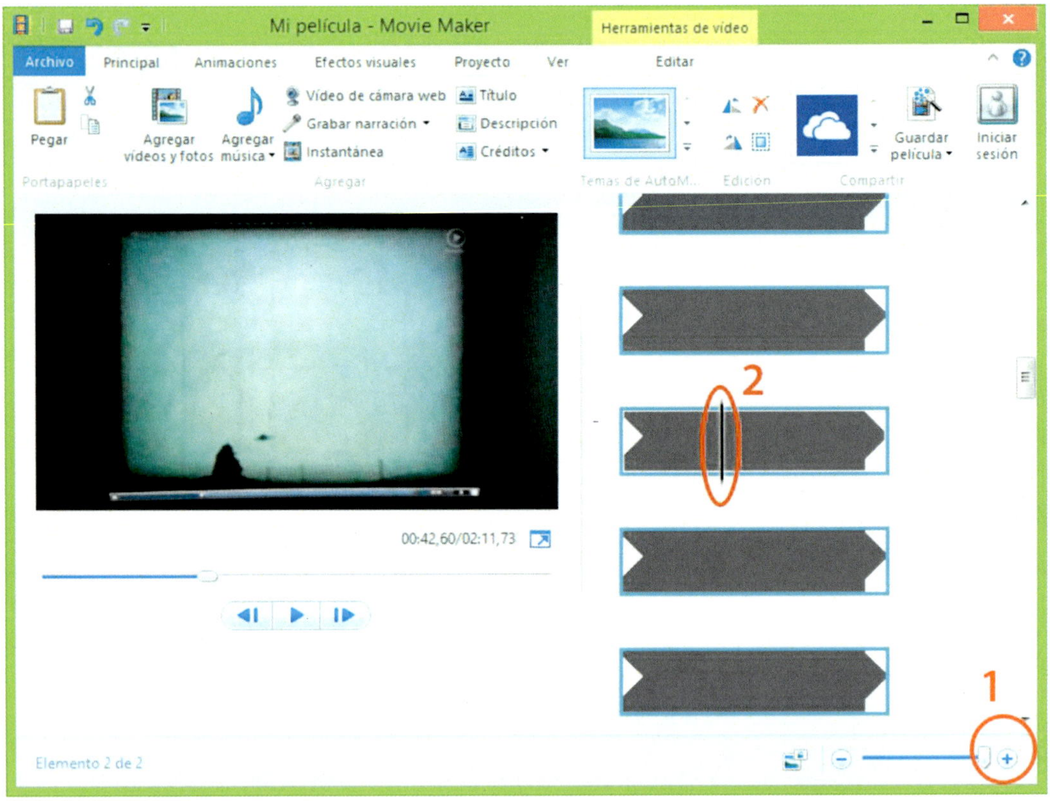

Figura 121 - Apariencia de Windows Movie Maker.

Para entender el proceso a seguir con esta aplicación, aumente el nivel de zoom de escala inferior derecha al máximo (1 en la Figura 121). Luego mueva la barra de línea negra 2, que avanza la película lentamente cuadro por cuadro. Debajo de la imagen de video actual, la medición del tiempo indica el tiempo del fotograma actual visualizado y la duración total del video.

Luego, mueva el cursor de video hasta que el OVNI alcance una posición específica (un punto de referencia), como la posición en un extremo a la derecha, o la izquierda, o un punto justo arriba del árbol. Luego avance el video hasta que el OVNI regrese al punto de inicio de referencia seleccionado. Tome nota del tiempo medido debajo de la imagen de video al inicio y al final. Finalmente, reste ambos valores para obtener el período.

Ahora puede grabar sus experimentos con una videocámara o teléfono inteligente, y revisarlos con la herramienta de edición de video seleccionada.

Experimentando con los péndulos

Busque un modelo sustituto para el OVNI. Una tapa de una olla o cualquier objeto sólido pequeño funciona bien. Átelo a una cuerda y juegue con diferentes longitudes. Anote la longitud del péndulo: la distancia entre el centro de masa del OVNI sustituto y el nodo (donde está sostenido el hilo).

Cuelgue su modelo en una rama alta o use una caña larga como una caña de pescar. Pruebe diferentes longitudes grabándose moviendo su modelo. Luego use la herramienta de edición de video como se describió anteriormente y mida los diferentes períodos. ¿Cambia el período si tiene la misma longitud del péndulo? ¿Cambia si mueve la caña de pescar imitando un movimiento de péndulo plano, cónico o espiral? (Consulte la Figura 91 para ver cada tipo de movimiento pendular).

Una vez que mida el período, úselo para calcular la longitud del cable y compárelo con la longitud utilizada en su experimento. Use las siguientes ecuaciones para encontrar la longitud del péndulo según el período:

$$L = 0.2482\ T^2 \qquad \text{(en metros)}$$

O,

$$L = 0.8144\ T^2 \qquad \text{(en pies)}$$

Donde **T** es el período del péndulo (en segundos), y **L** la longitud resultante es en metros o pies, según la fórmula que utilice.

Esta ecuación proviene de la fórmula del péndulo que se encuentra en cualquier libro de física:

$$T = 2\pi\sqrt{\frac{L}{g}}$$

Donde ***g*** es la aceleración de la gravedad.

Usando esta fórmula del movimiento del péndulo, podemos conocer la longitud del péndulo midiendo el período (tiempo para completar un ciclo).

La película del OVNI Tipo Péndulo grabada por Meier está disponible para descargar en cualquiera de los enlaces proporcionados anteriormente. Mida los períodos del movimiento del OVNI para encontrar la longitud del "cordón" con la fórmula anterior.

Desafíos del OVNI Tipo Péndulo

Aquellos curiosos por saber si Meier filmó un pequeño modelo de un OVNI o un objeto grande, podrían probar los siguientes "desafíos" propuestos que comprueban cuán fácil o difícil es replicar la película de Meier.

Desafío 1: usar un péndulo largo con una mano.

Si Meier usó una larga vara con un modelo de un OVNI de un pie de diámetro, atado a un hilo, cualquiera podría hacer lo mismo. Como se indicó anteriormente, puede usar una vara larga, como una caña de pescar. Consulte las longitudes de péndulo en la Tabla 5. En la fase 12, el poste debe elevarse muy alto para mantener el mismo período. Calculamos que se necesita un poste de 15 metros de largo (49 pies) porque para elevar el modelo como se ve en la fase 12 mientras se mantiene una longitud de péndulo de más de 5 metros (16.5 pies), el nodo del péndulo debe tener 11 metros (36 pies) de altura. Por lo tanto, es mejor encontrar una vara larga para intentar reproducir lo registrado en la película (Figura 122). Si la longitud resulta imposible, intente con un poste de 10 metros de largo (33 pies) y súbase a una plataforma a cinco metros sobre el suelo. (16.5 pies)

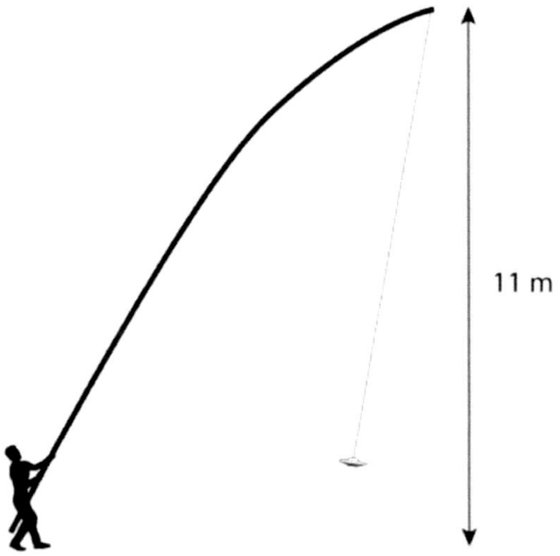

Figura 122 - Pruebas con un péndulo.

Realice los movimientos del péndulo plano, luego los movimientos cónicos (circulares) y finalmente levante el poste hasta que el modelo esté a seis metros (20 pies) sobre el nivel del suelo. Intente con ambos brazos, y luego con un solo brazo, ya que Meier solo tiene un brazo.

Desafío 2: cambiar la longitud del péndulo

Nuestro segundo desafío de simulación se relaciona con la fase 5. El OVNI se mueve en círculos alrededor del árbol en esta fase y, en tres círculos consecutivos, el período cambia de 4.4 a 5.1 segundos, y luego baja a 4.3 segundos. Entonces, la longitud del péndulo cambia de 4.8 metros, a 6.5 metros y luego vuelve a 4.6 metros. Por lo tanto, la longitud del péndulo cambia 1.9 metros (6.2 pies) en cinco segundos.

El desafío es replicar esto. Con una caña de pescar o una rama de árbol arriba, mueva el modelo en círculos, y en dos círculos consecutivos, cambie la longitud de 4.8 metros a 5.1 metros, y luego a 4.6 metros en el tercer círculo. El modelo del OVNI no debe moverse hacia arriba o hacia abajo, sino que siempre debe permanecer en la misma elevación. Grabarlo y comparar su resultado con la película de Meier.

El uso de un soporte de caña de pescar permite tirar y extender el cable rápidamente. Con el modelo soportado por una rama de árbol, es un desafío formidable cambiar la longitud, porque la rama del árbol debe bajar y subir 1.9 metros.

En la prueba de Langdon, colgó su modelo de una rama en un árbol y, como se indica en su video, movió el modelo en círculos obteniendo el mismo período de 3.72 segundos en cada uno de los dos círculos, lo que equivale a una longitud de péndulo de 3,43 metros. La longitud del péndulo de Meier, como señalamos, fue variable. La prueba de Langdon necesita un desafío con un árbol más alto para dar una longitud de péndulo de alrededor de 5 metros.

Desafío 3: mover la copa del árbol sin tocarlo

Justo antes de que el OVNI haga un giro cerrado, es evidente el movimiento de la copa del árbol. Este desafío es un intento de simular el movimiento de la copa del árbol. Usando un pequeño árbol de alrededor de 1 a 1.5 metros de altura, mueva su modelo del OVNI por encima sin tocarlo. La pequeña copa del árbol debe rebotar como en la película original. Grabe el experimento en una videocámara y compárelo con la película de Meier. Si el modelo de alguna manera mueve la pequeña copa del árbol, asegúrese de que el modelo no toque el árbol ni se sacuda, y que mantenga un movimiento suave como en la película de Meier.

Desafío 4: realizar un giro a la derecha sin tambalearse

Después del movimiento de la copa del árbol, el OVNI gira 90 grados. Simule esta fase. Conecte un cable adicional si es necesario y tire de él. El modelo no debe sacudirse ni tambalearse. Compare su película con la de Meier y observe cómo es su prueba. Intente replicarlo.

Desafío 5: simular el desenfoque del OVNI y del arbolito

Usando un modelo de un OVNI y un pequeño árbol, simule la diferencia de desenfoque del OVNI cuando está más alejado en comparación con cuando está cerca de la cámara.

Coloque el arbolito a unos 17 metros de la cámara con una casa distante en el fondo. Asegúrese de que el entorno sea un poco brumoso. Grabe su prueba y confirme si se parece a la película original o no. ¿El árbol y la casa tienen el mismo grado de borrosidad? ¿El modelo del OVNI es más borroso cuando está más alejado?

Desafío 6: crear el bamboleo

Haga una prueba con un modelo, apoyándolo desde un punto cercano a su parte inferior. Permita que se bambolee y confirme el punto de apoyo. Registre sus hallazgos.

Desafío 7: simulando los pulsos

Encuentre una manera de simular los arcos brillantes y oscuros vistos durante los "pulsos". Asegúrese de que duren menos de 1/24 de segundo. Intente usar un flash. Compare los resultados con la película original.

Desafío 8: filmar toda la escena en una sola toma

El último desafío consiste en grabar las 12 fases en una sola sesión. La cámara debe permanecer encendida durante toda la actuación. No grabe varios clips para luego unirlos. Es una sola toma que dura más de tres minutos. Use tantos asistentes como sea necesario. Cualquier disposición es adecuada: el soporte de "caña de pescar", el soporte de "árbol por encima", o nuestro soporte sugerido para usar una plataforma elevada.

Al realizar estos desafíos, puede saber si un solo ser humano, con un solo brazo, podría crear esta película con un modelo a escala y un arbolito. Alternativamente, puede darse cuenta de que el objeto filmado no es un modelo pequeño sino un objeto grande, una nave de siete metros que imita un péndulo.

Parte III

La Demostración del OVNI de Hasenbol

Encuentro con una nueva Nave

Introducción

En esta Tercera Parte se presentan los detalles de una demostración extraordinaria, respaldada por abundante evidencia de los Pleyaren. Ocurrió el 29 de marzo de 1975, alrededor de las 5 de la tarde y duró más de dos horas, en una colina entre Hasenböl y Langenberg, cerca de la ciudad de Fischenthal en Suiza. Nos referiremos a este evento como la demostración de la nave de Hasenbol. Según Billy Meier, Semjase, acompañada por Quetzal, trajeron un nuevo tipo de nave espacial capaz de realizar viajes interdimensionales. Stevens indica que aterrizaron y hablaron muy brevemente con Meier (*UFO Contact from the Pleiades – A preliminary investigation report*, página 343).

Figura 123 - Foto #174 de Meier, del 29 de marzo de 1976 a las 6:02 pm. La nueva nave está enfrente del Sol hacia el oeste y detrás de un árbol.

Al observar las fotos de Meier, no podemos imaginar las dificultades que soportó para llegar al sitio designado para el contacto. Para presenciar la nave de Hasenbol, subió 260 metros sobre el terreno circundante hasta la cima de una colina, lo que Stevens describe como difícil de alcanzar en ese momento, incluso en un vehículo con tracción en las cuatro ruedas. Sin embargo, Meier a veces tuvo que empujar su ciclomotor mientras tiraba de un pequeño remolque en el que llevaba sus cámaras y equipos, todo con una mano (*UFO Contact from the Pleiades – A preliminary...*, página 345).

La foto #174 de Meier, Figura 123, se analiza bien en el documental de Nippon TV, que indicaremos más adelante. El árbol cerca y enfrente de la nave ya no está allí, solo quedan sus raíces; tal vez fue cortado para abrir espacio para lo que parece ser un área de cultivo en la cima de la colina.

Tenemos cuatro pruebas disponibles, a saber, las fotos de Meier, el documental de Nippon TV, un video producido por FIGU en 1998 y las recientes fotos de satélite (2018) en Google Earth. Las fotos confirman el crecimiento de la vegetación y la ubicación de otros árboles en esta colina. El excelente documental de FIGU sobre la nave Hasenbol está disponible aquí:

https://youtu.be/vq8PaVsJB6Y

En esta tarde, Meier filmó al menos dos rollos de película con su cámara Súper8 mm y tomó más de 100 fotos. Por razones desconocidas, dos rollos de 36 fotos nunca regresaron del laboratorio fotográfico y, por lo tanto, se perdieron. Nadie sabe qué había en estos rollos, aunque las personas cercanas a Meier piensan que probablemente contenían la última parte del encuentro cuando los Pleyaren volvieron al cielo.

Sorprendentemente y desafortunadamente, muchas de las centenares de fotos que Meier tomó fueron robadas, se perdieron o se desaparecieron extrañamente (no solo las de Hasenbol). Además, varias sufrieron modificaciones en intentos para desacreditarlo. No es sorprendente encontrar que algunas fotos de este evento también se perdieron.

Lo que nosotros, los autores, hacemos en esta Parte III se puede hacer con cualquier otro encuentro entre Meier y los viajeros espaciales, los Pleyaren. No es necesario visitar Suiza para investigar este caso. Es a la vez fascinante y revelador estudiar e investigar las fotos y videos, e información de buena calidad en varios libros disponibles, con las fotografías de Meier.

Con la ayuda de excelentes herramientas como Google Earth y fotos aéreas (Confederación Suiza), podemos ubicarnos exactamente donde Meier tuvo sus encuentros, calcular detalles y distancias, y luego usar estos cálculos con sorprendente precisión para mostrar los movimientos de las naves durante sus demostraciones. Un análisis similar a este de la nave de Hasenbol es posible hacerlo para otros encuentros de los OVNIS con Meier. Por ejemplo, Fuchsbüel-Hofhalden con un lago de fondo donde la nave vuela alrededor de un árbol que los Pleyaren luego "desaparecieron". O el evento de Bachtelhörnli / Unterbachtel, con tres naves volando sobre un valle distante. O cualquier otra demostración.

Localización del OVNI de Hasenbol

La ubicación de Billy Meier durante la demostración está marcada **BM** en la foto satelital de Google Earth de agosto de 2018, Figura 124. La ciudad de Fischenthal está al oeste de la posición de Meier. La colina está a 1000 metros sobre el nivel del mar y esta ciudad a 740 metros, lo que hace que la colina esté 260 metros más alta que Fischenthal. La ubicación en Google Earth, en Latitud y Longitud es 47° 19' 49" Norte, y 8° 56' 06" Este.

Observamos varios detalles en las fotos de Meier y en los videos de la cámara Súper8, en el documental de Nippon TV y en el documental de FIGU. También son visibles detalles en fotos aéreas viejas, en blanco y negro de 1972, y fotos satelitales recientes de Google Earth (Figura 125, arriba y abajo). Algunos árboles han crecido mientras que otros han sido talados; el *gran árbol* frente a la nave en la foto #174, y otros árboles detrás de él no existen hoy. Para familiarizarnos mejor con el área donde se hizo esta demostración, describiremos brevemente la ubicación de Meier y los árboles fotografiados que hemos numerado del 1 al 6 en la Figura 125.

Figura 124 - Clip de Google Earth. En la sección superior, BM marca la ubicación del encuentro de Billy Meier en una colina al este de la ciudad de Fischenthal.

El número **1** (Figura 125), indica la ubicación de Meier en la mayoría de las fotos y videos durante la demostración en este contacto. El número **2** es *el gran árbol* que ya no existe, que se destaca prominentemente frente a la nave en las fotos de Meier, al oeste de su punto de observación (el norte en la Figura 125 está hacia arriba). Este *gran árbol*, más otros árboles, probablemente fueron cortados por un agricultor para usar ese espacio para un cultivo, con base en indicios de actividad agraria que vemos en las imágenes satelitales y recientes fotografías aéreas. Sin embargo, el documental de Nippon, los libros de Stevens, y las fotos aéreas de la Confederación Suiza de 1972 (Figura 125, arriba) confirman la existencia y el tamaño del árbol. También notamos un árbol joven cerca del *gran árbol*. Observe las diferencias entre los árboles en la foto aérea de 1972 en la Figura 125 arriba y la reciente foto satelital de Google Earth en la Figura 125 abajo.

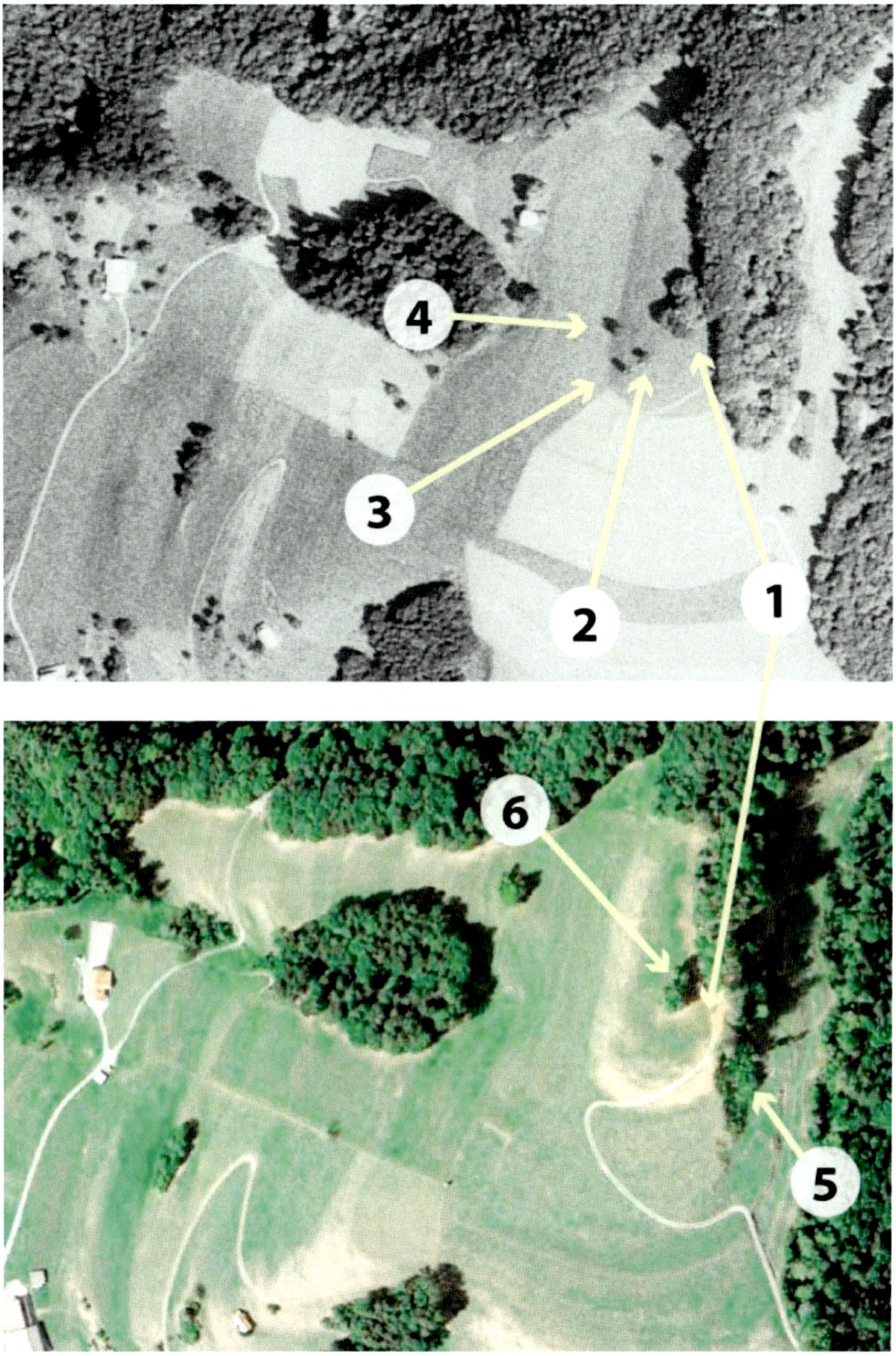

Figura 125 - Una foto aérea de 1972 de la ubicación cerca de Hasenbol (arriba) en comparación con una imagen de Google Earth de 2008 (abajo). **1** es la ubicación de Meier. Los árboles **2**, **3** y **4** en las fotos de Meier, y otros árboles han desaparecido ya.

El número **3** es el *árbol del sur* cuesta abajo. Al estar cuesta abajo solo su parte superior es visible detrás del *gran árbol* en la foto #174. Aparece en las fotos de Meier, en el documental de Nippon TV y en el documental FIGU Hasenbol en 1998, pero ya no existe.

El número **4** es el *árbol del norte* que también estaba cuesta abajo y parcialmente visible a la derecha del *gran árbol.* Solo su parte superior se asomaba por encima de la colina a la derecha de la foto #174 (Figura 123). Ya no existe y está ausente en las recientes fotos satelitales.

El número **5** es el *bosque oriental.* En algunas de las fotos al lado izquierdo se muestran algunas ramas, probablemente de árboles de este bosque, o tal vez todas las ramas que se ven a la izquierda en las fotos #152, #153, #154, #155 y #181 son de *la arboleda del norte.*

El número **6** es *la arboleda del norte.* Meier instaló su cámara de cine detrás o dentro de estos árboles y grabó la nave que se movía de este a oeste, con su cámara apuntando hacia el sur, donde vemos al fondo la montaña Aurüti, cubierta de nieve, que aparece tanto en el documental de Nippon TV como en el de FIGU sobre Hasenbol. En un video clip de FIGU, las ramas se mecen por el viento frente a la cámara con la montaña nevada hacia sur en el fondo. Un segundo video clip en los mismos documentales muestra destellos de luz intermitentes desde los bordes de la nave. En el segundo video la cámara apunta hacia el suroeste en dirección a Fischenthal. Para filmar esto, Meier probablemente se posicionó muy cerca de la marca **BM** en la Figura 124.

En el programa de Nippon TV, Meier lleva a Yaoi a la colina y demuestra cómo colocó su cámara en el trípode que usó. En el documental vemos a Meier filmado desde cerca de *la arboleda del norte*, y probablemente estuvo cerca de allí en la mayoría de las fotos.

La cámara Olympus de Meier tiene un ángulo de visión horizontal de 46°, como se muestra en la Figura 126, donde hemos marcado incrementos de 10 grados hacia el norte y hacia el sur desde el oeste. El *gran árbol* en la Figura 126 (y **2** en la Figura 127) está a 10 grados al sur del oeste (W), y su base está dos grados por debajo del horizonte, casi al nivel de los pies de Meier. La nave está a siete grados sobre el horizonte.

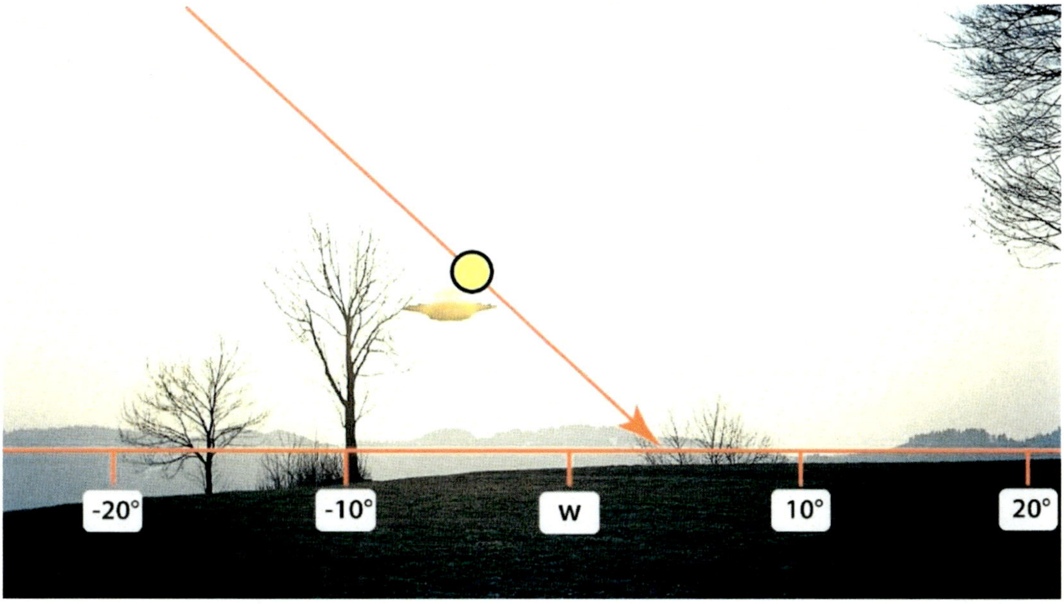

Figura 126 - Localización aproximada de oeste (**W**) en la foto #174.

La foto aérea de 1972 (Confederación Suiza) en la Figura 125 (arriba), nos ayuda a localizar los cuatro árboles que faltan en las fotos de satélite actuales, que son: el *gran árbol* (**2** en las Figuras 125 y 127), el *árbol pequeño* sin numerar cerca de él, probablemente demasiado pequeño para verlo en la foto aérea (marcado con la pequeña estrella en la Figura 127), *el árbol del sur* (**3** en la Figura 125 y marcado con el símbolo de la estrella grande al oeste del *gran árbol* en la Figura 127) y *el árbol del norte* (**4** en las Figuras 125 y 127).

La Figura 127, arriba, muestra un perfil del terreno a lo largo de la línea amarilla discontinua de la vista en planta (línea este-oeste que cruza la ubicación de Meier, parte inferior en la figura). La elevación y las escalas horizontales están en metros. Los contornos del terreno se tomaron de Google Earth, y los números y las posiciones de las figuras superior e inferior indican: **1** ubicación estimada de Meier a 50 metros al este del *gran árbol*, que es el número **2**; **3** es la posición de la nave en la foto #174, y **4** el *árbol del norte*.

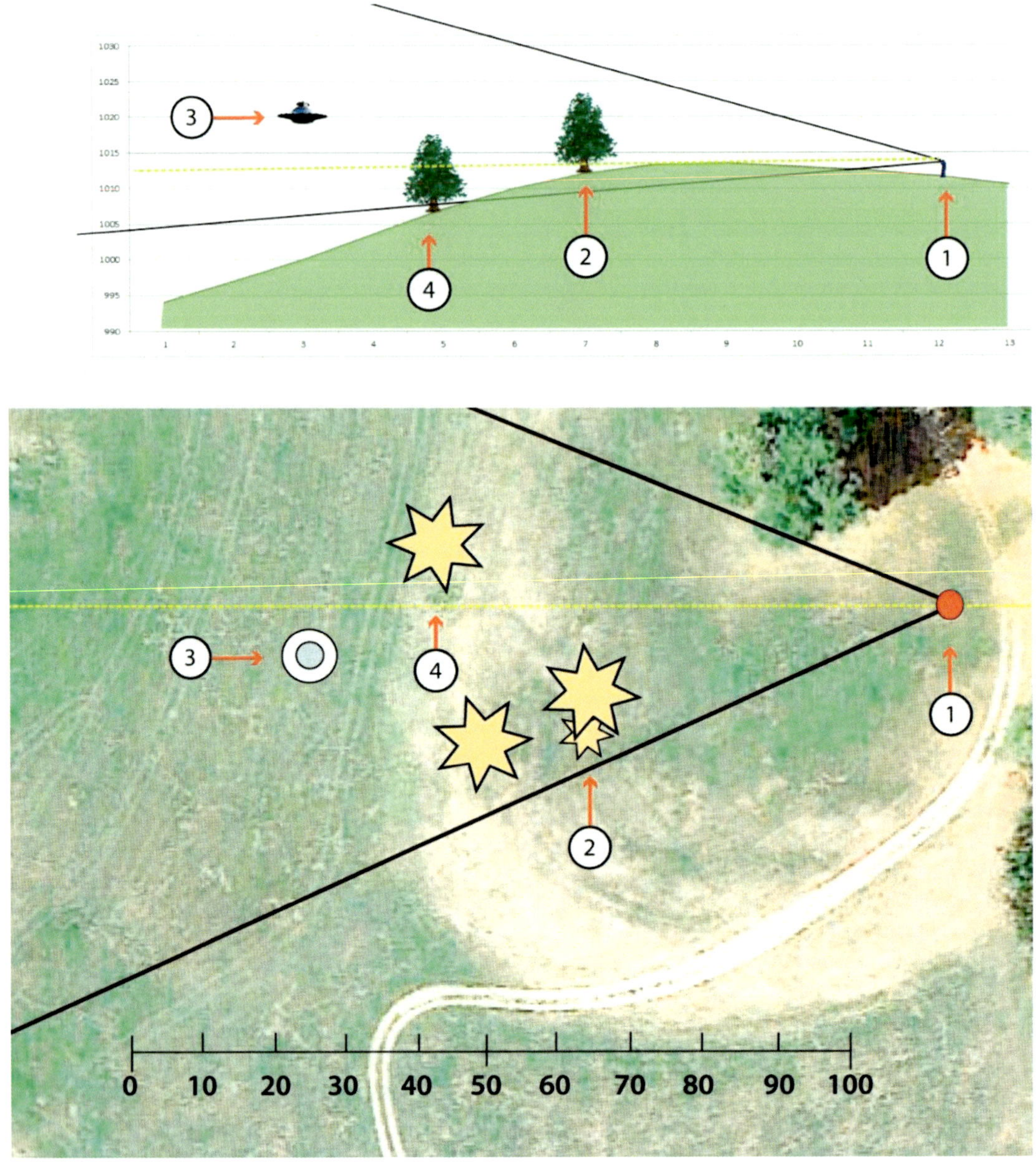

Figura 127 – Prefil del terreno (arriba) y vista en planta (abajo) para la foto #174. La elevación y las escalas horizontales están en metros. Elevaciónes del terreno tomadas de Google Earth. El número 1 es la ubicación de Meier, 2 es el *gran árbol* con el *árbol pequeño* debajo de él, 3 es le OVNI y 4 es el *árbol del norte.* El *árbol del sur* es la gran estrella naranja sin numerar. El norte esta arriba.

Encontramos que Meier está a 50 metros del *gran árbol* mediante el uso de la "Fórmula de la Cámara", estimando el tamaño del árbol a partir del documental de Nippon TV, y midiendo su tamaño en la foto #174. La nave está a 90 metros de Meier en esta foto. La siguiente sección explica este cálculo de esta distancia, así como las distancias en otras fotos.

Ahora, ubicados en el sitio, es más fácil reconstruir cómo Meier tomó todas estas fotos en este lugar aislado y mostrar los movimientos de la nave durante esta tarde llena de acontecimientos.

Secuencia fotográfica

Existe una secuencia de más de una docena de fotos de la nave de Hasenbol. El libro *Photo-Inventarium* ilustra bellamente la mayoría de ellas (Meier, páginas 80 ~ 90) y la galería del sitio web *Future of Mankind* también exhibe excelentes copias de alta resolución.

Las fotos secuenciales muestran detalles del *gran árbol*, el *árbol pequeño*, el *árbol del norte*, el *árbol del sur*, la *arboleda del norte*, el *bosque del este* y la lejana montaña nevada del sur, entre otras características. Estas características indican la orientación de la cámara y, en algunos casos, la ubicación de Meier en la cima de la colina, que cambió a medida que se movía alrededor de la marca 1 en las Figuras 125 y 127.

Verificar en qué dirección se tomó una foto, mirando las montañas distantes y los árboles cercanos, ayuda a definir la orientación relativa de la nave en cualquier momento. Aun así, también necesitamos saber la distancia desde la cámara. Para esto, podemos usar la Fórmula de la Cámara, utilizada previamente en el análisis WCUFO en la Parte I (El WCUFO sobre un remolque). Esta fórmula es una relación geométrica de cuatro aspectos: la distancia focal del lente de la cámara; la distancia desde el objeto (la nave) hasta la cámara; el tamaño del objeto en la superficie de la película; y el tamaño real del objeto observado (diámetro de la nave). Conocer tres de estos parámetros permite el cálculo del cuarto.

Sabemos que Meier usó su cámara Olympus con una lente de distancia focal de 42 mm. Podemos medir el tamaño del OVNI en cada foto, para calcular qué tan grande (en milímetros) es su imagen en el negativo de la película. Además, según la afirmación de Meier de que la nave mide siete metros, podemos estimar la distancia con la Fórmula de la Cámara, y dibujar en un mapa su posición en cada foto. También se podrían hacer los mismos cálculos en la hipótesis de que Meier usó un pequeño modelo de 55 cm o 40 cm. La siguiente sección cubre esa posibilidad.

Los cálculos de la distancia, con la Fórmula de la Cámara, para esta nave en cada foto, dieron los resultados mostrados en la Tabla 9. Para estos cálculos es necesario que las fotos sean imágenes de fotograma completo, no recortadas. Algunas fotos recortadas aparecen en el libro *Photo-Inventarium*, pero las imágenes de fotograma completo están disponibles en el sitio web *Future of Mankind* (FoM). Entonces, preferiblemente utilizamos las versiones de FoM. Para otras fotos tuvimos que mirar varias versiones y hacer nuestro mejor estimativo del tamaño del fotograma completo. Los asteriscos indican las distancias que fueron estimadas en las fotos que no vienen en fotograma completo, o cuando existe incertidumbre sobre ellas. Entonces, en esas imágenes las distancias de las fotos podrían ser mayores.

Foto #	Hora	Distancia (m)
151	17:16	293
152	17:18	264
153	17:20	252
154	17:21	388
155	17:23	384
157	17:26	76
168	17:50	60*
171	17:56	75*
174	18:02	90
175	18:04	88*
164	18:05	87*
176	18:09	59
179	18:09	55
181	18:20	50

Tabla 9 - Valores de las distancias hasta el OVNI en cada foto, a partir de la Fórmula de la Cámara. Incluimos la hora en que fueron tomadas. Con un "*" se indican valores estimados.

En el mapa de la Figura 128 localizamos el OVNI en cada una de las fotos analizadas.

Figura 128 - Vista en planta, con la ubicación aproximada de la nave para cada foto. El norte esta hacia arriba.

De un total de alrededor de 100 fotos tomadas, Meier recibió solo algunas del laboratorio fotográfico, y en este análisis, mostramos sólo 14 de las que regresaron. Pequeños círculos blancos en el mapa de la Figura 128 ilustran el tamaño de la nave dibujada a escala. El norte está arriba. El punto rojo cerca de la marca **BM** indica la ubicación de Billy Meier, y los símbolos de las estrellas hacia el oeste marcan los cuatro árboles que ahora faltan. Algo notable es lo cerca que estuvo la nave en nueve fotos, y esto explica porque vemos varios detalles extraordinarios capturados en algunas de ellas.

Existen tres fotos de la nave volando detrás del *gran árbol*: #164, #174 y #175 (Meier, *Photo-Inventarium,* página 87). La comparación de las copias disponibles de la foto #164 con la foto #174 que aparece en fotograma completo, nos da información sobre la distancia a la nave en la foto #164. Observando los tamaños respectivos de la nave, el *gran árbol* y las montañas en el fondo, permiten calcular la distancia para la foto #164. Encontramos que la #164 muestra un tamaño de la imagen de la nave un 3.8% más grande que en el #174, o sea que la nave estuvo un poco más cerca.

En el documental de Nippon TV, Meier dice que la nave se encontraba a solo 5 a 10 metros detrás del *gran árbol*. Determinamos que fue más lejos, unos 37 metros. Calculamos que el *gran árbol* estaba a 50 metros de la cámara y la nave a 87 metros (87 menos 50 del árbol son 37 metros). Tal vez algunas de estas fotos faltantes o robadas muestran la nave mucho más cerca y con mayor detalle, tal vez claramente detrás de algunas de las ramas de los árboles que proporcionan una prueba de su gran tamaño, lo que los hace más probables candidatos para la confiscación por las partes interesadas en ocultarlo. Una agencia secreta que desee cualquiera de estas fotos seguramente tomaría las más reveladoras e instructivas. Alternativamente, tal vez incluso los Pleyaren contribuyeron a que esta prueba desapareciera.

Estas reveladoras fotos que Meier tomó en la década de 1970 muestran una verdadera máquina voladora. Sin embargo, nuevamente surge el mismo patrón en la evidencia de Meier. Incluso esta demostración permitió a escépticos mantener creencias personales de que el caso era falso. La evidencia disponible en ese momento requería un conocimiento específico de cosas como la dispersión de luz de *Mie* y cálculos precisos desconocidos para el público en general. Entonces, para muchas personas, no fue concluyente. Ahora, sin embargo, después del procesamiento de imágenes con herramientas disponibles para cualquiera, como Gimp o

Photoshop, la evidencia es concluyente (Zahi y Lock, *Análisis de un OVNI Real*). Hoy, con estas herramientas, podemos confirmar fácilmente que esta nave está detrás del árbol, al menos en las fotos 164 y 175; y otra evidencia presentada anteriormente en este libro muestra que estos OVNIS o naves fotografiados por Meier no pueden ser pequeños modelos colgados de una cuerda.

La siguiente secuencia fotográfica de las 14 fotos trazadas en la Figura 127, las muestra, y da más información de cada una de ellas con más detalle.

Foto #151: 5:16 pm, distancia estimada a la nave 293 metros.

Figura 129 - Foto #151 hacia el SSW. (Tomada de FoM.)

La Figura 129 es una foto de alta resolución de fotograma completo de la "Galería de fotos" de *Future of Mankind* (FoM). Meier probablemente se encontraba cerca del bosque norte, algunas ramas de las cuales sobresalen en la esquina superior izquierda pueden ser del *bosque oriental*. El *pequeño árbol* está en el extremo derecho. Se ve una pequeña porción de la montaña nevada del sur, en la parte inferior izquierda, mientras Meier apuntó su cámara hacia el SSW.

El marco oscuro con esquinas redondeadas en los bordes de esta foto sugiere que es de fotograma completo. Para calcular el tamaño de la nave en la película original, es necesario compararlo con el tamaño de fotograma completo (36 mm de ancho). Si tiene siete metros de diámetro, la nave está a 293 metros de la cámara (datos de la Fórmula de la Cámara, Tabla 9).

Foto #152: 5:18 pm, distancia estimada a la nave 264 metros.

Figura 130 - Foto #152 hacia el SW. (Tomada de FoM.)

Dos minutos después, Meier tomó otra foto (#152). Esta imagen también es de alta resolución del sitio web *Future of Mankind* (FoM). Ahora más cerca, la nave se ha movido hacia el sur-oeste, en dirección a Fischenthal, y el *pequeño árbol* y el *gran árbol* en el extremo derecho se ven mejor. Desde aquí, parece que Meier está de pie dentro de la *arboleda del norte* que hoy tiene menos árboles. Las fotos anteriores también podrían haber sido tomadas desde este bosque. En esta época del año, al final del invierno y principios de la primavera (29 de marzo), la mayoría de los árboles aquí todavía no tienen hojas.

Foto #153: 5:20 pm, distancia estimada a la nave 252 metros.

Figura 131 - Foto #153. La nave se ha movido ahora de regreso hacia la izquierda. (Tomada de FoM.)

Esta foto #153 de alta resolución, del sitio web de FoM tomada un par de minutos más tarde, muestra que la nave se ha movido hacia la izquierda, a una ubicación entre la #151 y la #152. Meier permanece de pie detrás o justo en la *arboleda del norte*. Un tipo diferente de árbol (¿un abeto?) aparece desenfocado en la mitad inferior de la imagen y está lo suficientemente cerca de la cámara enfocada en el infinito. Meier grabó un video apuntando su cámara Súper8 hacia el sur que muestra las ramas de este pequeño árbol balanceándose con un viento bastante fuerte y en un enfoque bueno. La cámara de película tiene una profundidad de campo (PdC) mayor que su cámara Olympus, por lo que estas ramas de abeto no están desenfocadas en la película.

Uno se pregunta si los habitantes de Fischenthal vieron esta nave sobre la colina hacia el Este. La respuesta es, probablemente no, porque sabemos que la nave utiliza un sistema de invisibilidad, como se explicó en la sección del WCUFO, que abre una ventana de visión solo hacia la cámara de Meier.

Foto #154: 5:21 pm, distancia estimada a la nave 388 metros.

Figura 132 - Foto #154. Tomada detrás de su moto. (FoM.)

La nave regresó hacia el ESS (este-sur-sur). Meier estaba mirando hacia la cima de una la colina y ahora se ve en lo alto del cielo y más lejos (Figura 132). La montaña nevada sur está nuevamente a la izquierda. Las ramas de los árboles a la izquierda pueden ser del *bosque oriental.*

El ciclomotor de Meier muestra detrás de él un pequeño remolque donde lleva sus cámaras y equipo. Ni el *gran árbol* ni el *árbol pequeño* son visibles aquí. El ciclomotor debe estar muy cerca del punto marcado BM en el mapa de la Figura 128.

Tal vez podamos imaginar lo difícil que fue conducir con una sola mano hasta la cima de esta colina en este ciclomotor. A veces usaba necesariamente la tracción del motor para tirar del remolque mientras corría junto al ciclomotor por la colina empinada sosteniéndolo con una mano y accionando el acelerador. Stevens menciona esta escalada desafiante en su primer libro *UFO Contact from the Pleiades – A preliminary...*

Foto #155: 5:23 pm, distancia estimada a la nave 384 metros.

Figura 133 - Foto #155. Tomada hacia el sur. Se ve el trípode de la cámara Súper8 de Meier. (Tomada de FoM)

La nave se ha movido ahora hacia el sur, hacia la montaña nevada. Está a 384 metros de distancia. Aquí, en esta copia de alta resolución, vemos la cámara de fotos de Meier montada dentro de un marco en un trípode (Figura 133).

Meier probablemente filmó aquí lo que muestra la segunda película en los documentales Nippon TV y FIGU Hasenbol. El trípode está quizás a la izquierda de su ciclomotor, y las ramas de los árboles a la izquierda son probablemente del *bosque oriental*. Meier hizo dos videos, uno detrás de las ramas de un pequeño abeto en la *arboleda norte* con su cámara mirando hacia el sur, y el segundo apuntando hacia el sur-oeste. Para su segundo video, sabemos que Meier grabó al menos dos películas. Desafortunadamente, nadie sabe si otros rollos de película también se perdieron, fueron robados o malversados como los dos rollos de fotos de su cámara Olympus que nunca regresaron del laboratorio fotográfico.

Foto #157: 5:26 pm, distancia estimada a la nave 76 metros.

Figura 134 - Foto #157. La nave vuela muy cerca y arriba en el cielo. (FoM)

Tres minutos después, la nave se acercó mucho a Meier. Una vez más, esta foto #157 es una copia de alta resolución de fotograma completo que cualquiera puede descargar del sitio web *Future of Mankind* para hacer zoom y realizar el procesamiento de imágenes, y mirar la parte inferior de la nave.

La nave está ubicada a una altura de 45°, por lo que no se ven montañas ni árboles en esta toma. La distancia directa a él es de 76 metros, mientras que está a 54 metros sobre la cima de la colina y a 54 metros de Meier horizontalmente.

Para estimar y trazar la dirección de la nave en el mapa, verificamos los reflejos del Sol. Sabemos que el Sol en este momento está cerca de SWW (sur-oeste-oeste), lo que da una dirección aproximada para ubicar la nave en el mapa.

Foto #168: 5:50 pm, distancia estimada a la nave 60 metros.

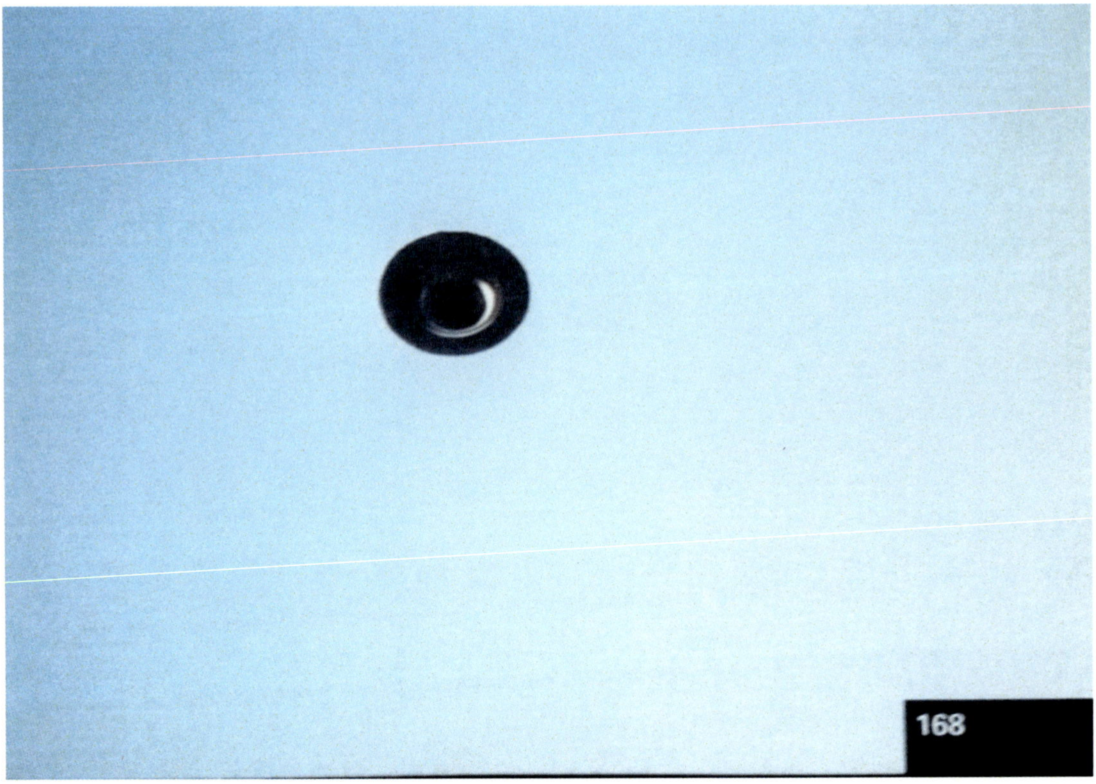

Figura 135 - Foto #168. Vemos la nave de nuevo desde abajo. (*Photo-Inventarium*, pag. 85)

Aquí hay otra foto (Figura 135) que muestra la nave volando arriba. Puede ser una imagen recortada en lugar de la foto a tamaño completo y es una copia del libro Photo-Inventarium de Meier, página 85.

Su distancia es de 60 metros, calculada con la Fórmula de la Cámara, pero debería ser mayor, alrededor de 75 metros. Como en la foto anterior, podemos estimar la dirección de la nave observando el reflejo de los rayos del Sol.

La nave está a una elevación de 55°. Para aquellos interesados en la geometría y la trigonometría: para calcular la elevación, mida cada eje de la elipse del borde circular de la nave, que se reproduce debido a la perspectiva. (Sugerencia: use la función seno).

Foto #171: 5:56 pm, distancia estimada a la nave 75 metros.

Figura 136 - Foto #171. Hacia el sur. (Tomada de FoM.)

La Figura 136 es una foto de nave espacial extraordinariamente hermosa tomada hacia la montaña nevada hacia el sur (monte Aurüti). Recortada, le da a la montaña más protagonismo que en la foto original. Comparándolo con otras fotos, el tamaño completo estimado del marco proporciona una distancia estimada de 75 metros.

Para obtener una buena toma, como se ve en el documental FIGU Hasenbol, Meier caminó hacia el oeste y más cerca del *gran árbol*, por lo que no aparecen ramas de árboles del *bosque oriental*, o tal vez algunas aparezcan en la foto original de tamaño completo, sin recortar.

Fotos satelitales recientes, como las de Google Earth, muestran más vegetación en esta montaña.

Foto #174: 6:02 pm, distancia estimada a la nave 90 metros.

Figura 137 - Foto #174. La nave flota detrás del *gran árbol* y frente al Sol.

Aquí nuevamente vemos la foto notable, #174, con la nave detrás del árbol y enfrente del Sol (Figura 137). Wendelle Stevens describió esta foto, o la foto #164 como "una de las imágenes de OVNIS más bellas jamás tomadas" (*UFO Contact from the Pleiades – A preliminary...* página 284). Tenemos que estar de acuerdo. El *gran árbol* está a 50 metros de la cámara. Stevens dice que el *gran árbol* tiene "31 pies de alto por 21 pies de diámetro y 52 yardas de distancia" (*UFO Contact from the Pleiades – A preliminary...* página 351). Nuestros cálculos muestran que este árbol estaba a 50 metros de la cámara y era de 9 a 10 metros de altura. Al tomar la foto #174, Meier estuvo cerca de la marca número 1 en las Figuras 125 y 127.

La Figura 138 (izquierda) muestra una versión ampliada y recortada de esta famosa foto #174 de la nave de Meier Hasenbol. La ampliación muestra más claramente la atenuación atmosférica, y la luz dorada de *Mie* se dispersa por el frente de la nave.

En la sección del *OVNI Tipo Péndulo* en este libro, Parte II, discutimos la atenuación atmosférica y cómo los objetos distantes tienden a perder claridad y especialmente los colores vividos y los tonos oscuros naturales. Nos referimos entonces a esta foto tomada por Meier en Hasenböl-Langenberg, aquí llamada la nave de Hasenbol.

Figura 138 - Las fotos de la nave de Hasenbol #174 (izquierda) y #164 (derecha), del 29 de marzo de 1976, con los lados y la parte superior recortados para mostrar mejor la atenuación atmosférica y la dispersión de la luz dorada de *Mie* en la parte delantera de la nave.

A medida que aumenta la distancia a la cámara, sus tonos en la base de la nave pierden oscuridad debido a la atenuación atmosférica. Su tono oscuro está entre el de la hierba y el árbol cercano y el bosque en el horizonte. La oscuridad de la base está más cerca de los tonos del primer plano, por lo que sabemos que está mucho más cerca del árbol que el horizonte, pero más distante que la colina del primer plano. La hierba en la parte inferior de la imagen no está recortada, lo que revela el tono oscuro completo del prado cerca de la cámara. La Figura 138 muestra una comparación tonal sin un procesamiento especial.

La dispersión de luz de *Mie* hace que partes de la base parezcan aún más claras. Aun así, son los bordes de la nave y el fondo central en la foto #164 los que dan una estimación más precisa del tono sin demasiada influencia de la dispersión de luz de *Mie*, aunque todavía hay un poco de luz solar dispersa en los extremos de la nave.

En la foto completa, el cielo claro detrás de la nave crea la ilusión óptica de que la nave es más oscura de lo que es. Al recortar una sección de la base de la nave y colocarla cerca o sobre el primer plano revela las diferencias de tono: el primer plano es notablemente más oscuro. La Figura 139 muestra secciones recortadas de diferentes partes de la foto #174 sin hacer cambios en el brillo, el contraste o el color, para cada una de las partes recortadas, solo se hizo un zoom del 200% para obtener una buena comparación. El número **3** en la Figura 139 es la base de la nave. El césped más cerca de la cámara está muy oscuro, pero la base de la nave es considerablemente más clara. Incluso teniendo en cuenta la dispersión de luz *Mie* y la dispersión del rayo de Sol sobre la nave, la diferencia de tonos indica que la nave está más allá del árbol. Si se tratara de un modelo de medio metro de diámetro o menos, debería estar a la misma distancia que la hierba inferior cercana en esta foto, y su saturación y oscuridad deben corresponder a la hierba cercana, pero esto no es así. La inmensa diferencia entre **3** y **6**, e incluso **5**, es innegable en la Figura 139.

En la Figura 139, la dispersión de luz dorada de *Mie* causada por la luz solar que se refleja en la nave, y que pasa a través del corredor de aire entre la cámara y la nave, nos dice que la nave está a una distancia razonable grande de la cámara para producir este efecto a través de la niebla de la tarde.

Figura 139 - Comparación de tonos de la nave, el primer plano y el horizonte: **1** el cielo, **2** montaña distante, **3** la base de la nave de color oscura, **4** tronco de árbol y montaña distante, **5** hierba cerca del árbol y **6** hierba cerca de la cámara.

La abundante dispersión de luz de *Mie* sobre el frente de la nave crea una fotografía extraordinariamente hermosa, y también demuestra que la nave está a cierta distancia de la cámara. La nave está lo suficientemente lejos para que un corredor atmosférico lo suficientemente largo permitir que la humedad en el aire dispersar la luz solar visualmente cuando se refleja en la nave. Este efecto no ocurre dentro de un corredor atmosférico de solo 6 o 7 metros en una atmósfera tan ligera. Un modelo más cercano podría dar un destello vívido de luz reflejada, pero no este grado de dispersión de luz de Mie.

Además, nuestros cálculos que siguen a continuación en relación con esta foto y el mapa de la Figura 127, muestran el árbol a unos 50 metros y la nave a unos 90 metros de Meier.

El documental de Nippon TV muestra al camarógrafo muy cerca de donde Meier tomó esta foto, y aunque la cámara de Nippon TV está un poco más atrás, ofrece una buena comparación del árbol lleno de follaje pocos años después de la sesión de fotos de Meier (Figura 144). El documental FIGU Hasenbol (1998) revela el residuo del tronco del *gran árbol* cortado (recuadro en la Figura 140). Notamos que también falta el *pequeño árbol.*

Figura 140 - La foto fue tomada durante la visita a la colina Meier y Frehner a Hasenbol en 1998. El *gran árbol* ahora está cortado (recuadro rectangular). También falta el *pequeño árbol* cercano hacia el sur. Vemos el *árbol del sur* detrás y cuesta abajo, que está ausente de las fotos satelitales actuales.

Fue en 1998, durante la visita de Billy Meier y Christian Frehner a la colina de Hasenbol, para grabar el documental FIGU Hasenbol, que notaron por primera vez que el *gran árbol* (*el árbol pequeño* y el *árbol del norte*) habían sido cortados. En la Figura 140, vemos el residuo del tronco cortado (detalle ampliado), y en el documental, Meier y Frehner lo filman en detalle en el suelo. El documental también muestra la parte superior del árbol del sur detrás del *gran árbol,* que no está en las imágenes de satélite actuales. Probablemente estos árboles fueron cortados para preparar el área para el cultivo. En el mismo documental de FIGU, Meier dice que había otro árbol que también falta (¿el árbol del norte?).

Foto #164: 6:05 pm, distancia estimada a la nave 87 metros.

Figura 141 - Foto #164. La nave está ahora un poco más cerca de Meier, detrás del *gran árbol* y nuevamente frente al Sol. (Fuente: JPEG de alta resolución de Christian Frehner).

La foto #164 (Figura 141) es similar a la foto anterior, la #174 y la siguiente, que viene a continuación, #175. El Sol nuevamente está detrás de la nave, que está distante mientras la dispersión de la luz inusualmente prominente de *Mie* se vuelve a revelar. Esta dispersión de la luz en las fotos #164, #174 y #175 es sorprendente e invisible hasta este punto en las fotos de OVNIS de cualquier otro fotógrafo que los autores conozcan, y lo más significativo es que demuestra que la nave está a una buena distancia de la cámara. Meier está de pie en el mismo lugar desde donde tomó la foto #174. Tenga en cuenta que la foto #164 está numerada fuera de la secuencia, lo que puede explicar el tiempo incorrecto dado en el libro *Photo-Inventarium*.

La comparación de los tamaños del *gran árbol* en las fotos #174 y #164 revela que la nave aquí es 3.8% más grande. Entonces, una estimación razonable de su distancia es de 87 metros.

Stevens coloca el *gran árbol* en esta foto a una distancia de 47.5 metros (52 yardas) de la cámara (*UFO Contact from the Pleiades – A preliminary...* página 351, página 37). Descubrimos que es más probable que sea de 50 metros. Si asumimos que estas cifras son correctas, la nave está a 37 metros o unos 40 metros detrás del árbol. Esta foto #164 adorna la cubierta del libro de Stevens, *UFO Contact de Pleiades: A Preliminary Investigative Report.*

Una inspección minuciosa del patrón de dispersión de luz excepcionalmente brillante en esta foto, revela que es la que Stevens (o su equipo) analizó científicamente en la década de 1970. La foto proporciona evidencia convincente de una toma genuina de un objeto volador, o nave no convencional. Stevens hizo un internegativo de esta foto para crear una impresión de alta calidad, que muestra de manera concluyente el árbol sobre la nave, colocando el OVNI a una distancia considerable de la cámara. A continuación se encuentran los comentarios de Stevens con respecto al análisis (Figura 142):

> Este [inter] negativo fue escaneado con láser por *America Color Corporation* de Phoenix, Arizona, utilizando una computadora de escaneo modelo HELL Chromograph DC300 con un rayo láser de argón ...
>
> *American Color* hizo 4 negativos, de separación de colores por el mismo método, y los imprimimos nuevamente en una litografía de 4 colores para obtener el resultado que ve aquí [Figura 142] Esta impresión en color fue fotografiada para obtener esta imagen.
>
> Aquí se puede ver claramente que la simetría en el lado izquierdo del borde de la nave espacial se rompe por una rama bifurcada del árbol que está entre la nave y la cámara, colocando claramente la nave detrás del árbol como lo indicó el testigo (Stevens *UFO Contact... A Preliminary...,* page 352).

Los autores no tienen acceso a una copia de la impresión original generada por computadora de alta calidad de Stevens, y no conocen a nadie que la tenga, pero al hacer zoom en la imagen de Frehner disponible de la foto #164, vemos la nave detrás del árbol (Figura 143). Además, la dispersión de la luz de *Mie* en esta ligera bruma del atardecer indica una distancia razonable al objeto. (Los lectores pueden hacer zoom en el JPEG de alta definición en la galería de fotos de FoM).

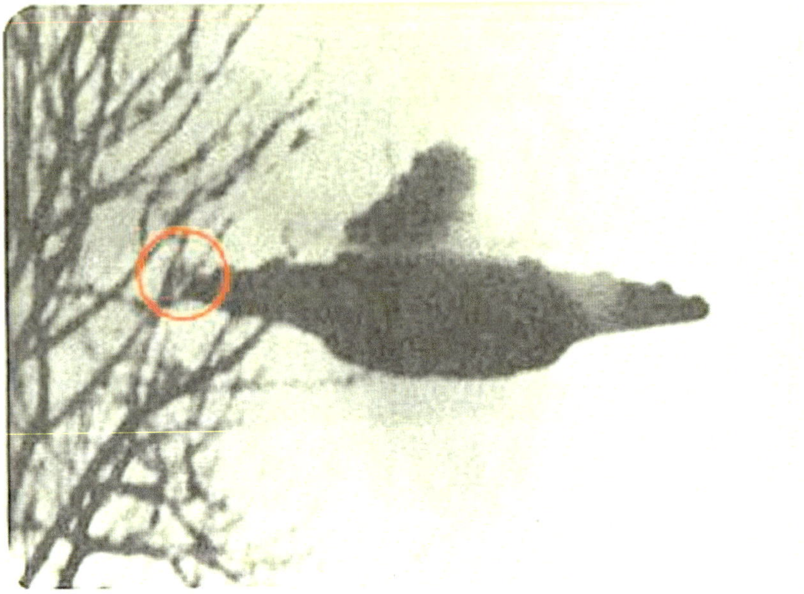

29 March 1976, Hasenbol Langenberg, 19.50 This image was produced from the same internegative as used to print the previous photograph. This negative was laser scanned by American Color Corporation of Phoenix, Arizona, using an identical model HELL Chromograph DC 300 scanning computer with an Argon laser beam, using the same process as Interrepro, A. G. in Basel

American Color made 4 separate color separation negatives by the same method and we printed them back in 4 color lithograph to obtain the result you see here. This color print was then photographed to get this picture.

Here it may be clearly seen that the symmetry on the left side of the rim of the spacecraft is broken by a forked branch of the tree that is BETWEEN the ship and the camera, clearly positioning the ship behind the tree as stated by the witness. When we separated the tree from the ship by color contouring in a computer the evidence is considerably more impressive. More of this could be done if the process were not so expensive.

Figura 142 - Arriba: Un informe científico-analítico de la foto #164 demuestra que una rama de árbol bifurcada se encuentra entre la nave y la cámara, colocandola detrás del árbol (Stevens, *UFO Contact... A Preliminary...* page 352).

La Figura 143 muestra nuestro zoom y el realce realizado a la foto #164, con las ramas de los árboles visiblemente sobre el borde izquierdo de la nave. La imagen superior derecha en la Figura 143 es de FoM. Las imágenes inferiores son los dos detalles de Photoshop de Villate, de la foto #164 enviada por Frehner.[13] La imagen inferior derecha muestra las ramas trazadas por Villate sobre detalles menores que se muestran en la imagen inferior izquierda.

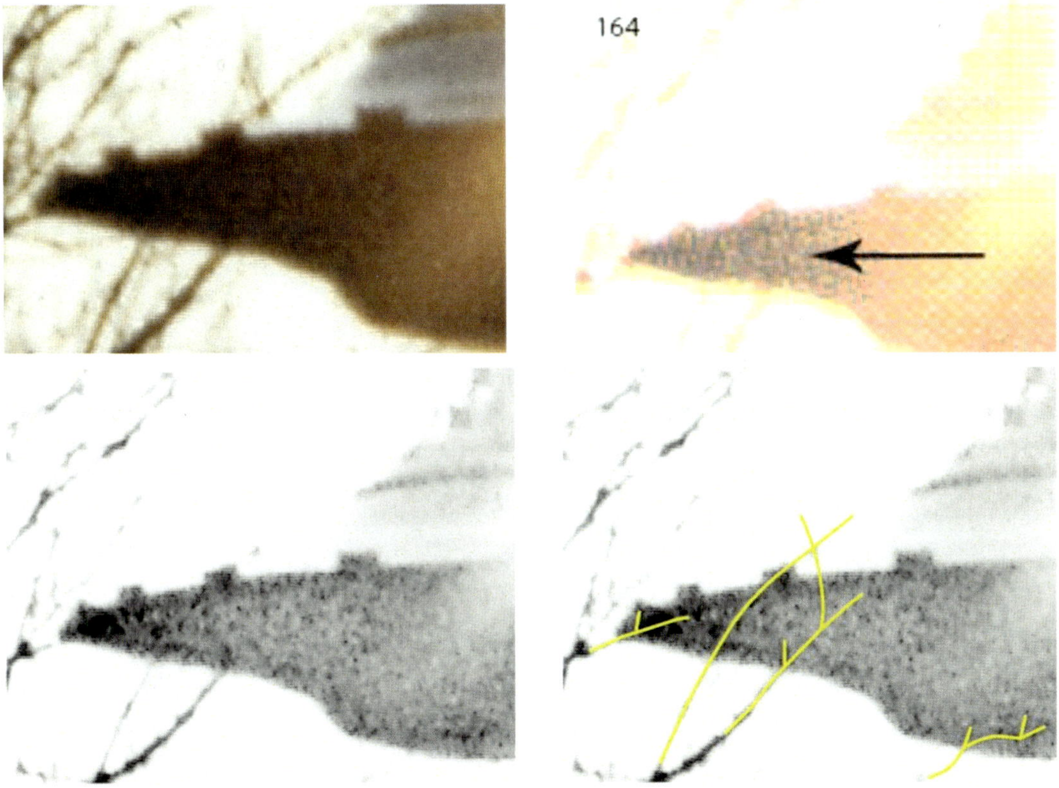

Figura 143 - Arriba a la izquierda: acercamiento de la foto #164 del archivo JPEG de Christian Frehner. Arriba a la derecha: imagen FoM. Abajo: los dos detalles de Photoshop de Villate de la foto #164 de Frehner. Derecha: ramas trazadas sobre detalles menores que se muestran en la imagen de la izquierda.

Foto #175: 6:04 pm, distancia estimada a la nave 88 metros.

Figura 144 - Foto #175. Arriba: foto antigua de Wendelle Stevens y una ampliación que muestra la nave a una inclinación del 5% en sentido horario. (Fuentes FoM.) Abajo: Izquierda, OVNI Yaoi / Lee y Brit Elders... *Contact*, de la versión japonesa de The Pleiades página 44). Derecha, Tom Welch en 1978 parado junto al *gran árbol* lleno de hojas con dos años de crecimiento adicional. Observe las ramas de los árboles nuevamente sobre el borde de la nave.

La foto #175 (Figura 144) muestra la nave con una inclinación del 5% en el sentido de las agujas del reloj y nuevamente con las ramas de los árboles frente a la nave. La Figura 144 en la parte inferior es la imagen escaneada de los autores de la versión japonesa de Junichi Yaoi (página 44) del OVNI, Britt y Lee Elders... *Contact from the Pleiades, Volume I.* Curiosamente, muestra a Tom Welch en 1978 parado junto al *gran árbol* lleno de hojas, luego de dos años, con un mayor crecimiento. Confirma cuán alto y ancho era este árbol y que las cifras de Stevens de 31 pies de alto por 21 pies de diámetro son precisas.

Los autores no pudieron localizar una impresión de alta calidad de la foto #175, pero con herramientas como Gimp o Photoshop, la nave se ve una vez más detrás del árbol (Figura 145).

Figura 145 - Análisis realizado por Sean Gibbons, H.Dip. Medios digitales. El mapa de relieve de Meier #175 en el programa de manipulación de imágenes 'Gimp' (sitio web de Source Deardorff). Nota: Imagen inclinada 10% en sentido antihorario en comparación con el original (ver Figura 144).

Foto #176: 6:09 pm, distancia estimada a la nave 59 metros.

Figura 146 - Foto #176. La nave cerca y de nuevo hacia el SW (FoM).

Esta foto de la nave en fotograma completo está nuevamente hacia el SSW. Ahora se ha acercado, y las siguientes fotos revelan detalles más interesantes de esta máquina voladora.

Al ser una imagen de tamaño completo de alta resolución, un acercamiento de la Figura 146 revela los "puertos" en el borde de la nave, y estimamos que hay 20 de ellos (Figura #147). Además, vemos ventanas, alrededor de seis, que parecen ser de color naranja. La sección inferior de la nave es muy oscura, mientras que arriba de allí el OVNI es de color azul claro, que refleja el cielo.

En la parte más alta también se destaca una sección muy curiosa, con varias partes bastante difíciles de ver en detalle. Podría haber varias esferas pequeñas. Esta sección superior es más estrecha en una dirección que la otra. Aquí, en la Figura 147, vemos la parte superior del cuerpo desde el lado angosto. Justo en la parte superior hay un anillo citado por los críticos que sugiere que era un modelo colgado, aunque extraordinariamente complejo. Otros han sugerido que es un intento de desacreditar a Meier por personas que alteraron la foto. Sin embargo, otros dicen que es una característica natural. Notablemente, no está en todas las fotos de la serie. Curiosamente, como Devine nos mencionó, también es similar al anillo en la parte superior de la mezquita Al Aksa / Domo de la Roca (Wikipedia).

Figura 147 - Zoom de la foto de alta resolución #176. La nave tiene un estimado de 20 puertos rectangulares oscuros alrededor de su borde, y seis ventanas, dos visibles aquí. Un "anillo" sobresale en su parte superior. (Fuente FoM.)

El anillo superior podría ser una antena, pero también refuerza la barrera de los escépticos y contribuye a la Controversia Mundial del Fenómeno OVNI. Es un detalle ideal para que los críticos lo utilicen como puerta de salida, aunque ninguno de ellos ha sugerido en más de 45 años precisamente cómo hacer este "modelo". Los críticos afirman que Meier hizo modelos, y aquí vemos un anillo que afirman que Meier usó para atar un cordón de nylon del que supuestamente colgó el modelo. Sin embargo, en una sección más adelante, los detalles convincentes muestran por qué, incluso con esta pequeña característica, no puede ser un modelo.

El cuerpo superior de esta nave a veces se ve ancho como en la foto #179 (Figura 148) y otras veces se estrecha como aquí en la foto #176. Cuando se ve ancho, el anillo se ve desde el borde y aparece como un solo poste vertical.

Foto #179: 6:09 pm, distancia estimada a la nave 55 metros.

Figura 148 - Foto #179. La nave se acerca más hacia la cámara y rota sobre su eje vertical mostrando la sección superior desde su lado más ancho. (Tomada de FoM)

Al igual que la foto anterior, la foto #179 es una copia de alta resolución de fotograma completo. Nuevamente, vemos detalles intrigantes de la nave que se ha movido cuatro metros más cerca hacia la cámara. En una imagen ampliada (Figura 149), observamos lo que parecen esferas pequeñas que son visibles sobre las ventanas en la sección superior.

En uno de los dos videos disponibles, notamos que la nave gira. Podría haber girado 90 grados en su eje vertical para revelar la sección superior desde su lado ancho y mostrar la antena de anillo superior de filo (ver Figura 149).

Verificando la ubicación de las montañas distantes y comparándolas con la foto anterior, la dirección es casi la misma, hacia el SSW.

Figura 149 - Detalles ampliados de la foto #179. Observe las líneas oscuras en los contornos de la base. (Fuente FoM)

La antena circular, ahora desde el borde, parece un poste vertical. Billy Meier explicó que esta nave podría acomodar a tres miembros de la tripulación y, según Wendelle Stevens, se dice que Semjase y Quetzal vinieron en ella, y Quetzal salió de la nave y habló con Meier:

> Uno de los extraterrestres, Quetzel [sic], descendió sobre un haz de luz y se quedó con Meier cerca del árbol donde hablaron durante unos minutos. Entonces Quetzel [sic] regresó a su nave... (*UFO Contact... A preliminary...* página 284).

Estudiando la imagen en detalle, un contorno oscuro, una línea similar a una caricatura, rodea el borde de la nave. El efecto es común en fotos de emulsión de película. Un área brillante como un cielo brillante adyacente, y cerca de un área oscura, como la base de esta nave, produce una reacción fotoquímica que crea esta línea. Jim Diletosso, uno de los primeros investigadores, descubrió cómo cambia este efecto, mostrando diferentes anchos de estas líneas dependiendo de si el OVNI es un objeto significativo o un modelo a menor escala. Vea el documental *Contact* - "Billy" Eduard A. Meier, Documental de Wendelle Stevens (1982). Diletosso concluyó que las fotos de OVNIS de Meier muestran objetos grandes, compatibles con las declaraciones de Meier sobre las naves de siete metros de diámetro.

Foto #181: 6:20 pm, distancia estimada a la nave 50 metros.

Figura 150 - Foto #181. Foto en alta resolución y en fotograma completo. (FoM)

En esta última foto de alta resolución de fotograma completo #181 (Figura 150), vemos la nave que se ha movido hacia el sur, y algunas pequeñas ramas de árboles, probablemente del *bosque oriental*, se asoman por el borde izquierdo inferior de la imagen.

La nave está muy cerca de Meier y a unos 30° de elevación. Como en la foto anterior, vemos la sección superior desde el lado ancho y la antena anillada en la parte superior se ve nuevamente como un solo poste vertical.

Notablemente, la nave aquí es inusualmente asimétrica, con su lado izquierdo más largo que el derecho. Es casi seguro que es un efecto de distorsión de la lente de la cámara que ocurre con objetos cerca de los bordes y esquinas de la foto. La misma distorsión se encuentra en algunas fotos de WUFO tomadas en el patio de Meier frente a su casa.

Videos disponibles

Hay dos videos existentes de la demostración de vuelo de esta nave. Meier grabó el video 1 con su cámara Súper8 detrás de un pequeño abeto en la *arboleda norte* con la montaña nevada hacia el sur como telón de fondo. El video 2 mira hacia Fischenthal en el suroeste. Para el segundo video, Meier usó dos rollos de película. La transición de un rollo de película a otro, con una marca particular se ve en la Figura 85, en la Parte II. Ambos videos muestran características de los vuelos de la nave que no pueden explicarse mediante el uso de un modelo pequeño colgado de una cuerda en una caña. El siguiente capítulo discute esto en detalle.

Figura 151 - Fotograma del video 1. La nave se observa hacia el sur con la cámara detrás de un abeto de la *arboleda norte.*

Estos videos son parte del documental de Nippon TV y del documental de FIGU, *Demonstrationsflüge / Demonstration flights (IFOs, no UFOs)*: Video 1 a las 32:40 y Video 2 a las 35:44. También aparecen en el documental de Billy Meier: *The Hasenböl / Hasenbol Footage.*

Figura 152 - Fotograma del video 2. Ahora la nave está hacia el sureste. Meier hace zoom con la cámara varias veces.

En el video 1, la nave se mueve de izquierda a derecha y luego de derecha a izquierda (este a oeste y de regreso al este). El movimiento se ve como un medio péndulo, deteniéndose abruptamente, a veces permaneciendo completamente estacionario, y volviendo el movimiento de izquierda a derecha. Las ramas de un pequeño abeto o abeto Noruego están enfocadas justo en frente de la cámara, que apunta hacia el sur.

El video 2, con la cámara instalada en otro lugar orientado hacia el sudoeste, muestra la nave casi estática con un desplazamiento suave hacia los lados. La nave gira sobre su eje vertical mostrando un movimiento tambaleante.

En el video, algunos sorprendentes destellos de luz de la nave se pueden explicar como reflejos del Sol en superficies planas en los puertos de borde de la nave, y superficies planas en la superestructura superior. Estos flashes se muestran y discuten en la siguiente sección.

Meier usa el zoom de la cámara varias veces, ampliando y reduciendo el tamaño de la imagen de la nave durante la grabación.

Sin trucos

En este capítulo, consideramos la posibilidad de que Billy Meier haya usado un modelo pequeño. Algunos escépticos afirman que Meier fabricó sus fotos con modelos pequeños colgados de cables y colocados cerca de árboles pequeños, o creó un truco de falsa perspectiva. En la Parte I y la Parte II de este libro se demostró cómo el WCUFO y el OVNI Tipo Péndulo, proporcionan evidencia convincente de que los OVNIS de Meier son naves de gran tamaño y no pueden ser modelos pequeños. Aquí, verificamos de nuevo si se utilizó un modelo para producir la demostración de la nave de Hasenbol.

Detrás del árbol

La abundante evidencia demuestra que el *gran árbol* frente a la nave existió. Antes de ser cortado, el árbol aparece en fotos en el libro de Wendelle Steven, el OVNI Yaoi / Elders... *Contact from The Pleiades* (Figura 144) y el documental de Nippon TV de Yaoi (Figuras 153 ~ 155). También encontramos este árbol y los otros que faltan en la foto aérea de 1972 (Figura 125, arriba).

Figura 153 - Comparación de la foto #174 (izquierda) y una instantánea de la película de Nippon TV (derecha). Meier y Yaoi están a la derecha del *gran árbol*, equidistantes de la cámara.

Sabemos que Meier no usó un pequeño árbol aquí, porque abundantes fotos y películas muestran a plena luz del día que en realidad era un *gran árbol* de 10 metros de altura. Que haya sido cortado, como se ve en el documental de 1998 FIGU Hasenbol, es una distracción irrelevante. Sabemos, y está documentado, que todavía existía en 1978. Vea a Tom Welch al lado del árbol en 1978 en la Figura 144, y Junichi Yaoi a su lado unos años después de la demostración en la Figura 153 (derecha). Además, el remanente del árbol cortado permanece, al menos hasta 1998.

En el documental de Nippon TV, Meier y Yaoi están en la ubicación sobre la colina con el árbol. Meier está demostrando cómo montó su cámara de película Súper8 en su trípode, mientras que el camarógrafo del documental está muy cerca de donde Meier estaba tomando sus tres fotos de la nave frente al Sol. Las montañas distantes en la Figura 153 comparten la misma orientación en ambas imágenes, aunque ligeramente más bajas en el documental de Nippon TV. Meier estuvo un poco más cerca del árbol o su cámara un poco más arriba, para una mejor vista de las montañas de fondo. Entonces sabemos que los dos árboles en la Figura 153 son el mismo árbol.

Al observar las imágenes de Google Earth vemos el terreno ascendiendo ligeramente y luego descendiendo hacia el *gran árbol* (Figura 127- arriba), y más allá hay un descenso brusco donde se encontraban los arboles cuesta abajo.

Cuando Meier y Yaoi se detienen junto al *gran árbol*, notamos cuán grande era (Figura 153). El árbol, a juzgar por su tamaño, era de 11 metros de altura o un poco más de 30 pies; precisamente lo que Stevens encontró. Tal vez durante la sesión de fotos el 29 de marzo de 1976, un par de años antes, era un poco más pequeño, de unos 10 metros.

La Figura 154 muestra el ancho aparente de la nave. Si estuviera exactamente a la misma distancia que el *gran árbol*, su tamaño habría sido de cuatro metros. A 90 metros de la cámara, su tamaño habría sido de siete metros. Meier recuerda que la nave se encontraba más cerca del árbol, y tal vez le tomó fotos allí, pero de ser así, esas fotos se perdieron o fueron robadas.

Curiosamente, Yaoi tiene otro video de YouTube en el que entrevista al investigador científico Marcel Vogel de IBM. Vogel explica, en el minuto 38, en la película *Beamship - The Metal*, cómo no podemos fácilmente encontrar este metal (Tulio) en la Tierra en ese momento, en la década de 1980, y que muestra una clara evidencia de fusión en frío de los diversos metales, usando metales escasos en la Tierra.

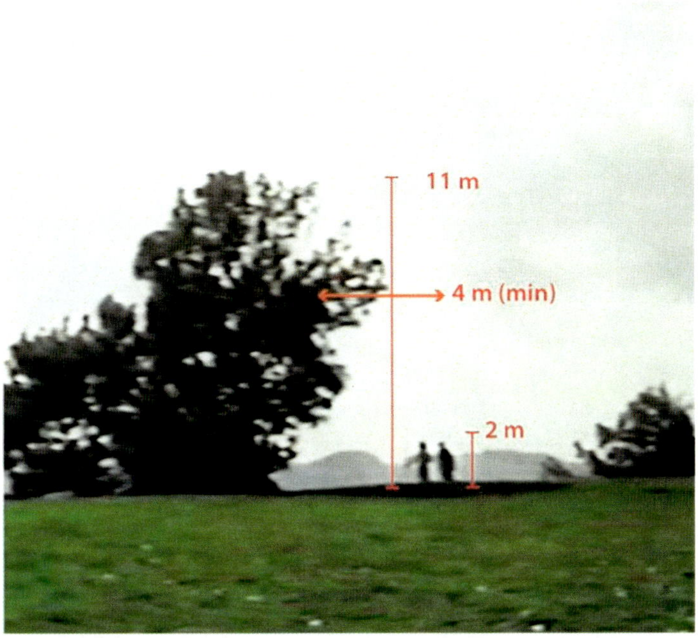

Figura 154 - Etimativo de la altura del árbol y del tamaño de la nave si esta hubiera estado exactamente a la misma distancia de la cámara que el árbol.

La Figura 155 muestra el ancho del modelo. Si esta nave fuera un modelo de 55 cm (el tamaño que los escépticos proponen), habría estado a solo seis metros de la cámara. Cuando Yaoi y Meier comienzan a caminar hacia el *gran árbol*, Yaoi está esta distancia de la cámara. Por lo tanto, puede usarse como medida para un modelo hipotético. Observe cuán cerca están Yaoi y Meier.

La clave para saber si la nave está detrás del *gran árbol* está en estudiar la evidencia fotográfica. Anteriormente hemos mostrado que el árbol está frente a la nave, en las Figuras 142 y 143, para las fotos #175 y #174. La imagen se mejoró con la herramienta informática gratuita Gimp, y con Photoshop, que muestran las ramas de los árboles entre la nave y la cámara, colocando la nave detrás del árbol. Entonces, la nave tiene más de cuatro metros de ancho.

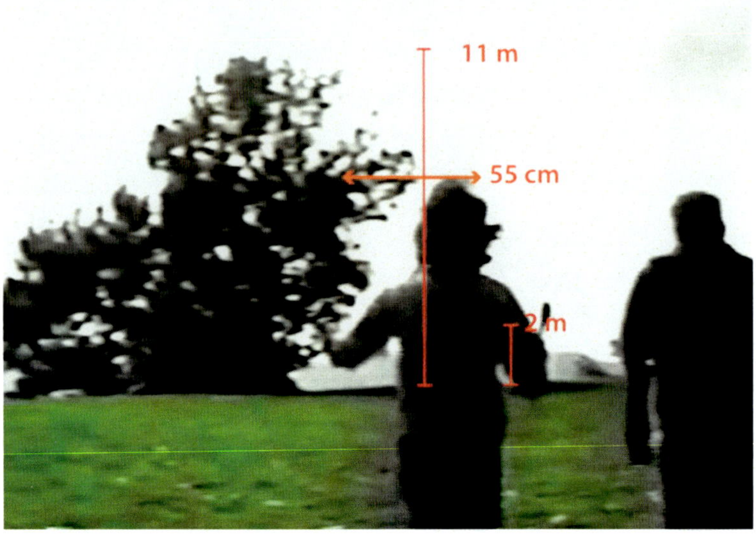

Figura 155 - Si la nave hubiera sido un modelo pequeño de 55 cm, estaría donde está parado Yaoi. (Meier está a la derecha).

Otro factor en la foto que lleva a la conclusión inevitable de que esta nave no puede ser un modelo pequeño cerca de la cámara es su atenuación atmosférica distante. La dispersión de la luz de *Mie* sobre el frente de la nave se discutió previamente en las Figuras 138 y 139, nuevamente, demostrando que el objeto está a una distancia considerable de la cámara.

En resumen, concluimos:

- **La nave está detrás del árbol.** Algunas ramas se cruzan frente a la nave. Vea la Figura 145 y el artículo del sitio web de James Deardorff con una imagen y análisis de Sean Gibbons de la foto #175 de Meier. También las Figuras 143 y 144 con hallazgos similares.
- **La nave está a más de siete metros de la cámara y probablemente a unos 90 metros.** La dispersión de la

luz de *Mie* alrededor del OVNI, o la nave (foto #174), nos dice que hay un largo corredor de una atmósfera brumosa entre la cámara y el OVNI. No hay suficiente vapor de agua en la atmósfera en una distancia de seis o siete metros para crear tal efecto.

- **La nave tiene probablemente siete metros de diámetro,** y si es así, los cálculos la ubican a unos 90 metros de la cámara.

La "caña de pescar imposible"

La Parte II de este libro discutió las diferentes posibilidades de usar un modelo colgado de una cuerda. Uno era usando una caña de pescar, y mencionamos la caña de pescar ridículamente larga, de más de 10 metros. Para crear la demostración de la nave de Hasenbol, sería necesaria una caña de pescar imposible, en 1975, de más de 15 metros de longitud, lo que, por supuesto, es imposible.

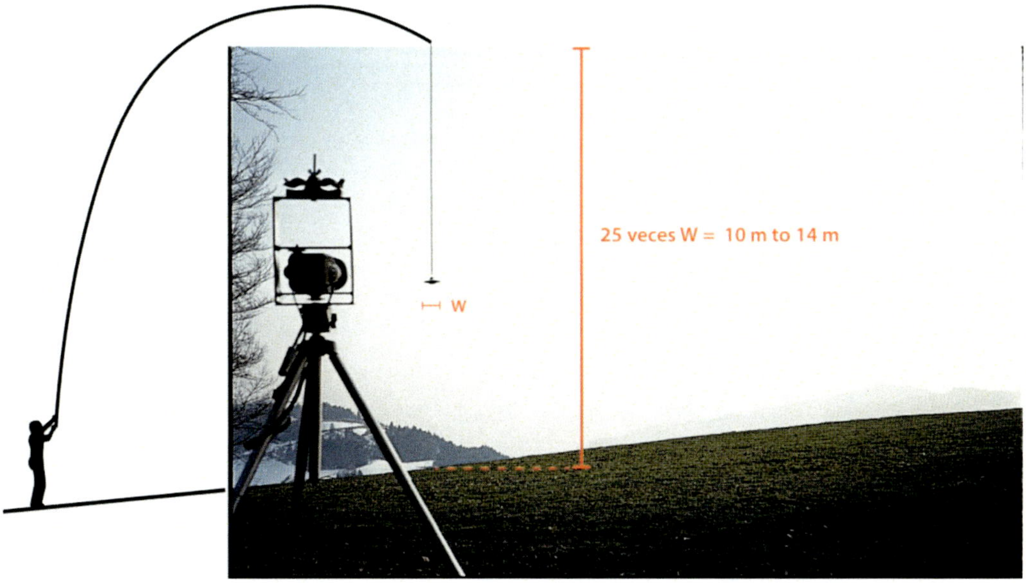

Figura 156 - Foto #155 con la longitud estimada necesaria de la caña de pescar de más de 15 metros. La figura humana está dibujada a escala.

Algunas fotos de la nave distante muestran un amplio espacio desde el suelo hasta la parte superior de la foto. La Figura 156, que muestra la foto #155, y el Video 1, demuestran que Meier ha debido usar una caña de pescar de más de 15 metros.

Debido a los detalles tan complejos en las fotos y videos, cualquier modelo tendría que tener 40 ~ 55 centímetros de diámetro. Un modelo pequeño de cinco centímetros de diámetro es demasiado pequeño para hacer con detalles tan intrincados. Si Meier utilizó un modelo en la foto #155, tenía una gran distancia desde el suelo hasta el nodo superior de la caña de pescar: una distancia mínima de 25 veces el diámetro del modelo. En esta foto, eso debe ser de 10 ~ 14 metros. Vea la Figura 156 con una figura humana dibujada a escala para un modelo de 40 ~ 55 cm.

Puede que no sea imposible construir un sistema de soporte largo y adecuado. Aun así, es difícil imaginar a un hombre con un solo brazo, conduciendo por un terreno de colina empinada en su ciclomotor, llevando una caña tan difícil de manipular para fingir una nave real, cuando las cañas de pescar plegables de esta longitud no estaban disponibles. Además, a partir de nuestros experimentos, sabemos que manejar una caña de pescar tan larga requeriría más de una persona para sostenerla y controlarla. El peso de la caña, más el peso del modelo, incluso de un modelo pequeño, requeriría mantener una fuerza de más de 30 kilogramos para evitar que la barra se caiga; ¿Y cómo evitaría que se rompiera? ¿Por qué Meier no lo haría de manera más eficiente en un lugar más accesible y colgaría el modelo de un árbol? Manejar el modelo requerido con una varilla tan imposible es extraordinariamente complicado, incluso para un grupo de personas. No hay árboles disponibles en el lugar para apoyo práctico para ayudar a hacer un truco fotográfico.

Además, al ver el clip del Video 1, con la nave en movimiento de izquierda a derecha, con la montaña nevada sur en el fondo, inmediatamente impresiona al espectador lo difícil que sería replicar esto con un modelo de OVNI usando una caña de pescar imposible. Daremos más detalles sobre esto.

Destellos de luz desde el borde de la nave

Una característica interesante del Video 2 son sus destellos de luz en el borde lateral derecho de la nave, en la sección inferior, donde encontramos 20 puertos, y otros en la sección superior de la nave. Una instantánea de este video, Figura 157, muestra dos de estos flashes.

¿Qué causa estos destellos? Una explicación simple podría ser reflejos de luz solar. Notablemente, en el Video 2, la nave gira, dando destellos de luz siempre provenientes de su lado derecho mirando hacia el Sol en el oeste.

Los destellos podrían, por supuesto, ser un efecto desconocido causado por la nave, o simplemente reflejos de la luz solar. Si la nave fuera un modelo, indudablemente ya sería muy compleja de hacer, requiriendo muchos detalles intrincados. Sin embargo, ahora necesita la capacidad adicional de rotar de manera muy controlada y la adición de varias superficies reflectantes pequeñas en ciertos lugares.

Figura 157 - Video 2 mostrando los destellos de luz en los bordes laterales, a la derecha de la nave.

Movimientos inexplicables

En ambos videos, los movimientos de las naves son dificiles de explicar. Hicimos y presentamos en la Figura 158 una composición de más de una docena de posiciones de la nave en el Video 1.

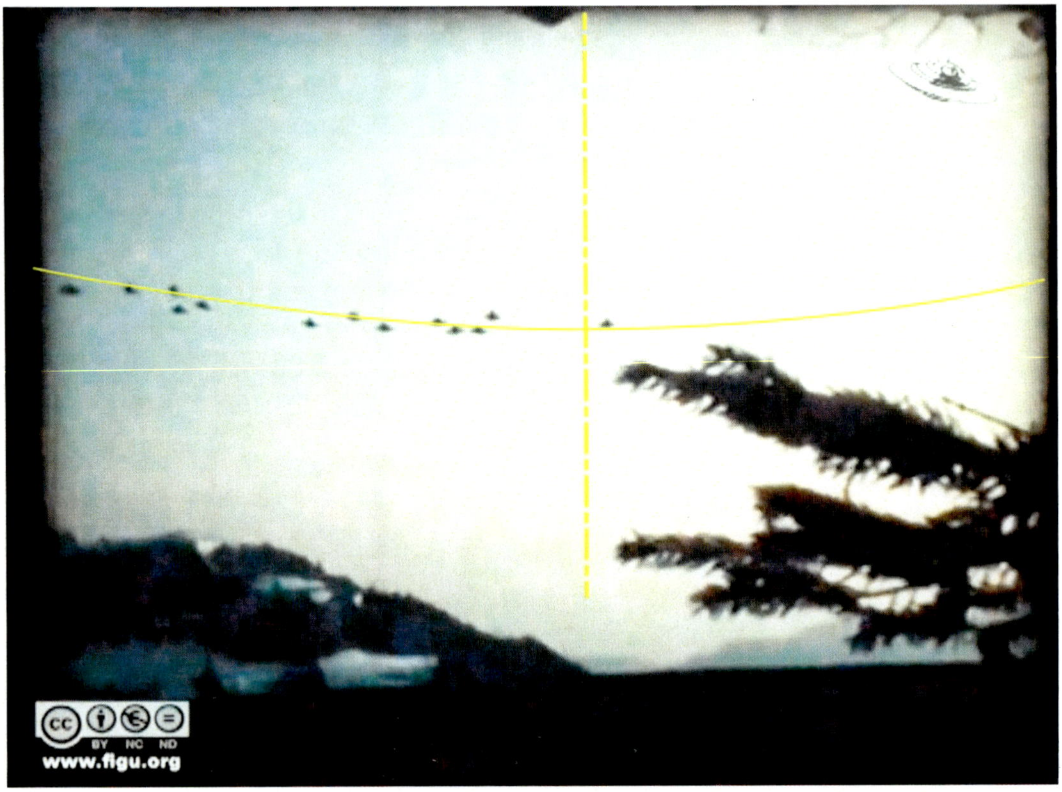

Figura 158 - Composición de más de una docena de posiciones del OVNI en el video 2. El OVNI se mueve de izquierda a derecha (este a oeste).

El movimiento describe un arco amplio, y si se tratara de un modelo colgado de un cordón, el nodo de este péndulo (donde el cordón se conecta con la caña de pescar), debe estar muy alto, varias veces la distancia desde el modelo hasta la parte superior de la foto. Incluso la caña de pescar imposible de 15 metros de largo sería demasiado corta; se requeriría un dispositivo dos o tres veces más largo. El nodo, notablemente, necesitaría estar ubicado muy alto en el centro del arco descrito por la nave (indicado como una línea vertical discontinua en la Figura 158). Entonces tenemos la mitad del movimiento del péndulo, el lado izquierdo, pero no el lado derecho. Significa que la nave nunca se mueve más allá del punto medio en la trayectoria del péndulo, no más allá de la línea vertical en la figura. La nave siempre se detiene en el punto medio, o en el punto inferior del arco que describe. Podría funcionar con otro asistente en el lado izquierdo parado a unos 10 metros sobre el nivel del suelo, tirando de otro cable conectado al modelo para detener el movimiento antes de que vaya más allá del punto medio. Pero ahora se necesita una escalera larga y engorrosa para acceder al equipo requerido para la demostración y permitir que este asistente adicional detenga el modelo.

Notablemente, el OVNI se detiene abruptamente, en la parte inferior del arco, y reinicia el movimiento hacia la izquierda (el asistente en la parte superior de la escalera debe tirar del cordón muy rápidamente para ayudar al modelo a ir hacia la izquierda).

Además, en la Figura 158, la nave a veces está por encima o por debajo del arco esperado de un movimiento pendular (ver el arco en la Figura 158). Si el OVNI es un modelo, la flexibilidad de la caña de pescar podría explicarlo. En este caso, también podemos estimar la longitud del cable si verificamos el período del péndulo como lo hicimos en la Parte II de este libro. Aquí vemos solo una fracción del movimiento del péndulo; en realidad, un cuarto de período.

Para estimar la longitud del cordón usando la función de péndulo, primero debemos medir la mitad izquierda del semiperíodo que viaja el OVNI, desde la posición más a la izquierda hasta el punto medio donde la línea vertical y el arco se cruzan en la Figura 158. El período es entonces cuatro veces esta mitad del semiperíodo recorrido. A partir del período, podemos calcular la longitud del cable como se hizo anteriormente en la Parte II. Sin embargo, la longitud del cable, cuando se calcula, cambia drásticamente, de 46 metros a 137 metros, con un promedio de 80 metros. ¿Cómo puede funcionar esto?

Para un modelo, presumiblemente, un asistente de la izquierda lo lleva a su posición más a la izquierda. En ese momento, se suelta el cable y el modelo cae libremente como un péndulo, pasando al punto medio, donde es detenido por el mismo asistente que tira del cable nuevamente. Pero, ¿cómo puede esto crear la variación considerable observada en la longitud del péndulo? Incluso con un cable de 80 metros de largo, ahora necesitamos una caña de pescar extremadamente larga de quizás 90 metros. Tal varilla no existe.

Además, la correlación del modelo OVNI con el arco descrito en la película hace que el modelo tenga aproximadamente 55 centímetros de diámetro. Es escandalosamente complicado intentar colgar un modelo de 55 cm desde una elevación de 90 metros, con un asistente en el lado izquierdo que sostiene un cable extremadamente largo ubicado a la misma altura en la cima de una colina expuesta al viento. Una vez más, un modelo de un OVNI no se ajusta a los datos.

Incluso este primer vistazo a los movimientos inexplicables de la nave explica lo difícil que sería realizar la demostración de la nave con un modelo colgado de una cuerda. Pero otros detalles hacen que sea tan complicado que tal vez sea imposible. Aquí hay cuatro.

El viento no afecta el modelo

En el video 1, vemos ramas de un árbol pequeño, posiblemente un abeto o un abeto Noruego (Figura 158) que se balancean considerablemente, lo que indica un fuerte viento. Al mismo tiempo, sin embargo, el modelo se detiene y permanece estático en el cielo. Suponiendo un modelo, ¿por qué el fuerte viento en la cima de la colina expuesta mueve las ramas pero no el modelo? El modelo debe moverse de manera correspondiente.

¿Alguien podría estar sacudiendo las ramas? Quizás sea necesario comparar el movimiento causado por el viento con el causado por sacudir manualmente las ramas. Si alguien los mueve, la demostración ahora necesita otro asistente. Es improbable que ni siquiera haya una suave brisa en la cima de esta colina. Los testigos han dicho que generalmente hace viento allí. Cualquier viento en la cima de la colina, como en la película de Meier, movería el modelo, pero en cambio este a veces está totalmente estático.

El modelo se detiene repentinamente

En el video 1 notamos cómo la nave a veces se detiene abruptamente, lo que no es posible con una caña de pescar. Como se señaló anteriormente, el uso de un modelo requeriría un cable horizontal y un asistente debe tirar de él para detener el modelo.

La nave se voltea antes de moverse

El video 1 muestra el mismo efecto encontrado en el OVNI Tipo Péndulo: la nave se voltea demasiado pronto. Cuando se mueve lateralmente un modelo colgado de hilo, el comportamiento normal es el de producirse una rotación gradual que comienza después de la ejecución del movimiento horizontal. Vea la sección 5, “El rápido vuelco del OVNI” en la Parte II de este libro.

En el Video 1, el modelo gira antes de moverse, y a veces hace un pequeño salto antes de arrancar. En un modelo estándar colgado de una cuerda, no se requeriría un salto, solo el efecto de la gravedad para mover el objeto. Nippon TV descubrió en su análisis que el OVNI se ve más brillante cuando comienza el movimiento. El destello brillante observado puede ser causado por el giro repentino de la nave, haciendo que mire y refleje los rayos del Sol. Este comportamiento de voltearse demasiado pronto no puede explicarse en un modelo estándar, ni siquiera con nuevos cables y participantes.

Tambaleándose

Uno de los aspectos más interesantes de esta nave es su bamboleo. No es una oscilación normal de un modelo colgado del cordón. Encontramos este efecto en el OVNI Tipo Péndulo. (Consulte el ítem 6, "Bamboleo del OVNI", en la Parte II de este libro).

Figura 159 - El bamboleo se centra en un punto cercano a la base de la nave. Un modelo colgante debe voltearse o tambalearse centrado cerca del punto de contacto del cable o en el centro del modelo, no en su base.

Aquí, sin embargo, es más evidente. Un modelo colgante debe voltearse o tambalearse centrado cerca del punto de contacto del cable, o el centro del modelo, no la base (ver Figura 159). En el video vemos que gira claramente alrededor de un punto muy cercano a la base de la nave, haciendo que el bamboleo se acerque más al del trompo con el que juegan los niños, que al bamboleo de un modelo colgado del cordón.

La gran pregunta es: ¿por qué se tambalea de esta manera? A veces es completamente estacionario y, sin embargo, se tambalea. ¿Por qué? Si se tratara de un modelo colgante con el viento causándolo, o si alguien tirara del borde del modelo con otro cable, ¿por qué el modelo no comienza a balancearse de lado a lado como un péndulo?

Conclusión: sin truco ni modelo

- Meier estuvo en la cima de una colina, completamente expuesto a la vista de curiosos. Con una casa y una pequeña carretera a solo un par de cientos de metros de distancia, varios testigos podrían detectarlo fácilmente, a él y a cualquier asistente que usara una escalera de 10 metros y una varilla de más de 15 metros de largo, y los vecinos ocasionalmente miran a Meier. Es poco probable que él escogiera un área tan expuesta para realizar un truco secreto con un equipo engorroso que invitaría a los espectadores a mirarlo.
- Al menos dos fotos (#164 y #175), y probablemente una tercera (foto #174), muestran la nave detrás del *gran árbol*, demostrando que es un objeto grande, de más de cuatro metros y probablemente de unos siete metros de diámetro. Sin embargo, un par de ramas del árbol en la foto #164 se leen de manera ambigua, ya sea delante o detrás del árbol. Si están detrás, esta nave se encuentra entre un par de ramas del árbol y, por lo tanto, está exactamente a la misma distancia de la cámara que el árbol, por lo que era de cuatro metros de diámetro en lugar de siete. Para establecer definitivamente qué tamaño tenía, se requiere un análisis más detallado, que hasta ahora no ha sido posible para nosotros realizarlo.
- Si se tratara de un modelo pequeño, tendría que estar muy cerca de la cámara, lo que lo desenfocaría totalmente porque la cámara siempre está enfocada al infinito. Sin embargo, las fotos muestran el objeto siempre en buen foco.
- Debido a la atenuación atmosférica, la nave, especialmente su base oscura, está perdiendo tono debido a su distancia considerable de la cámara.
- No habría dispersión de luz *Mie* sobre la nave si fuera un modelo a unos pocos metros de la cámara. La dispersión de luz *Mie* presente sobre la nave elimina la posibilidad de un modelo pequeño cerca de la cámara.
- Los movimientos inusuales de la nave como el bamboleo, voltearse demasiado pronto, o su movimiento de medio pén-

dulo (no toda la trayectoria del péndulo, de izquierda a derecha) permanecen sin explicación dada por la teoría del modelo a escala de un OVNI.

- La demostración de Hasenbol Beamship no puede explicarse diciendo que Meier utilizó un modelo a escala colgado de una cuerda. Tal "explicación" no se ajusta a los hechos.

La evidencia no muestra trucos aquí. En cambio, observamos un objeto volador, no convencional, grande y extraordinario, que se mueve de una manera sorprendente sobre una colina expuesta, en una tarde de marzo, luminosa y ventosa, en 1976, un evento ahora conocido como *La Demostración del OVNI de Hasenbol.*

Anexos

Anexo A

Cámaras Olympus, Ricoh, y Súper8 de Billy Meier

La Olympus 35 ECR:

Figura 160 - Descripción de las partes de la Olympus 35 ECR.

Las especificaciones para el Olympus 35 ECR están en el manual, página 2, disponible el 24 de agosto de 2019, gratis en:

https://www.manualslib.com/manual/771811/ Olympus-35ecr.html?page=2#manual.

También en : http://www.manualslib.com/products/Olympus-35-Ecr-3052477.html.

Y en éste sitio: www.orphancameras.com.

La Ricoh SLR 55mm:

Figura 161 - Cámara Ricoh SLR.

Para obtener un PDF gratuito del manual Ricoh SLR con especificaciones: https://www.butkus.org/chinon/ricoh/ricoh_singlex_tls/ricoh_singlex_tls.pdf. 24 Agosto. 2019.

También: http://www.butkus.org/chinon/ricoh/ricoh_singlex_tls/ ricoh_singlex_tls.htm.

O ir a: www.orphancameras.com.

Nalcom FTL 1000 Synchro Zoom:

Figura 162 - Cámara Súper8 Nalcom FTL 1000 Synchro Zoom de Meier.

- Nalcom FTL 1000 Synchro Zoom
- Año: 1973-76. Precio original en Inglaterra: £176
- Peso: 1573 g
- Lente: Shinkor Zoom 1,8 / 6,5 - 65 mm (removible)
- Split Image Focusing
- Auto / Manual Zoom con 2 velocidades.
- Velocidad de grabación: 18, 24, 36 + foto
- Exposición Manual / Auto
- Flash por contacto
- Transiciones
- Ranura para control remoto. Sin sonido. Hecha en Japón.
- Manual de instrucciones:

http://www.mondofoto.com/manuals/nalcom+ftl+synchro+zoom+1000+pro/

http://sper8wiki.com/idex.php/Nacom_FTL_1000_Synchro_Zoom.

Anexo B

Este informe del testimonio del *Proyecto de Divulgación* fue recibido directamente por los autores de Dyson Devine en un correo electrónico personal con fecha del 24 de enero de 2020.

Testimonio del testigo de la Fuerza Aérea de los Estados Unidos, Sargento (Ret.) Dyson A. Devine, según lo dispuesto en el Proyecto de Divulgación

Estoy preparado para declarar bajo juramento que lo que digo aquí es fiel a lo mejor de mi recuerdo.

Después de dar un contexto introductorio, relato lo que me fue indicado sobre el procedimiento no oficial que fue realizado por la USAF cuando se trataba de grabaciones de radio relacionadas con encuentros con OVNIS, y las consecuencias del desafío de estos procedimientos por parte del personal involucrado.

Me enlisté en la Fuerza Aérea de los Estados Unidos en 1968, y después de aproximadamente un año de entrenamiento en los Estados Unidos, trabajé como técnico de radar de control de tráfico aéreo en Europa hasta que me relevaron del servicio activo en 1972. Elegí no regresar a Estados Unidos y emigré a Australia. Después de mis dos años posteriores requeridos como "reservista", fui dado de baja honorablemente en 1974. Me convertí en ciudadano australiano naturalizado en 1977.

Serví durante aproximadamente tres años en el Servicio de Comunicaciones de la Fuerza Aérea (AFCS) en el Destacamento 9 del Escuadrón de Comunicaciones 2063. Estaba estacionado en el aeródromo de Echterdingen, que estaba al otro lado de la pista única que compartimos con el aeropuerto civil de Stuttgart. Yo era sargento.

Era mi responsabilidad mantener y reparar una unidad de radar de aproximación controlada por tierra (G.C.A.) MPN-13 de búsqueda y precisión ubicada muy cerca del borde de la pista, al menos a una milla de nuestros cuarteles. La "M" designa que éramos una unidad móvil, que constaba de una camioneta operativa principal y una camioneta de respaldo (para nuestras subunidades de repuesto) que estaban agrupadas como unidades con ruedas que podían ser remolcadas. Brindamos apoyo al Cuartel General del Ejército de EE. UU. Con sede en Stuttgart en Europa, pero nuestra antigua unidad de radar ya era técnicamente redundante debido a la introducción de los Sistemas de Aterrizaje por Instrumentos (SAL), por lo que teníamos muy poco tráfico militar, y servíamos principalmente como ayuda para el entrenamiento, y como recurso de emergencia para aviones civiles ligeros, ocasionalmente perdidos en la neblina. Mis dos o cuatro colegas especialistas y yo nos sentimos muy orgullosos de nuestro trabajo, y fuimos formalmente reconocidos por la muy alta calidad técnica en nuestra antigua unidad.

En todo momento, excepto en la primera parte de mi turno de servicio allí, trabajé como el único en la lista de reparadores, haciendo un turno directo de 24 horas de 0800 a 0800. Por lo general, tenía la compañía de al menos dos operadores de radar que inicialmente trabajaban parte del día, pero eventualmente se hicieron turnos hasta las 2300 h. En su mayor parte, el ambiente era relajado y amigable, con tiempo de sobra para que los operadores aburridos contaran sus historias de guerra. Además de las unidades mencionadas anteriormente, teníamos otro remolque que reparamos, que los hombres lo utilizaron como una camioneta de mantenimiento, y había un cuarto remolque, conocido como la camioneta de confort, que es donde los operadores y la tripulación ocasional de energía terrestre se quedaban cuando no eran requeridos en otro lugar.

No creía en los platillos voladores, y atribuí la apariencia regular de grandes ecos en el barrido, nítidos y simples en mi alcance de búsqueda, como efectos electrónicos intermitentes, aleatorios e inexplicables del hardware, de los cuales los reparadores naturalmente no deseaban llamar la atención de nadie. Nunca hablamos de eso, ni siquiera entre nosotros. Otra razón por la que no podía imaginar que un objeto real pudiera proporcionar tal retorno, aparte del hecho de que nunca recuerdo haber visto más de uno a la vez (un barrido del rayo del radar) era que eran invariablemente muy grandes y evidentes. A veces un avión grande puede mostrar una falla ligeramente asimétrica, causada por, por ejemplo, un gran ensamblaje de cola, pero estos siempre fueron maravillosamente uniformes, como si se reflejaran en un gran objeto de metal radialmente simétrico. Nunca intenté establecer un patrón, pero, mirando hacia atrás ahora, creo que su ocurrencia se hizo más común a medida que la guerra se intensificó y nuestro aeródromo se volvió mucho más concurrido.

Una tarde particularmente tranquila, a propósito de nada en particular, les pregunté inocentemente a los tres operadores del servicio del radar: "¿Qué es todo esto de los OVNIS?" Estuve muy sorprendido por la reacción que recibí, de cómo parecían estarlo por mi pregunta. La atmósfera se volvió helada al instante, y nadie movió un músculo, excepto el sargento mayor Graham, que se puso de pie lentamente, y sin palabras se levantó y dejó la camioneta sin mirarme para salir y sentarse en la unidad de radar. Después de un poco más de insistencia mía, el sargento técnico, Green, comenzó a contarme sobre el procedimiento estandarizado de facto de la USAF para tratar este asunto. El otro operador, cuyo nombre se me escapa, inicialmente se opuso al sargento. Green me dijo algo, pero se dio por vencido y nos ignoró, no siendo arrastrado a la conversación.

El sargento Green procedió a describir con gran detalle cómo el registro de estos incidentes se borró del escrutinio oficial y por qué.

Los operadores de radar, a diferencia de los técnicos, no fueron probados ni seleccionados por inteligencia, pero naturalmente tenían que ser personas muy sencillas y confiables. Debido a que tenían una responsabilidad desproporcionadamente grande por los S.O.B.s (almas a bordo) del avión que estaban "hablando" hacia la pista, fueron los únicos "operadores de tierra" que sabía que también recibían el pago del vuelo. Creo que esto representaba aproximadamente un tercio de su salario, y aparentemente también tenían derecho a muchos de los otros requisitos asignados al personal de vuelo como mejores servicios, etc.

El sargento Green me dijo, cuando hubo una conversación por radio con respecto a un contacto OVNI entre los miembros del piloto / tripulación de vuelo, la unidad de GCA y/o la Torre de

Control y/o las Operaciones de Base, que una vez que el incidente había terminado, por acuerdo tácito el carrete de la cinta de audio de dos pulgadas de ancho y de movimiento lento dentro de la unidad GCA que grababa toda la comunicación por radio sería eliminado por el operador, borrado a granel y reemplazado. Este es un comportamiento extremadamente inapropiado, pero a pesar de que estaban ubicados en mi camioneta, estas cintas magnéticas no eran parte de mi responsabilidad.

Cuando pregunté por qué se hizo esto, simplemente me dijeron que así era porque la Fuerza Aérea no cree en platillos voladores. Le pregunté qué pasaría si el operador insistiera en que no rompería las reglas, pero continuara insistiendo en la verdad. Los sargentos actuaron sorprendidos de que pudiera imaginarme tal cosa.

El sargento Green parecía estar muy familiarizado con el procedimiento, como si fuera de conocimiento común en su especialidad. Explicó que lo primero que sucedería era una remoción inmediata del servicio regular y una pérdida del pago del vuelo, y todos los beneficios asociados. Dado que la mayoría de los Suboficiales tenían familias que mantener y sus gastos equivalían a sus ingresos; eso fue un poderoso elemento disuasorio. Seguí preguntando, "¿Pero y si él se mantuviera firme?" Me informaron que entonces al operador se le diría lo que podía esperar, y se le podría dar la oportunidad de cambiar de opinión, pero la implicación era que el daño ya estaría hecho.

Como los OVNIS no existen, el operador solo podría estar alucinando. Un operador de radar alucinante es intolerable, y se le daría mínimamente otra carrera, y ciertamente sería desagradable y probablemente muy peligrosa. Esto fue en el apogeo de la guerra en Vietnam. Naturalmente, se produciría una serie de exámenes psiquiátricos y pruebas médicas estrictas a tiempo completo, y se me hizo claro que se tomarían todas las medidas necesarias para resolver satisfactoriamente la situación. Me dio la impresión de que no dudaría en usar poderosas drogas psicógenas si eso fuera lo necesario. Recibí el mensaje, alto y claro, y me dieron mucho más para pensar de lo que podía digerir cómodamente. Nunca hablé de lo que me dijeron esa noche a nadie hasta muchos años después.

Notas

1 En una versión anterior de esta investigación debido a la falta de disponibilidad del manual original de la cámara en ese momento, utilizamos por error una fuente incorrecta que indica que el tiempo de exposición más largo para esta cámara fue de 1/4 de segundo en lugar de 4 segundos. Corregimos el error en nuevas investigaciones y agradecemos a los escépticos por señalarlo.

2 Para una investigación completa y detallada sobre el tamaño de WCUFO, consulte el informe de 74 páginas de Zahi: *Análisis del OVNI de las Esferas Metálicas; Investigaciones de las fotos del WCUFO tomadas por Billy Meier, y* de Zahi y Lock, *Análisis de un OVNI Real.*

3 Otros investigadores han encontrado un diámetro del WCUFO cercano a los dos metros.

4 Regla c, de los reflejos en las esferas: *No importa de qué tamaño sea la esfera reflectante, el tamaño de los objetos reflejados en proporción al tamaño de la esfera será siempre el mismo, con una distancia fija entre el objeto y la esfera. O lo que es equivalente: la magnitud absoluta de la imagen reflejada es directamente proporcional al diámetro de la esfera.*

5 "Renderizar" en la jerga de animación por computadora se refiere al proceso de creación de una imagen o video, tal como se ve desde la cámara, en función de los parámetros modelados definidos en la herramienta informática, incluido, entre otros, el tipo de material y la iluminación. Las herramientas de animación como "Blender" utilizan diferentes técnicas de "renderizado".

6 Usamos en Photoshop: *Image/ Adjustments/ Shadows and Illuminations – increasing shadow values.*

7 El análisis completo de Deardorff sobre el WCUFO se puede encontrar aqui: www.tjresearch.info/Wedcake.htm. Agosto 27, 2019.

8 El video completo dura 49 minutos y 39 segundos. La explicación de Meier sobre el campo angosto de visión desde el OVNI se encuentra entre los minutos 6 a 8. El video del OVNI Tipo Péndulo se encuentra en el minuto 18:00.

9 Para ver un explicación de meridianos y paralelos ver: www.dauntless-soft.com/PRODUCTS/Freebies/Library/books/AK/8-2.htm.

10 Es de cerca de 3.7 segundos en el demo de Langdon en: www.youtube.com/ watch?v=QKEf_Xy5Rrc.

[11] Para una introducción básica sobre la Dispersión de la Luz: *Atmospheric light scattering.* http://wiki.flightgear.org/Atmospheric_light_scattering. 31 agosto 2019. O ver "Scattering of Light": http://www.atmo.arizona.edu/students/courselinks/fall16/atmo170a1s3/1S1P_stuff/scattering_of_light/scattering_of_light.html 6 de octubre 2019.
Ver también "Light Scatter": https://www.itp.unihannover.de/fileadmin/ arbeitsgruppen/zawischa/ static_html/ scattering.html. 31 agosto 2019.

[12] Para una introducción básica a la dispersión de la luz - Mie y Rayleigh, buscar en Georgia State University: http://hyperphysics.phy-astr.gsu.edu/hbase/atmos/ blusky.html#c3.2 .

[13] Foto procesada por Francisco Villate, #164 enviada por Frehner, (procesada en Photoshop usando las funciones: shadows and Illuminations, semitone, contrast100%, Colour correction-100%, then contrast 100%, brightness 30%).

Referencias

Allfishingbuy.com. "Telescopic fishing poles Hi-quality, powerful, lightweight, sensitive, made of high modulus carbon. Manufactured in Japan." http://www.allfishingbuy.com/Fishing-Pole-14-18.htm#site3. 2 Jan. 2020.

Amazon. https://www.amazon.com/Unconventional-Flying-Objects-Scientific-Analysis/dp/1571740279. 22 Jan 2020.

Blender. www.blender.org. 16 September 2019.

Brookings Institute, The. *Brookings now: Communications, Technology, and Extraterrestrial Life: The Advice Brookings Gave NASA about the Space Program in 1960.* 12 May 2014. "The implications of a discovery of extraterrestrial life." https://www.brookings.edu/ blog/brookings-now/2014/05/12/ communications-technology-and-extraterrestrial-life-the-advice-brookings-gave-nasa-about-the-space-program-in-1960/ 27 Oct 2019.

Brown, Derren. "Derren Brown Tricks Advertisers With Subliminal Messaging." *YouTube.* 27 July 2016. https://www.bing.com/videos/ searchq=darren+brown+subconscious+designs&view=detail&mid=C1EA6D6BE754666B2F0FC1EA6D6BE754666B2F0F&FORM=VIRE.

Butkus, M. http://www.butkus.org/chinon/ricoh/ricoh_singlex_tls/ ricoh_singlex_tls.htm. *25 Aug 2019.*

Cambridgecolour. DoF calculator. http://www.cambridgeincolour.com/ tutorials/ dof-calculator.htm. 26 August 2019.

Cameramanuals. http://www.cameramanuals.org/olympus_pdf/ olympus_35ecr.pdf. 25 Aug 2019.

Deardorff, James. *A Refutation of Bruce Maccabee's 1989 Debunking Attempt, and the Episode of the Above-the-treetop Beamship Oscillations.* www.tjresearch.info/ BillyYes.htm

-----------. *Plausible Deniability.* 2002, updated 2006, 2013. www.tjresearch.info/ denial.htm

-----------. *Recent Analyses of Meier's Hasenböl Photos Shows their Genuineness.* http://www.tjresearch.info/Hasenbol_Proof.htm

-----------. *The Wedding-Cake UFOs.* 2006, updated 2013. www.tjresearch.info/ Wedcake.htm

Devine, Dyson. Sergeant (Ret.) *"Dyson A. Devine's United States Air Force witness testimony as provided to the Disclosure Project."* Disclosure Project Witness statement. Private email to the authors dated 24 Jan. 2020.

DOFMaster. www.dofmaster.com/doftable.html. 26 Aug 2019.

Elders, Britt, Lee Elders and Thomas Welch. *UFO Contact From The Pleiades, Volume I.* P 37. Genesis III. 1980. Japanese version p 44. Yaoi, Junichi. Licensee Seishun Best. Tokyo: Onodorisha. 25 June 1992.

Engel, Volker and Marc Weigert. *Uncharted Territory.* 2006.

FIGU org. Beamship – The Metal. Yaoi, Junichi.YouTube. CH-8495 Hinterschimdruti. 16 Oct. 2013. Intercep 1985. Marcel Vogel interview and video analysis of the beamship metal. 23 Feb.2020.

-----------. "Demonstrationsflüge / Demonstration flights (IFOs, not UFOs)." YouTube. http://www.youtube.com/watch?v=EAHfOmvz6_s.

-----------. Hinwil. The two-minute video "The Pendulum UFO." Aufnahme vom. Switzerland: 18 March 1975. *YouTube.* https://youtu.be/K_HnDz4KY6k

-----------. "Pendulum UFO - Demonstrationsflüge / Demonstration flights (detail FIGU)." YouTube. Nov. 2019. https://youtu.be/Gzr3BRUhfy8

Fleming, Dan. www.dofmaster.com/doftable.html. 2005 -2019

FlightGear. *Atmospheric light scattering.* http://wiki.flightgear.org/ Atmospheric_light_scattering Sep. 2019.

Frehner, Christian. Private emails to the authors. Fall 2013 – Dec. 2019, March 2020.

------------. Meier's 35 ECR Olympus camera. Video explanation. www.figu.org. https://www.mycloud.ch/s/S0032DBB5C33F3D21EC4CC1B60F5E67B06F405DC88F. 21 Nov. 2019.

FoM. *Future of Mankind.* "Analysis of the wedding cake UFO." http://www.futureofmankind.co.uk/Billy_Meier/Analysis_of_the_Wedding_Cake_UFO#Further_Commentary_by_Dyson_Devine

------------. "Asket and Nera Photos." 2015. www.futureofmankind.co.uk/ Billy_Meier/ Asket_and_Nera_Photos. 2017.

------------. "Contact Report 254 Vol. 7." 28 November 1995. http://www.futureofmankind.co.uk/ Billy_Meier/Contact_Report_254.

------------. "Contact Report 259 Vol. 7." 25 February 1997. http://www.futureofmankind.co.uk/Billy_Meier/Contact_Report_259 p 460 - 461. 16 Sep. 2019.

------------. "Contact Report 304 Vol. 8." 25 June 2004. http://www.futureofmankind.co.uk/Billy_Meier/Contact_Report_304. Jan. 2020.

------------. "Contact Report 442 Vol. 11." http://www.futureofmankind.co.uk/Billy_Meier/Contact_Report_442. 10 Feb. 2007.

------------. "Contact Report 486 Vol. 12." 11 Jan. 2010. http://www.futureofmankind.co.uk/Billy_Meier/Contact_Report_486 Jan. 2020.

-----------. "Photo Gallery." http://www.futureofmankind.co.uk/Billy_Meier/Photo_Gallery. Dec. 2019. Photos #151~#155, #157, #164, #168, #171, #174~ #176, #179, #181. Feb 2020.

Gallery, hd. <www.gallery.hd.org>. Fall of 2013.

Hey Skipper. "*WHY should you use a RIDICULOUSLY Long Fishing Rod?*" www.youtube.com/watch?v=RfBoZtIR0rM).Nov. 2019.

Hill, Paul R. *Unconventional Flying Objects: A Scientific Analysis.* Cover review. Charlottesville: Hampton Roads. 1 December 1995.

Horn, Michael. "*La Revolución Silenciosa de la Verdad",* 2007, www.theyfly.com www.youtube.com/watch?v=Acg1t9asAVQ.

------------. *They Fly Blog.* "What Are the Criteria that Reasonable People Use to Determine the Truth?" Dyson Devine's comments near the bottom.

Hyper Physics. Rayleigh and Mie light scatter. Georgia State University. http://hyperphysics.phy-astr.gsu.edu/hbase/atmos/blusky.html#c3.2 Sep. 2019.

Istok, Taro. "Billy Meier Pendulum UFO - Direct Comparison With Suspended Model." 2018. www.youtube.com/watch?v=jKot4oRsvnM

------------. "Billy Meier Pendulum UFO: A Comparison - Meier vs. Langdon (featuring 'Semjase's Pendulum.')" 15 Sep. 2019. https://www.youtube.com/ watch?v=SNlmFfb0ADs.

Lane, Steve. "WCUFO Reflections. View in HD." 10 April 2018. www.youtube.com/watch?v=H7lLE02_WsU

Langdon, Phil. "New! UFO - That's Complete Pendulum! How to reproduce...". www.youtube.com/watch?v=QKEf_Xy5Rrc

Maccabee, Bruce. *Pendulum-like Motion of an Unidentified Object (UO) Filmed by Billy Meier.* http://brumac.mysite.com/Meier/MeierPendulum.htm. 27 Feb. 2020. Previously at http:// www.futureofmankind.co.uk/Billy_Meier/PendulumLike_motion_of_an_unidentified_object_(UO)_filmed_by_Billy_Meier,_Maccabee,_Bruce,_Internet,_February_2002.

Michael, Donald N. "The Brookings Report." https://www.brookings.edu/blog/brookings-now/2014/05/12/communications-technology-and-extraterrestrial-life-the-advice-brookings-gave-nasa-about-the-space-program-in-1960 "Proposed Studies on the Implications of Peaceful Space Activities for Human Affairs." p. 182-184. https://www.brookings.edu/wp-content/uploads/2014/05/space_extraterrestrials.pdf. 27 Oct 2019.

Meier, Billy. "The Pendulum UFO" aka "A UFO Circling a Tree." Untitled home movie. Hinwil, Switzerland: 18 Mar. 1975. https://youtu.be/K_HnDz4KY6k.

------------. *Contact Reports Vol. 3.* (*Plejadisch-plejarische Kontakberichte, Gespräche, Block 3*). 375 – 388. "Plejaren Contact Report 123." 4 June 1979.

------------. *Contact Reports Vol. 7.* (*Plejadisch-plejarische Kontakberichte, Gespräche, 3*). "Plejaren Contact Report 251." 3 Feb. 1995.

------------. *Contact Reports Vol. 7. (Plejadisch-plejarische Kontakberichte, Gespräche, Block 7).* 406 – 407. "Plejaren Contact Report 254."28 November 1995.

------------. *Contact Reports Vol. 7. (Plejadisch-plejarische Kontakberichte, Gespräche, Block 7).* 460 – 461. "Plejaren Contact Report 259."25 Feb. 1997.

------------. *Contact Reports Vol. 11. (Plejadisch-plejarische Kontakberichte, Gespräche, Block 11).* "Plejaren Contact Report 442." 10 Feb. 2007.

------------. *Through Space and Time.* p 109. Steelmark LLC. 1 Jan 2004.

------------. *Photobuch. Wassermannzeit-verlag,* p 114. Switzerland. 2001.

------------. *Photo-Inventarium,* p 87, 102. FIGU. Augsburg: Wassermannzeit-Verlag, 2014.

Morningstar, Robert. Ed. *UFO Digest* (ufodigest.com) "'The Dancing UFO': -> filmmaker Dan Drasin comments on Rhal Zahi's analysis of a Billy Meier 'Beamship UFO' film." https://www.ufodigest.com/article/the-dancing-ufo-filmmaker-dan-drasin-comments-on-rhal-zahis-analysis-of-a-billy-meier-beamship-ufo-film/. 2 July 2015.

Morrison, Foster. "UFOs – Science and Technology in the Service of Magic." *MUFON UFO Journal.* Number 242, p. 3. June 1988.

Orphancameras. www.orphancameras.com Olympus 35 ECR manual and Ricoh Singlex TLS manual. 26 Aug. 2019.

Paradisopics. <www.papradisopics.com>. Fall 2013.

Parallels. http://www.dauntless-soft.com/PRODUCTS/Freebies/Library/books/AK/8-2.htm

Robinson, Remington. Drawing in BillyMeier's possession. 23 Feb. 2020. www.remingtonrobinson.com

Stevens, Wendelle and Lee and Brit Elders. "Contact – 'Billy' Eduard A. Meier Documentary by Wendelle Stevens (1982)." *YouTube.* www.youtube.com/watch?v=HXLgmXqqrpI

Stevens, Wendelle. C. "Detailed clip of the Pendulum UFO in the 'Contact' documentary." *YouTube.* https://youtu.be/gGCuLIVxxQw

------------. *UFO Contact from the Pleiades – A preliminary investigation report.* 1982. UFO Photo Archives, Tucson, AZ, USA.

------------. *UFO Contact from the Pleiades – A supplementary investigation report.* 1989. UFO Photo Archives, Tucson, AZ, USA.

------------. "UFO Congress, December 1994." *YouTube.* www.youtube.com/watch?v=umJuJ7I_5Go

Swiss Confederation. "Karten der Schweiz - Schweizerische Eidgenossenschaft", https://map.geo.admin.ch/. 2020.

Szydlik, A. J. "A Technique for calculating atmospheric scattering and attenuation effects of aerial photographic imagery from totally airborne acquired data." Dissertation. School of Photographic Arts and Sciences, Rochester Inst. Technology, New York. 1977. https://scholarworks.rit.edu/cgi/viewcontent.cgi?referer=&httpsredir=1&article=6324&context=theses. 3 Sept. 2019.

Travel British Columbia. Illus. The world's longest fly-rod. http://www.travel-british-columbia.com/north-bc/yellowhead-highway/houston/. 5 Jan. 2014. See also: https://www.roadsideamerica.com/tip/20735. 27 Feb. 2020.

University of Arizona. "Scattering of Light."http://www.atmo.arizona.edu/ students/courselinks/spring08/atmo336s1/courses/fall13/ atmo170a1s3/1S1P_stuff/scattering_of_light/scattering_of_light.html. 31 Aug. 2019.

Wikipedia. *Atmospheric light scattering.* http://wiki.flightgear.org/ Atmospheric_light_scattering. 31 Aug. 2019.

-----------. *Interlaced video.* https://en.wikipedia.org/wiki/Interlaced_video

-----------. *Al-Aqsa Mosque.* https://en.wikipedia.org/wiki/Al-Aqsa_Mosque

Xiongbin, Chen, Chengyu Min and Junqing Guo. *International Journal of Optics.* "Visible Light Communication System Using Silicon Photocell for Energy Gathering and Data Receiving." Volume 2017, Article ID 6207123, 5 pages. https://doi.org/10.1155/2017/6207123. 12 Aug. 2019.

Yaoi, Junichi. Beamship – The Metal. YouTube. 16 Oct. 2013. Intercep 1985. »Marcel Vogel interview and video analysis of the beamship metal. 23 Feb. 2020.

------------. "FULL Billy Meier-1985 Beamship - The Movie Footage." Nippon Television. YouTube. Meier interview. David Seaton. Circa 1978. Interview at 1:50 mins. Camera demo at 4:50 mins, movie camera demo at 7:20 mins. Pendulum UFO 8 mm movie footage at 18:00-21:15 mins. www.youtube.com/ watch?v=K58MjoKSMPo. YouTube https://youtu.be/WkQgw1PPLZM unavailable.

-----------. "The 'Billy Meier contact case' in Japanese (Nippon TV)." Figu copyright. 9 Oct. 2019. YouTube. https://www.youtube.com/ watch?v=xvbtGJKljQg.

-----------. *UFO...Contact From The Pleiades. (UFO puleadesu hoshidan kara no sekkin. プレアデス星団からの接近.)* P 37 & 44. Japanese trans from U.S. version Elders, Britt, Lee Elders and Thomas Welch. *UFO Contact From The Pleiades, Volume I.* version. Licensee Seishun Best. Genesis III. 1980. Tokyo: Onodorisha. 25 June 1992.

Zahi, Rhal. *Análisis del OVNI de las Esferas Metálicas; Investigaciones de las fotos del WCUFO tomadas por Billy Meier.* PDF de 4.0MB. Mayo. 2013. http://www.rhalzahi.com/docs/WCUFO-ES-v2.pdf.

-----------. *Investigación del OVNI Tipo Péndulo – Un Análisis del Video de Billy Meier Film.* PDF file 7MB. Ene. 2014, Ver. 5. www.rhalzahi.com/docs/pendulo-ES.pdf.

-----------. ¿Una Nave Extraterrestre Verdadera? (WCUFO). Ene. 2013. *YouTube.* www.youtube.com/watch?v=rCgmpkQF8wI

-----------. Nuevas Revelaciones de un OVNI (WCUFO) Feb. 2014. *YouTube.* www.youtube.com/watch?v=KuMLAfZ1IBU

-----------. OVNI Danzante – Dancing UFO. 29 Junio 2015. *YouTube.* www.youtube.com/ watch?v=IKeutVKFbG0

-----------. OVNI Pédulo – Satando en el Espacio. Ene. 2014. *YouTube.* www.youtube.com/watch?v=xvv1krp05bI

-----------. Controversia Mundial del Fenómeno OVNI. Junio 2018. *YouTube.* www.youtube.com/watch?v=ocQroSoYEHo

-----------. Si... es un OVNI verdadero (WCUFO). *Ago.* 2013. *YouTube.* www.youtube.com/watch?v=EGpKpi8oI0U

Zahi, Rhal y Christopher Lock HonFSAI. *Análisis de un OVNI Real: Una Guía Práctica de Experimentación del WCUFO para Jóvenes Científicos.* Create Space (Amazon.com). 2017.

Zawischa, Dietrich. "Light Scatter." https://www.itp.unihannover.de/fileadmin/arbeitsgruppen/zawischa/static_html/scattering.html. 31 Aug. 2019.

Made in the USA
Las Vegas, NV
15 November 2026

766638dd-32ff-45b1-9b4d-73f024a6d426R01